Beiträge zur Graphischen Datenverarbeitung

Herausgeber:
Zentrum für Graphische Datenverarbeitung e.V. Darmstadt (ZGDV)

Springer
Berlin
Heidelberg
New York
Barcelona
Budapest
Hongkong
London
Mailand
Paris
Santa Clara
Singapur
Tokio

Thomas Frühauf

Graphisch-Interaktive Strömungsvisualisierung

Mit 96 Abbildungen, davon 9 in Farbe

Reihenherausgeber

ZGDV, Zentrum für Graphische Datenverarbeitung e.V.
Wilhelminenstraße 7, D-64283 Darmstadt

Autor

Thomas Frühauf
Fraunhofer-Institut für Graphische Datenverarbeitung
Wilhelminenstraße 7, D-64283 Darmstadt

Diese Ausgabe enthält die im Jahr 1996 an der Technischen Hochschule in Darmstadt, Fachbereich Informatik, unter dem Titel *Graphisch-interaktive Strömungsvisualisierung* genehmigte Dissertation (Hochschulkennziffer D17).

ISSN 1431-0082
ISBN-13: 978-3-540-62708-1 e-ISBN-13: 978-3-642-60766-0
DOI: 10.1007/978-3-642-60766-0

Die Deutsche Bibliothek – CIP-Einheitsaufnahme

Frühauf, Thomas:
Graphisch-Interaktive Strömungsvisualisierung / Thomas Frühauf. – Berlin ; Heidelberg ; New York ; Barcelona ; Budapest ; Hongkong ; London ; Mailand ; Paris ; Santa Clara ; Singapur ; Tokio ; Springer, 1997
(Beiträge zur graphischen Datenverarbeitung)
Zugl.: Darmstadt, Techn. Hochsch., Diss., 1996
ISBN-13: 978-3-540-62708-1 brosch.

Umschlagmotiv: Thomas Frühauf
Umschlaggestaltung: *design & production* GmbH, Heidelberg
Satz: Reproduktionsfertige Vorlage vom Autor
SPIN 10519271 33/3142 – 5 4 3 2 1 0 – Gedruckt auf säurefreiem Papier

Vorwort

Dieses Buch entstand im Rahmen meiner Tätigkeit als wissenschaftlicher Mitarbeiter am Fachgebiet Graphisch-Interaktive Systeme der Technischen Hochschule Darmstadt und am Fraunhofer-Institut für Graphische Datenverarbeitung.

Ich danke Herrn Prof. Dr. h.c. Dr.-Ing. José L. Encarnação dafür, daß er mir als Mitarbeiter in seinem Institut die Möglichkeit eröffnet hat, mich diesem interessanten Forschungsgebiet zu widmen sowie für die Betreuung der Arbeit im Rahmen des Promotionsverfahrens. Herrn Prof. Dr. rer. nat. Karl G. Roesner danke ich für die freundliche Übernahme des Koreferats und für wertvolle Hinweise zur Verbesserung der vorliegenden Arbeit.

Mein herzlicher Dank gilt Martin Göbel, ehem. Leiter der Abteilung „Visualisierung und Simulation" am Fraunhofer-Institut für Graphische Datenverarbeitung. Der wirtschaftliche Erfolg der Abteilung erlaubte mir, wie allen Mitarbeitern der Abteilung, über Jahre hinweg das Arbeiten mit modernster Hardware sowie Reisen auf Fachkongresse und Workshops. Von diesen günstigen Rahmenbedingungen profitierte meine wissenschaftliche Arbeit – und damit auch dieses Buch – sehr.

Dank auch an alle Kollegen der „A4" für die gute fachliche und freundschaftliche Atmosphäre. Insbesondere möchte ich hier meinem Bruder Martin Frühauf danken, durch den ich Zugang zur Graphischen Datenverarbeitung fand, sowie meinen Zimmerkollegen Kennet Karlsson und Wolgang Müller, mit denen das tägliche Arbeiten eine Freude war bzw. ist. Den ehemaligen Studentinnen und Studenten, die durch Diplomarbeiten oder als wissenschaftliche Hilfskräfte ihren Anteil am Gelingen dieser Arbeit haben, sei ebenfalls gedankt; dies waren: Sevguel Ak, Klaus Benthin, Peter Ellsiepen, Peter Fritzen, Heinz Hammann, Volker Jung und Horst Rettig.

Meinen Eltern danke ich für alles, was sie für meine Ausbildung getan haben, für Sicherheit und Vertrauen. Mein ganzer Dank gilt letztlich meiner Frau Ulrike, die mir während der Arbeit viel Verständnis entgegenbrachte und in schwierigen Zeiten Zuspruch, Rückhalt und Zuversicht gab.

Thomas Frühauf Darmstadt, im Dezember 1996

Inhaltsverzeichnis

1 Einleitung und Übersicht

1.1 Einleitung

Durch die Entwicklung immer leistungsfähigerer Rechenanlagen wurde in den letzten Jahren die numerische Simulation dreidimensionaler Strömungen möglich. Im Rahmen der heute zur Verfügung stehenden physikalischen und mathematischen Modelle sowie deren Implementierung als Software werden wirklichkeitsnahe Strömungskonstellationen untersucht. Selbst äußerst komplexe Geometrien – wie z.B. bei einer PKW-Umströmung – und zeitabhängige Strömungen können mit Hilfe von Höchstleistungsrechnern simuliert werden. Die Bauteilauslegung im Maschinenbau ist ein wichtiges, jedoch nicht das einzige Anwendungsgebiet der numerischen Strömungssimulation. So werden z.B. in der medizinischen Forschung Blut- und Atemströmungen untersucht, die chemische Industrie versucht durch Strömungssimulationen chemische Reaktionen zu optimieren, atmosphärische Strömungen werden zur Wettervorhersage und Meeresströmungen für den Küstenschutz simuliert.

Die Ergebnisse von Strömungssimulationen sind numerische Beschreibungen der Strömungsgrößen – Geschwindigkeit, Druck, Temperatur, u.a. – an diskreten Positionen im Strömungsfeld. Die berechneten Datenmengen sind zu groß und zu komplex organisiert, als daß sie vom Anwender direkt in dieser numerischen Form analysiert werden könnten. Die Computergraphik ist heute ein unverzichtbares Werkzeug für die Analyse solch großer Datenmengen. Ziel der wissenschaftlich-technischen Datenvisualisierung (engl. *Visualization in Scientific Computing* bzw. *Scientific Visualization*) ist die Umwandlung der numerischen Daten in Bilder, die vom Menschen besser analysiert werden können. Die Visualisierung von Ergebnissen numerischer Strömungssimulationen stellt eine besondere Herausforderung dar, da diese nicht nur durch eine sehr große Datenmenge und eine komplexe räumliche Organisation charakterisiert sind. Auch liegen i.allg. mehrere Skalare, Vektoren und Tensoren höherer Stufe an den Knoten des „Berechnungsgitters" vor.

Die graphisch-interaktive Strömungsvisualisierung ist in vielerlei Hinsicht von der Visualisierung experimenteller Strömungsuntersuchungen inspiriert. So ist z.B.

in beiden Disziplinen die *Partikelverfolgung* ein wichtiges Werkzeug bei der Analyse des Geschwindigkeitsfeldes. Gegenüber der experimentellen Strömungsvisualisierung besteht bei der graphischen Visualisierung simulierter Strömungen der Vorteil, daß die zu untersuchende Strömung nicht durch Meßapparaturen gestört wird und ein einmal berechnetes Strömungsfeld so oft wie nötig untersucht werden kann. Die besondere Herausforderung bei der Realisierung von Systemen zur graphisch-interaktiven Strömungsvisualisierung liegt darin, geeignete Visualisierungstechniken und Interaktionsmechanismen zu finden, damit der Anwender trotz der Komplexität der Daten die Charakteristika der Strömung schnell erkennen und quantitativ exakt darstellen kann.

1.2 Problemstellung

Neben der numerischen Simulation natürlicher Phänomene erzeugen vor allem bild-generierende Werkzeuge, wie Satellitenkameras oder Computer-Tomographen, sehr große Datenmengen. Im Gegensatz zu diesen zwei- oder dreidimensionalen Bildern liegen die Ergebnisse von Strömungssimulationen jedoch i.allg. *nicht auf einem regulären Gitter* vor. Dadurch werden alle Visualisierungstechniken aufwendiger – insbesondere diejenigen, bei denen Werte innerhalb der nicht-regulären Gitterzellen interpoliert werden müssen.

Nach der Klassifikation der Computer Graphik sind Simulationsdaten auf räumlichen Berechnungsgittern *Volumendaten.* Zur Problematik der Visualisierung nicht-regulärer Volumendaten schreibt die Arbeitsgruppe „Volume Visualization" des *ONR Workshop on Scientific Visualization:*[1]

> *„With the diversity of sources of data comes the diversity of data types. Few algorithms efficiently visualize data sets that are not of the regular Cartesian grid type. Development in this area is particularly urgent, not at least because advances in numerical techniques, such as adaptive gridding, will likely decrease the use of regular Cartesian gridded data."*
>
> *[KHKR⁺-94]*

Zugleich werden bei Strömungsdaten besonders schnelle Visualisierungsalgorithmen benötigt, da Strömungen – stationär oder transient – immer dynamisch sind, so daß statische Bilder allein nicht ausreichen, die Strömungscharakteristik darzustellen. Besondere Anforderungen stellt die Strömungsvisualisierung auch hinsichtlich der Benutzerinteraktion mit den Daten. Erst eine dreidimensionale

[1] United States Office of Naval Research (ONR) Workshop on Visualization: Juli 1993, Darmstadt.

Navigation von Proben, z.B. einer Partikelquelle, ermöglicht eine effiziente Analyse eines komplexen Strömungsfeldes. Zur erfolgreichen Navigation solcher Proben im 3D-Objektraum müssen jedoch die Strömungsdaten an der Probenposition in Echtzeit, d.h. ohne eine für den Benutzer merkbare Verzögerung berechnet werden. In einer Studie der „National Science Foundation" (NSF) der USA wurde 1987 der Begriff „Scientific Visualization" geprägt. Zur Interaktion bei der Visualisierung wird in dieser Studie bemerkt:

> *„Interactivity will enrich the process of scientific discovery, lead to new algorithms, and change the way scientists do science."*
>
> *[McDB-87]*

Die Entwicklung von Werkzeugen zur graphisch-interaktiven Strömungsvisualisierung bewegt sich also in einem Spannungsfeld zwischen großen, komplex organisierten, multidimensionalen Datenmengen auf der einen Seite und dem Ziel, die Visualisierungsalgorithmen in Echtzeit und mit einem hohen Interaktionsgrad auszuführen.

1.3 Zielsetzung und Vorgehensweise

Zielsetzung

i) Visualisierungstechniken für Strömungsdaten auf nicht-regulären Berechnungsgittern

Im Rahmen dieser Arbeit wurden Werkzeuge zur graphisch-interaktiven Visualisierung von Strömungsdaten entwickelt. Dabei stand zunächst die Realisierung bewährter, grundlegender Visualisierungstechniken im Vordergrund, wobei die entsprechenden Visualisierungsalgorithmen für nicht-reguläre Berechnungsgitter zu entwerfen waren. Die Umsetzung der Algorithmen sollte in Form von Modulen von Visualisierungssystemen geschehen, die zur Visualierung konkreter Anwendungsdaten vorgesehen waren.

ii) Neue Techniken für die Strömungsvisualisierung

Auf der Basis eines Klassifikationsschemas wurden die bekannten Visualisierungstechniken für Ergebnisse numerischer Strömungssimulationen eingeordnet und noch nicht realisierte, sinnvolle Visualisierungstechniken identifiziert. Ziel der weiteren Arbeit war auch die Entwicklung und Implementierung einer solchen neuen Visualisierungstechnik.

iii) Messung und quantitative Bewertung

Bei der Umsetzung von Visualisierungsalgorithmen besteht fast immer die Wahl zwischen schnellen, relativ ungenauen Verfahren und rechenaufwendigeren, dafür jedoch exakteren Methoden. Für die realisierten Visualisierungstechniken waren jeweils die zur Auswahl stehenden Alternativen zu analysieren und ihre Qualität und der notwendige Rechenaufwand – möglichst durch Messung – festzustellen und quantitativ zu bewerten.

iv) Hoher Interaktionsgrad

Ein weiteres Ziel bestand in der Realisierung eines möglichst hohen Interaktionsgrades bei der Strömungsvisualisierung, da gute Interaktionsmechanismen die Analyse komplexer Daten erleichtern. Aus diesem Grunde wurden effiziente Mechanismen für die Benutzerinteraktion mit 3D-Daten entwickelt und implementiert. Als weiteres Mittel zur Realisierung eines hohen Interaktionsgrades wurde die Beschleunigung rechenaufwendiger Algorithmen durch Parallelisierung angestrebt.

Vorgehensweise

Zu Beginn der Arbeit wurde die Charakteristik von Ergebnissen numerischer Strömungssimulationen und die Anforderungen solcher Daten an die graphisch-interaktive Visualisierung untersucht. Daneben wurden die Implikationen der verschiedenen Typen von Berechnungsgittern, auf denen die Strömungsdaten organisiert sind, auf die Visualisierungsalgorithmen analysiert. Es wurden Verfahren zur Interpolation nicht-regulärer organisierter Daten auf reguläre Gitter realisiert und bewertet. Insbesondere wurden die Auswirkungen dieser Vorgehensweise auf die Qualität der Daten und die Konsequenzen für die Visualisierungsqualität und -geschwindigkeit untersucht. Die Notwendigkeit zur Entwicklung effizienter Visualisierungsalgorithmen, die auf nicht-regulär strukturierten Gittern arbeiten, wurde durch diese Untersuchungen bestätigt.

Auf der Basis eines Klassifikationsschemas für Strömungsvisualisierungstechniken wurden die grundlegenden Methoden, mit denen zahlreiche Visualisierungstechniken realisiert werden können, identifiziert. Diese Methoden und mehrere, darauf aufbauende Visualisierungstechniken wurden sowohl für reguläre, als auch für nicht-reguläre Gitter implementiert. Die Realisierung erfolgte in Form von Softwaremodulen für verschiedene Visualisierungssysteme. Diese unterscheiden sich insbesondere hinsichtlich ihrer Systemarchitektur. Die realisierten Werkzeuge wurden zur Visualisierung von Strömungsdaten aus den Bereichen Medizin, Umwelt-Simulation und Maschinenbau eingesetzt.

Zur Entwicklung neuer Visualisierungstechniken und effizienter 3D-Interaktionsmechanismen wurde das Visualisierungssystem ICV als „Testbett" realisiert. Bisher existierten keine leistungsfähigen Methoden zum *direkten Volumenrendern* nicht-regulärer Volumendaten. Wegen des Trends zu immer größeren Datensätzen bei der numerischen Strömungssimulation, und wegen der Möglichkeit zur holistischen Darstellung aller Datenwerte im Simulationsgitter in einem Bild, wird der Nutzen dieser Technik für die Strömungsanalyse aber immer mehr wachsen. Das direkte Volumenrendern nicht-regulärer Volumendaten durch Raycasting wurde als Modul von ICV implementiert.

Bei allen implementierten Visualisierungstechniken wurden verschiedene Alternativen realisiert, so daß flexibel zwischen exakten, rechenaufwendigen und schnellen, weniger genauen Algorithmen gewählt werden kann. Die Alternativen wurden jeweils hinsichtlich der Visualisierungsqualität und des Rechenaufwandes quantitativ untersucht und bewertet. Besonders rechenaufwendige Visualisierungsalgorithmen wurden parallelisiert, um auch bei hoher Darstellungsqualität einen möglichst hohen Interaktionsgrad zu ermöglichen.

1.4 Zusammenfassung der wichtigsten Ergebnisse

In dieser Arbeit wurden Werkzeuge zur graphisch-interaktiven Strömungsvisualisierung entwickelt. Insbesondere wurden effiziente Visualiserungsalgorithmen für solche Strömungsdaten realisert, die auf nicht-regulär strukturierten Berechnungsgittern vorliegen. Die Arbeit umfaßte im einzelnen:

- Die Analyse der Anforderungen von Ergebnissen numerischer Strömungssimulationen an die graphisch-interaktive Visualisierung,
- die Klassifizierung existierender Visualisierungstechniken für Strömungsdaten und die Identifikation der grundlegenden Methoden für viele Visualisierungstechniken,
- den Entwurf und die Implementierung dieser Methoden und verschiedener, darauf aufbauender Visualisierungstechniken als Module von Visualisierungssystemen,
- die Entwicklung des „Raycasting nicht-regulärer Volumendaten" als neue, leistungsfähige Technik für die Strömungsvisualisierung,
- die Entwicklung effizienter Mechanismen zur 3D-Interaktion des Benutzers mit den Strömungsdaten,
- die quantitative Analyse und die Bewertung von Qualität und Kosten der realisierten Visualisierungsalgorithmen,
- die Parallelisierung rechenaufwendiger Visualisierungstechniken auf „shared-memory" Mehr-Prozessor Architekturen und innerhalb eines lokalen Netzwerkes von Arbeitsplatzrechnern und Numerik-Rechnern,

- die Anwendung der Werkzeuge zur Visualisierung von Simulationsdaten aus den Bereichen Medizin, Umwelt-Simulation und Maschinenbau.

Die hier aufgeführten Arbeiten werden in den nachfolgenden Kapiteln detailliert beschrieben. An dieser Stelle werden einige wichtige Ergebnisse und Erkenntnisse, die durch die einzelnen Arbeiten gewonnen wurden, zusammengefaßt:

- Strömungsdaten sind durch große Datenmengen, eine komplexe Datenorganisation und ihre „Multi-Dimensionalität" gekennzeichnet. Für die wissenschaftlich-technische Datenvisualisierung sind Strömungsdaten daher schwieriger zu behandeln als alle anderen Anwendungsdaten.

- Die Ergebnisse numerischer Strömungssimulationen stellen sehr hohe Anforderungen an die Qualität und die Geschwindigkeit der Visualisierungsalgorithmen. *Es gibt keine „beste" Visualisierungstechnik für Strömungsdaten.* Eine effiziente Analyse von Strömungsdaten ist nur mit einer flexiblen Pallette unterschiedlicher Werkzeuge möglich.

- Effiziente *Visualisierungsalgorithmen für nicht-reguläre Simulationsgitter* sind wichtig, da einerseits nahezu alle Strömungssimulationen auf solchen Gittertypen ausgeführt werden und andererseits eine Interpolation der Daten auf ein reguläres Gitter (Voxelisierung) die Qualität der Daten so sehr beeinträchtigt, daß eine exakte Analyse der Daten, z.B. zur Bauteilauslegung, nicht mehr möglich ist. Eine Voxelisierung ist nur dann vertretbar, wenn nicht die Qualität der Visualisierung im Vordergrund steht, sondern besonders schnelle Visualisierungstechniken benötigt werden, wie z.B. bei der Präsentation von Strömungssimulationen als „Virtuelle Realität".

- Die grundlegenden Methoden, auf denen viele Visualisierungstechniken für Strömungsdaten basieren, sind die *Vektorfeldintegration*, die *Extraktion polygonaler Niveauflächen* und das *Data Probing*. Für alle diese Methoden wird wiederum die *Interpolation* innerhalb der i.allg. nicht-regulären Zellen des Simulationsgitters benötigt.

- Die Interpolation innerhalb nicht-regulärer Gitterzellen wird durch die *parametrische Interpolation*, die auf der Invertierung der „Formfunktionen" basiert, realisiert. Da diese Invertierung bei den meisten Elementtypen nur iterativ lösbar ist, arbeiten viele Visualisierungstechniken bei gleicher Qualität schneller, wenn sie im regulären „Berechnungsraum" der Zellen und nicht im „physikalischen Raum" ausgeführt werden.

- Die Erprobung der verschiedenen Verfahren zur *Vektorfeldintegration* in praktischen Anwendungen zeigte, daß eine akzeptable Integrationsgüte mindestens ein numerisches Integrationsverfahren zweiter Ordnung erforderlich macht. Die Echtzeitberechnung sehr vieler Partikelbahnen (> 100) gleichzeitig ist mit heute verfügbaren Graphikworkstations nur bei der Integration im Berechnungsraum curvilinearer Gitter oder – unter Inkaufnahme unvermeidlicher Qualitätsverluste – nach einer Voxelisierung des Berechnungsgitters möglich.

- Bei der Extraktion polygonaler *Niveauflächen* bedeutet die Annäherung des Niveauflächenverlaufs innerhalb einer Zelle durch eine planare Fläche – außer im Falle linear-interpolierender Tetraeder – eine Verfälschung des realen Niveauflächenverlaufs. Dies wird umso gravierender, je größer die betreffende Gitterzelle ist. Es wurden Verfahren entwickelt und implementiert, die dem Benutzer eine flexible Wahl zwischen einer schnellen, groben und einer exakten, rechenaufwendigen Annäherung von Niveauflächen ermöglichen.

- Die Interaktion mit den Daten, das *Data Probing*, ermöglicht eine effiziente Erforschung der Datenbereiche, die den Benutzer interessieren. Für das Data Probing werden schnelle Algorithmen zur Identifikation der die Probe beeinhaltenden Zelle sowie Algorithmen zur Interpolation innerhalb der Zelle benötigt. Schnittflächen, d.h. zweidimensionale Proben, können durch die Algorithmen zur Niveauflächenextraktion berechnet werden.

- Beim *direkten Volumenrendern* von Simulationsdaten ist das Raycasting dem Projektionsverfahren überlegen. Insbesondere durch das „kombiniert semitransparent/opake Raycasting“ wird eine sehr hohe Darstellungsqualität erreicht. Die hohe Abbildungsgenauigkeit der entwickelten Algorithmen und Implementierungen wurde nachgewiesen. Durch die implementierten Werkzeuge zur Spezifikation der Transferfunktionen, zum „Previewing“ durch Interpolation im Bildraum und zur Animation mehrerer, unter verschiedenen Blickwinkeln vorberechnet Bilder, wurde ein effizienter Einsatz des Verfahrens in der Praxis möglich.

- Bei der Strömungsvisualisierung werden intuitive und dennoch exakte Mechanismen zur Steuerung der Proben im 3D-Objektraum benötigt. Die Interaktionsumgebung STAGE, die im Rahmen dieser Arbeit entstand, erfüllt diese Anforderungen. Die entwickelten Software-Lösungen ermöglichen die *3D-Interaktion* mit konventionellen Eingabe- und Display Geräten, nämlich der Maus und dem Rastergraphikschirm, die an jedem Arbeitsplatzrechner zur Verfügung stehen.

- Zur *Parallelisierung rechenaufwendiger Algorithmen* wurden zwei Ansätze realisiert, deren Effizienz durch Messungen nachgewiesen wurde: Die Parallelisierung auf „shared memory“ Mehr-Prozessor Systemen sowie die Parallelisierung in einem heterogenen Netzwerk von Arbeitsplatzrechnern und Numerikrechnern. Es wurden jeweils bedeutende Beschleunigungen erreicht, so daß auch bei einer guten Darstellungqualität ein hoher Interaktionsgrad möglich ist.

- Im Rahmen der Arbeit wurden Werkzeuge zur Strömungsvisualisierung als *Module verschieder Visualisierungssysteme* implementiert. Die Arbeit mit „monolitischen“ und mit „datenfluß-orientierten“ Visualisierungssystemen zeigte, daß die Anforderungen der Strömungsdaten an die Visualisierung besser durch monolitische Systeme befriedigt werden können. Im übrigen gibt es kein System, mit dem Strömungsdaten „am besten“ visualisiert werden können: Strömungsdaten aus unterschiedlichen Anwendungsgebieten stellen nämlich sehr spezifische Anforderungen hinsichtlich der Benutzerschnittstelle und spezieller Darstellungsformen, die sich im jeweiligen Anwendungsgebiet etabliert haben. Für die einzelnen Anwendungsgebiete kann die Entwicklung „generischer Systeme" daher sinnvoll sein.

1.5 Gliederung

Die numerische Strömungssimulation ist eine Methode der wissenschaftlich-technischen Untersuchung, die die experimentelle Strömungsmessung ergänzt. In Kapitel 2 wird eine Einführung der physikalischen und mathematischen Modelle zur Strömungssimulation gegeben. Ferner werden hier die Charakteristika der verschiedenen Arten von „Berechnungsgittern" bei der numerischen Strömungssimulation erläutert.

In Kapitel 3 werden kurz die grundlegenden Verfahren der experimentellen Strömungsvisualisierung beschrieben und in Beziehung zur graphisch-interaktiven Strömungsvisualisierung gebracht. Die graphisch-interaktive Strömungsvisualisierung wird als Methode der wissenschaftlich-technischen Datenvisualisierung eingeordnet, und die bekannten Techniken zur Visualisierung von Strömungsdaten werden beschrieben. Innerhalb eines Klassifikationsschemas für Techniken der Strömungsvisualisierung werden die grundlegenden Methoden für die graphisch-interaktive Strömungsvisualisierung identifiziert.

Die grundlegenden Methoden und die darauf aufbauenden Visualisierungstechniken sind leichter für reguläre Gitter zu realisieren als für nicht-reguläre. In Kapitel 4 werden daher Verfahren zur Interpolation von Strömungsdaten auf ein reguläres Gitter untersucht und die Auswirkungen dieser „Voxelisierung" auf die Qualität der Daten und die Qualität der Visualisierung analysiert. Die Notwendigkeit der Entwicklung von Visualisierungsalgorithmen, die auf den originalen, nicht-voxelisierten Strömungsdaten arbeiten, wird nach diesen Untersuchungen bestätigt.

Die folgenden Kapitel behandeln die im Rahmen dieser Arbeit realisierten, grundlegenden Methoden und Visualisierungstechniken zur Strömungsvisualisierung im Falle nicht-regulärer Berechnungsgitter: Die Interpolation (Kapitel 5), die Integration von Vektorfeldern (Kapitel 6), die Extraktion polygonaler Niveauflächen (Kapitel 7) und das Data Probing (Kapitel 8).

Aufbauend auf den grundlegenden Methoden können neue Visualisierungstechniken realisiert werden. Die Entwicklung, Implementierung und Analyse des „Raycasting nicht-regulärer Volumendaten" bildete einen Schwerpunkt dieser Arbeit, der in Kapitel 9 behandelt wird.

Kapitel 10 ist dem Thema „Interaktion und Interaktivität" bei der Strömungsvisualisierung gewidmet. Hier wird zunächst die Entwicklung intuitiver und gleichzeitig exakter Interaktionsmechanismen sowie deren Umsetzung in Form einer 3D-Interaktionsschnittstelle beschrieben. Weiterhin werden die Lösungen zur Parallelisierung rechenaufwendiger Visualisierungstechniken vorgestellt und die erzielten Beschleunigungen untersucht.

In Kapitel 11 wird die Implementierung der entwickelten Visualisierungstechniken für Strömungsdaten in verschiedene Visualisierungssysteme beschrieben und bewertet. Die Anwendung der Werkzeuge wird an Strömungsdaten aus den Bereichen Medizin, Umwelt-Simulation und Maschinenbau demonstriert.

Den Abschluß des Buches bildet Kapitel 12 mit einem Ausblick auf zukünftige Arbeiten und Entwicklungstendenzen in der graphisch-interaktiven Strömungsvisualisierung.

2 Strömungen und Strömungssimulationen

2.1 Strömungsmessung und Strömungsberechnung

Die Zustandsbeschreibung von *Fluiden*, d.h. von Gasen und Flüssigkeiten, ist in vielen Forschungsgebieten und technischen Anwendungen von großer Bedeutung. So sind z.B. Fahrzeugumströmungen, Strömungen in Verbrennungskraftmaschinen und Turbinen, sowie Kühlluftströmungen im Maschinenbau von Interesse. Atmosphärische Strömungen werden zur Wettervorhersage und Meeresströmungen zum Küstenschutz untersucht. Die medizinische Forschung beschäftigt sich mit Blut- und Atemströmungen. In der Chemie ist das Verhalten von Strömungen in Reaktoren von Bedeutung und die Nahrungsmittelindustrie untersucht das Strömungsverhalten verschiedenster Produkte in Abfüllanlagen.

Ziele von Strömungsuntersuchungen sind entweder das grundlegende Verstehen physikalischer Phänomene und die darauf aufbauende Modellbildung, die Auslegung und Optimierung im technischen Entwurfsprozeß oder die Suche nach Ursachen im Schadens- oder Versagensfall. Als Methoden der Untersuchung stehen dabei die *Berechnung* auf der Grundlage physikalischer und mathematischer Modelle sowie die *Messung* am realen Objekt oder im Experiment zur Auswahl [Hin-94]. Es wird sinnvoller Weise nie nur der eine oder der andere Weg beschritten; vielmehr dienen Experimente und Messungen der Verifikation von Modellen und Rechnungen. Umgekehrt können Berechnungen teure Experimente bzw. schwierige Messungen ablösen, wenn die zugrundeliegenden Modelle für den gegebenen Anwendungsfall gesichert sind.

Experimente und Berechnungen werden durchgeführt, da Messungen der realen Phänomene oft schwierig oder gar nicht durchführbar sind. Die mathematische bzw. experimentelle Modellbildung dient dazu, die Komplexität der zu untersuchenden Phänomene auf die momentan interessierenden Aspekte zu reduzieren. So lassen sich leichter Parameterstudien durchführen und Untersuchungen wiederholen. Insbesondere wird die experimentelle Strömungsuntersuchung der Messung am realen Objekt aus folgenden Gründen vorgezogen:

- Experimente sind i.allg. billiger und technisch leichter durchzuführen als Messungen am realen Objekt, so z.B. bei Flugzeugumströmungen. U.U. ist eine Messung überhaupt nicht möglich.
- Die Modelle können in beliebigem Maßstab gestaltet sein, so daß die Strömungen leichter beobachtet werden können.
- Am Modell können extreme Konstellationen untersucht werden, ohne daß Umwelt, Menschen oder Maschinen gefährdet werden; man denke an Schadstoffausbreitungen.
- Im Modell können gewisse Phänomene visuell besser erfasst werden, z.B. durch transparente Wände oder durch das Einfärben des Fluids.

Experimentelle Strömungsuntersuchungen werden dadurch behindert, daß einzelne Parameter nur lokal gemessen werden können, so daß gewisse räumliche Phänomene u.U. nicht entdeckt werden. Des weiteren beeinflußt eine Meßsonde das Strömungsfeld selbst und kann es so in unzulässiger Weise verfälschen. Der Bau von Modellen ist schließlich sehr zeitaufwendig und das Betreiben experimenteller Apparaturen, wie eines Windkanals, teuer.

Die exakte Berechnung von Strömungen ist andererseits nur in wenigen Fällen möglich. Eigenschaften wie Kompressibilität oder durch Temperaturunterschiede induzierter Auftrieb können nur durch ein System gekoppelter Differentialgleichungen beschrieben werden, für welches nur in geometrisch sehr einfachen Fällen geschlossene Lösungen existieren. Für bestimmte Phänomene, wie das Strömungsverhalten nahe einer festen Wand oder die Turbulenz, existieren sogar nur empirische Modelle.

Mit *numerischer Strömungssimulation* wird die näherungsweise Berechnung von Strömungen mit Hilfe von Computern bezeichnet. Im Rahmen der zur Verfügung stehenden physikalischen und mathematischen Modelle sowie deren Implementierung als Software werden heute wirklichkeitsnahe Strömungskonstellationen simuliert. Selbst äußerst komplexe Geometrien, wie z.B. bei einer PKW-Umströmung, und instationäre Strömungen können mit Hilfe von Höchstleistungsrechnern simuliert werden. Gegenüber dem Experiment bietet die numerische Strömungssimulation für den Anwender die folgenden Vorteile:

- Die Modellierung ist noch flexibler, da die grundlegenden physikalischen Modelle in kommerziell verfügbarer Software bereits implementiert sind. Für eine Simulation müssen (lediglich) die aktuellen geometrischen Modelle sowie die Rand- und Anfangsbedingungen formuliert werden.

- Parameterstudien sind noch leichter durchführbar. Bleibt das geometrische Modell unverändert, so sind weitere Simulationen oft schnell und kostengünstig möglich.
- Das Strömungsfeld wird in keinem Fall durch Meßinstrumente gestört.
- Zur Visualisierung der Ergebnisse numerischer Strömungssimulationen stehen Methoden der interaktiven Computergraphik, sowie leistungsfähige Visualisierungshardware zur Verfügung.

Die numerische Strömungssimulation ist in den letzten Jahren mit Hilfe verbesserter Software und immer leistungsfähigerer Numerikhardware zu einem unverzichtbaren Bestandteil im technischen Entwurfsprozeß geworden. Sowohl die Modellierung einer konkreten Strömungskonfiguration als auch die Parametrisierung der Lösungsverfahren erfordert jedoch ein hohes Maß an Expertenwissen. Der gesamte Prozeß der numerischen Strömungssimulation beinhaltet nämlich eine große Menge möglicher Fehlerquellen, so daß der Verifikation der Ergebnisse besondere Bedeutung zukommt. Diese muß durch Messungen, durch Experimente oder durch Überschlagsrechnungen auf der Basis physikalischer Grundprinzipien erfolgen.

Aufgrund der interessanten Möglichkeiten und unbestrittenen Vorzüge numerischer Simulationsrechnungen bestehen, insbesondere bei technischen Laien, vielfach Vorurteile bzgl. numerischer Strömungssimulation, die sich in der Praxis als *„nicht uneingeschränkt richtig"* erwiesen haben [Knöd-91]:

- *„Numerische Strömungssimulation ist schnell."* – Die Berechnung komplexer Strömungskonfigurationen kann durchaus viele CPU Stunden auf den leistungsfähigsten Supercomputern dauern[1]. Viel länger dauert aber noch die geometrische Modellierung, d.h. die Gittergenerierung; die Berechnungsgitter werden i.allg. immer noch interaktiv, wenn auch rechnerunterstützt, durch Ingenieure modelliert. Verbesserte Verfahren zur automatischen Gittergenerierung sind daher Gegenstand intensiver Entwicklungsarbeiten in Industrie und Forschung.
- *„Numerische Strömungssimulation ist billig."* – Einerseits ist die Anschaffung und der Unterhalt leistungsfähiger Simulationssoftware und -hardware keineswegs billig. Andererseits – und dies ist oft der größere Kostenfaktor – müssen hochqualifizierte Berechnungsingenieure beschäftigt werden, damit mit numerischen Simulationen gute Ergebnisse erzielt werden.
- *„Numerische Strömungssimulation ist quantitativ exakt."* – Die Strömungsgrößen werden immer mit hoher numerischer Auflösung berechnet, so daß bei Laien der Eindruck entstehen kann, die Ergebnisse seien „auf sechs Nachkommastellen" genau. Die Ergebnisse können jedoch nur so genau sein, wie die

[1] Strömungssimulationen sind mit heute verfügbarer Hard- und Software nur dann in Echtzeit durchführbar, wenn Reibungsfreiheit angenommen wird, d.h. wenn Potentialströmungen berechnet werden.

Modelle. Sowohl bei der mathematischen als auch bei der geometrischen Modellbildung werden aber oft, meist aus Gründen beschränkter Rechenkapizitäten, starke Vereinfachungen vorgenommen. Des weiteren hat eine geringfügige Änderung der Rand- bzw. Anfangsbedingungen u.U. eine große Änderung der Ergebnisse zur Folge. Numerische Simulationen bieten so nicht nur vielfältige Fehlerquellen, sondern auch die Möglichkeit, durch Parameteränderungen „erwünschte" Ergebnisse zu erzielen.

Bei der numerischen Strömungssimulation werden die Strömungsgrößen für diskrete Raumpunkte berechnet[1]. Für einen Knoten (oder für ein Element) des Berechnungsgitters liegen dann typischerweise ein Geschwindigkeitsvektor und mehrere skalare Werte, wie Druck, Dichte und Temperatur vor. Bei der Simulation transienter, d.h. zeitabhängiger Strömungen werden diese Werte jeweils für jeden Zeitschritt berechnet und ausgegeben. Strömungssimulationen, die numerisch sehr aufwendig sind, werden i.allg. nicht in Echtzeit durchgeführt. Es ist nämlich meist weniger interessant, Anwendungen, die vor zehn Jahren mehere CPU Stunden benötigten, heute in Echtzeit zu berechnen; vielmehr werden heute Anwendungen simuliert, die vor Jahren noch überhaupt nicht behandelt werden konnten. Es sinkt also mit steigendender Rechenkapazität nicht die Berechnungsdauer, sondern es steigt die Menge und Komplexität der berechneten Daten.

2.2 Strömungsmechanik und numerische Verfahren

Die zur mathematischen Beschreibung einer Strömung notwendigen Gleichungen basieren auf den physikalischen Erhaltungssätzen von *Masse*, *Impuls* und *Energie*. Die Erhaltungssätze werden hier in der Eulerschen Beschreibungsweise formuliert, so daß die Zustandsgrößen als Funktion der Zeit und des Ortes auftreten. Zusammen mit den sog. *Materialgesetzen* kann ein System gekoppelter Differentialgleichungen hergeleitet werden. Auf eine detaillierte Ableitung wird an dieser Stelle verzichtet. Der/die Interessierte sei auf die Fachliteratur zur Strömungsmechanik verwiesen, z.B. [Spur-89].

[1] Dies ist die gebräuchliche Vorgehensweise, die sog. Eulersche Betrachtungsweise. U.U. kann jedoch die sog. Lagrangesche Betrachtung ausagekräftiger sein; z.B., wenn wie bei Verbrennungsvorgängen Zustandsänderungen von Flüssigkeitsteilchen in einer Gasströmung untersucht werden. In diesem Fall werden die Strömungsgrößen nicht ortsgebunden, sondern partikelgebunden berechnet. Siehe dazu auch Kapitel 6.1.

In den Gleichungen werden die folgenden Formelzeichen verwendet:

x - Ort
t - Zeit
ρ - Dichte
p - Druck
u_i - Geschwindigkeitsvektor
τ_{ij} - Spannungstensor
f_i - Volumenkraft
e - Innere Energie
q_i - Wärmestromvektor
R - Universelle Gaskonstante
T - Temperatur
g - Gravitationskonstante
P_{ij} - Reibspannungstensor
e_{ij} - Deformationsgeschwindigkeitstensor
δ_{ij} - Austauschsymbol
λ - Wärmeleitzahl
λ^* - Koeffizient der Viskosität
c_p - spezifische Wärmekapazität bei konstantem Druck
h - Enthalpie
η - Dynamische Viskosität

Erhaltungssatz der Masse:

Die Masseänderung innerhalb eines Kontrollvolumens entspricht der Differenz zwischen ein- und ausfließender Masse, zuzüglich der Dichteänderung im Kontrollvolumen.

Kontinuitätsgleichung:

$$0 = \frac{D\rho}{Dt} + \rho \frac{\partial u_i}{\partial x_i} \tag{2.1}$$

Erhaltungssatz des Impulses:

Die Änderung des Impulses eines materiellen Teilchens ist gleich der Summe der am Teilchen angreifenden Massen- und Volumenkräfte.

1. Cauchysche Bewegungsgleichung:

$$\rho \frac{Du_i}{Dt} = \frac{\partial \tau_{ij}}{\partial x_i} + \rho f_i \tag{2.2}$$

Erhaltungssatz der Energie:

Die Änderung der inneren Energie eines materiellen Volumens entspricht der Summe von der dem Volumen zugeführten Energie und der innerhalb des Volumens verrichteten Arbeit.

Energiesatz:

$$\rho \frac{De}{Dt} = -\frac{\partial q_i}{\partial x_i} + \tau_{ij} \frac{\partial u_i}{\partial x_j} \tag{2.3}$$

Durch die Erhaltungssätze stehen fünf Gleichungen zur Verfügung, die jedoch noch vierzehn unbekannte Funktionen $(\rho, u_i, \tau_{ij}, q_i, e)$ beinhalten[1]. Die zur Lösung notwendigen zusätzlichen Gleichungen werden durch die sog. Materialgesetze gestellt:

Die erste Materialgleichung, die *Zustandsänderung für ideale Gase,* liefert einen Zusammenhang zwischen der Dichte und dem Druck.

$$p = \rho R T \tag{2.4}$$

Die zweite Materialgleichung ist das *Cauchy-Poisson Gesetz*, das einen linearen Zusammenhang zwischen den Komponenten des Spannungstensors τ_{ij} und den Komponenten des Deformationsgeschwindigkeitstensors e_{ij} herstellt.

$$\tau_{ij} = \lambda^* e_{kk}\delta_{ij} + 2\eta e_{ij} - p\delta_{ij} \tag{2.5}$$

Das *Fouriersche Wärmeleitungsgesetz* stellt eine weitere Materialgleichung dar. Es lautet für isentrope Materialien:

$$q_i = -\lambda \frac{\partial T}{\partial x_i}. \tag{2.6}$$

Eine entscheidende Vereinfachung der Gleichungen ist möglich, wenn die zu untersuchende Strömung *stationär* ist, d.h. alle Strömungsgrößen nur vom Ort und nicht von der Zeit abhängig sind. In diesem Fall entfallen alle Terme, die Ableitungen nach der Zeit enthalten. Weiterhin ist es sinnvoll, zu untersuchen, ob die betrachtete Strömung *dichtebeständig* berechnet werden kann; d.h., ob der Term $D\rho/Dt$ in der Kontinuitätsgleichung vernachlässigbar ist. In diesem Fall folgt für den *Energiesatz:*

---

[1] Für den Spannungstensor τ_{ij} gilt aufgrund des Momentengleichgewichts: $\tau_{ij} = \tau_{ji}$

$$\rho\, c_p\, u_i \frac{\partial T}{\partial x_i} = \eta \frac{\partial^2 u_i}{\partial x_j \partial x_j} + \lambda \frac{\partial^2 T}{\partial x_i \partial x_i}\,. \tag{2.7}$$

Aus dem Impulserhaltungssatz und den Materialgesetzen folgen die sog. *Navier-Stokes Gleichungen*. Sie lauten für inkompressible, stationäre Strömungen:

$$\rho\, u_j \frac{\partial u_i}{\partial x_j} = \rho\, f_i - \frac{\partial p}{\partial x_i} + \eta \frac{\partial^2 u_i}{\partial x_j \partial x_j} \tag{2.8}$$

Die Gleichungen 2.7 und 2.8 stellen zusammen mit der Kontinuitätsgleichung (2.1) ein gekoppeltes Differentialgleichungssystem dar; für die fünf unbekannten Werte (u_i, T, p) stehen fünf Gleichungen zur Verfügung.

Selbst in der vereinfachten Form (inkompressibel, stationär) ist dieses Gleichungssystem zusammen mit Anfangs- und Randbedingungen jedoch nur in wenigen Fällen geschlossen lösbar. An dieser Stelle setzen numerische Verfahren, wie die *Finite Elemente Methode*[1] an. Sie reduzieren die unendlich vielen Freiheitsgrade – es gibt unendlich viele räumliche Punkte im Strömungsfeld – auf eine begrenzte Anzahl und lösen das Differentialgleichungssystem approximativ für die diskreten Punkte durch Iterationsverfahren. Innerhalb der Elemente des Berechnungsgitters werden die Strömungsgrößen durch sog. Formfunktionen beschrieben (s. Kapitel 2.3.2 und 5.2.).

Kennzeichnend für die meisten numerischen Simulationsverfahren ist, daß dabei sehr große Matrixsysteme gelöst werden müssen, so daß extreme Anforderungen an die Hauptspeichergröße und Rechengeschwindigkeit der Simulationshardware gestellt werden. Auf die Details der numerischen Lösungsverfahren soll hier nicht weiter eingegangen werden – für diese Arbeit waren nicht die Simulationsverfahren, sondern die Simulationsergebnisse von primärer Bedeutung. Grundlegende Referenzen für die Methode der Finiten Elemente sind die Bücher von Zienkiewicz [ZiTa-89], Taylor [TaHu-81] und Bathe [Bath-82]; einen guten Überblick über die verschiedenen numerischen Lösungsverfahren gibt das Buch von Allen et al. [AlHP-88].

Die Ergebnisse numerischer Strömungssimulationen stellen eine besondere Herausforderung für die graphisch-interaktive Datenvisualisierung dar. Die folgende Charakterisierung macht das deutlich:

- Die Daten liegen i.allg. auf nicht-orthogonalen Berechnungsgittern vor. U.U. sind die Koordinaten der Gitterknoten zeitlich veränderlich.

[1] Andere Verfahren sind die Finite Differenzen Methode, die Finite Volumen Methode und sog. Spektralverfahren.

- Die Ergebisse sind multi-dimensional. D.h. pro Knoten bzw. Integrationspunkt (oder pro Element) und Zeitschritt liegen mehrere berechnete bzw. aus den direkten Berechnungsergebnissen abgeleitete Daten vor. Diese können Skalare, Vektoren oder Tensoren höherer Stufe sein.
- Die Datenmengen sind so groß, daß sie in numerischer Form nicht zu analysieren sind und deshalb visualisiert werden müssen. U.U. übersteigt die Datenmenge die Kapazität von Graphikworkstations[1].

2.3 Nicht-reguläre Simulationsgitter

Die Graphische Datenverarbeitung kennt verschiedene graphische Primitive zur Beschreibung von Szenen. Bei der Visualisierung wissenschaftlicher Daten kommen graphische Primitive zur Visualisierung von Oberflächendaten, zur Visualisierung von Volumendaten und zur Visualisierung von Bilddaten zum Einsatz [Früh-91b].

Geometrische Gitter, auf denen numerische Strömungssimulationen ausgeführt werden, sind innerhalb obiger Klassifikation zu den Volumendaten zu zählen. Neben den Ergebnissen numerischer Simulationen gibt es noch eine Reihe anderer datengenerierender Verfahren, die Volumendaten erzeugen. Erwähnt seien z.B. seismische Messungen oder bildgebende Verfahren in der Medizin. Für die in der Visualisierung verwendeten Techniken ist der Ursprung der Daten insofern von Bedeutung, als daß Daten, die mit einer bestimmten Genauigkeit erzeugt wurden, auch mindestens mit dieser Genauigkeit visualisiert werden sollten. Daneben gibt es durchaus spezielle Visualisierungstechniken, die von bestimmten Anwendergruppen bevorzugt werden. Jedoch entscheidet die Organisation und die Dimensionalität der Datenfelder über die grundsätzlich zur Auswahl stehenden Visualisierungsverfahren.

Unter dem Aspekt der graphisch-interaktiven Visualisierung dürfen daher Gitter numerischer Strömungssimulationen nicht isoliert, sondern vielmehr als Vertreter verschiedener Gittertypen bzw. Gitterklassen betrachtet werden. Für jeden Gittertyp sind Besonderheiten bzgl. des benötigten Speicherbedarfs, sowohl bzgl. impliziter Nachbarschaftsbeziehungen, als auch bestimmte, besonders geeignete Visualisierungstechniken charakteristisch.

Wie bereits erwähnt, können in numerischen Simulationen selbstverständlich zweidimensionale Modelle berechnet werden. Da dies jedoch eine künstliche Einschränkung ist, die aufgrund begrenzter Rechenleistung erfolgt, wird im folgenden,

[1] Dies kann sowohl für die Hauptspeichergröße als auch für den installierten Plattenplatz gelten. Prinzipiell wird das Dilemma immer bestehen, da immer die zu einem Zeitpunkt leistungsfähigsten Supercomputer zur Strömungssimulation verwendet werden.

insbesondere bei der Beschreibung der Visualisierungstechniken, von dreidimensionalen Gittergeometrien ausgegangen. Lediglich aus Gründen der Übersichtlichkeit, zeigen die Illustrationen in diesem Kapitel zweidimensionale Gitter.

Das Simulationsgebiet wird sinnvollerweise so diskretisiert, daß die numerische Lösung gut konvergiert und numerische Fehler minimiert werden. Dazu muß die Gitterdichte den zu erwartenden Gradienten der Simulationsergebnisse angepaßt werden. Dies bedeutet, daß physikalisches und numerisches Fachwissen des die Simulation durchführenden Ingenieurs oder Wissenschaftlers erforderlich ist, ein „gutes Gitter“ zu erzeugen. Da jedoch schon geringe Änderungen der Rand- und Anfangsbedingungen einer numerischen Simulation deren Ergebnis stark verändern können, reicht Expertenwissen oft nicht zur optimalen Gittergenerierung aus. So ist z.B. bei kompressiblen Strömungen (Überschall), die exakte räumliche Lage von Stoßfronten nicht vorherzusagen. Vermehrt werden daher sog. *adaptive Gitter* eingesetzt. Hierbei verändert sich die räumliche Diskretisierung des Berechnungsgitters automatisch entsprechend den Simulationsergebnissen des vorherigen Lösungsschritts, um so in den Gebieten hoher Gradienten eine bessere numerische Konvergenz zu erreichen.

In numerischen Strömungssimulationen werden die Ergebnisdaten i.allg. für die Knoten des Simulationsgitters, d.h. für die Eckpunkte der Gitterzellen, berechnet. In Fällen, in denen Strömungsgrößen an Zellmittelpunkten, an Integrationspunkten innerhalb der Zellen oder für die Zellseitenflächen berechnet werden [Bath-82], können die Daten vor der Visualisierung auf die Gitterknoten extrapoliert werden, wovon im Weiteren ausgegangen wird. Durch ein solches Extrapolieren werden die Visualsierungsoperationen vereinfacht und vereinheitlicht. So können zu jedem Gitterpunkt, entsprechend dem simulierten Modell, ein oder mehrere Skalare, Vektoren, Tensoren höherer Stufe oder Kombinationen dieser Datentypen gehören.

Bei der folgenden Taxonomie der verschiedenen Gittertypen wird nun insbesondere auf diejenigen Aspekte eingegangen, die für die Visualisierung von Bedeutung sind. Methoden der Gittergenerierung sind ein eigenständiges Forschungsgebiet und nicht Inhalt dieser Arbeit. Im letzten Abschnitt dieses Kapitels wird die Formfunktion eingeführt. Die Formfunktion ist zentrales Element der Finite-Elemente Methode und von ebenso entscheidender Bedeutung für die Visualisierung von Daten auf nicht-regulären Gittern.

2.3.1 Taxonomie von Berechnungsgittern

Bei der Taxonomie von Volumendaten [SpKe-90] wird grundsätzlich zwischen strukturierten und unstrukturierten Gittern unterschieden. Strukturierte Gitter werden weitergehend als regulär, rectilinear oder curvilinear klassifiziert. Unstrukturierte Gitter sind im Gegensatz zu strukturierten nicht als Array von Daten, sondern als Zellverbund organisiert. Unstrukturierte Gitter werden nach den verwendeten Zelltypen unterschieden.

Alle Gitter, mit Ausnahme der regulären Gitter, können in ihrer geometrischen Form auch zeitlich veränderlich sein; d.h. die räumliche Diskretisierung des Simulationsraumes ändert sich in diesen Fällen über den Simulationszeitraum, was natürlich erhebliche Konsequenzen für die Visualisierungsalgorithmen hat. Als Beispiel sei die Simulation und Visualisierung freier Oberflächenströmungen genannt.

Strukturierte Gitter

Daten auf strukturierten Gittern sind durch zwei Komponenten charakterisiert: Ihre *logische Organisation* und die dazu korrespondierende *physikalische Abbildung*. Die logische Organisation der Datenelemente in einem Array hat zur Folge, daß die Nachbarschaftsbeziehungen zwischen den Datenwerten innerhalb eines strukturierten Gitters implizit gegeben sind (s. Abb. 2.1). Ein solches Daten-Array kann nun zwei-, drei- oder vierdimensional (im Falle räumlich und zeitlich veränderlicher Ergebnisdaten) sein. Die logischen Koordinaten werden durch die Indizes im Datenarray *i, j und k (und evtl. t)* beschrieben.

Die Abbildung in den physikalischen Raum ist durch die kartesischen Koordinaten *x, y, z* der einzelnen Gitterpunkte gegeben. Im Falle von Rasterbildern ist dies z.B. eine identische Abbildung; in vielen technischen Anwendungen ist diese Abbildung jedoch nicht implizit, so z.B. bei Simulationsgittern. Hervorzuheben ist, daß die Dimension von logischem Array und physikalischer Abbildung nicht gleich sein muß: So ist z.B. eine Karte mit Längen- und Breitengraden von zweidimensionaler logischer Organisation; die physikalische Abbildung auf die Oberfläche der Erdkugel ist jedoch dreidimensional.

i) Reguläre Gitter

Reguläre Gitter sind auch im physikalischen Raum rechtwinklig organisiert. Die Knoten eines regulären Gitters haben in allen Dimensionen den selben räumlichen Abstand. Die Abbildung in den physikalischen Raum ist daher implizit, und der benötigte Speicheraufwand reduziert sich so um die kartesischen Koordinaten der Gitterknoten auf die Datenwerte an den Knoten. Beispiele regulärer Gitter sind Rasterbilder, wo jedem Pixel ein Vektor mit den drei Farbkomponenten zugeordnet ist. Das 3D-Analogon zu Rasterbildern sind Voxelgitter. Voxelgitter entstehen zum überwiegenden Teil in medizinischen Anwendungen und repräsentieren oftmals nur einen Skalarwert (Dichte) pro Gitterpunkt. Da in der Literatur zwei unterschiedliche Definitionen des Begriffs Voxel auftauchen, sei hier die Definition des Voxelmodells gegeben, wie sie im Weiteren verwendet wird [Karl-94]:

> *Ein Voxel ist durch den Voronoi-Bereich eines Gitterpunktes P definiert, d.h. durch die Menge von Punkten in* $\boldsymbol{R}^3$*, die näher an P sind, als an irgendeinem Gitterpunkt. Der Voronoi-Bereich eines Gitterpunkts ist ein Einheitswürfel, in dessen Mitte der Gitterpunkt liegt. Die Menge aller Voxel bilden eine regelmäßige Zerlegung des* $\boldsymbol{R}^3$.

ii) Rectilineare Gitter

Rectlineare Gitter sind rechtwinklig mit nicht-konstantem Abstand zwischen den Gitterpunkten. Zur Bestimmung der physikalischen Koordinaten der Gitterpunkte müssen daher die Knotenabstände für die drei Achsen des kartesischen Koordinatensystems gespeichert werden. Für $i \cdot j \cdot k$ Knoten ergibt sich so ein zusätzlicher Speicheraufwand von $(i-1)+(j-1)+(k-1)$ Abständen[1]. In der Visualisierungsphase kann dann jeweils zur Laufzeit die physikalische Abbildung der Visualisierungsobjekte erfolgen. Allerdings erfolgt diese Abbildung beim Rendern in interaktiven Visualisierungssystemen immer wieder, so daß der für die einzelnen Knotenkoordinaten gesparte Speicherplatz i.allg. geringer zu bewerten ist, als die verminderte Visualisierungsgeschwindigkeit. Aus diesem Grund werden rectilineare Gitter von heutigen Visualisierungssystemen oft wie curvilineare Gitter verwaltet oder aber zu regulären Voxelgittern interpoliert. Ein Beispiel dafür sind CT (Computed Tomography) und MRI (Magnetic Resonance Imaging) Daten in medizinischen Visualisierungen. Die originale Schichtdicke ist hier i.allg. ein mehrfaches des Pixelabstands innerhalb der Schichtbilder.

iii) Curvilineare Gitter

Curvilineare Gitter erlauben die Vernetzung nicht-rechtwinkliger, räumlicher Gebiete und sind daher der vorherrschende Gittertyp in numerischen Strömungssimulationen. Die logische Organisation ist dabei immer noch ein rechtwinkliges Array, das eine nicht-lineare Abbildung in den physikalischen Raum erfährt, um so ein Volumen zu füllen (Durchströmungen) oder um ein Objekt zu umhüllen (Umströmungen). Die kartesischen Koordinaten sind hier für alle Gitterknoten einzeln zu speichern, da die Transformation von logischer Organisation zu physikalischer Form i.allg. nicht global für das gesamte Gitter beschreibbar ist. Die Verbindungen zwischen den Gitterknoten ist meist linear, so daß die Grundform der Gitterzellen, wie bei den anderen regulären Gittern auch, vom Typ „Linearer Hexaeder" ist. Hexaeder mit auf den Kanten- und Flächenschwerpunkten liegenden zusätzlichen Knoten erlauben höherwertige Interpolationen innerhalb der Elemente (siehe Kapitel 5.2).

---

[1] Man kann den Abstand eines Knoten auf der Koordinatenachse zum Nachbarknoten speichern – besser speichert man jedoch gleich den Abstand zum Koordinatenursprung, was das wiederholte Aufsummieren der Abstände bei der Abbildung in den physikalischen Raum erspart.

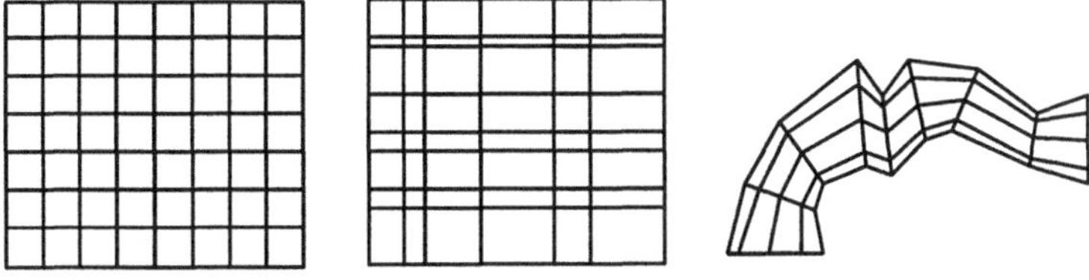

Abb. 2.1. Strukturierte Gitter: regulär, rectlinear, curvilinear

iv) Multi-Block Gitter

Eine noch bessere Adaption komplexer Geometrien als curvilineare Gitter erlauben die sog. Multi-Block Gitter. Sie bestehen i.allg. aus mehreren curvilinearen Gittern, die auf geeignete Weise miteinander kombiniert werden. So kann eine komplexe Geometrie mit einem Hexaedergitter vernetzt werden, ohne daß jedoch die einzelnen Elemente zu stark verzerrt würden. Hinsichtlich einer effizienten Implementierung von Visualisierungsalgorithmen für Multi-Block Gitter besteht nun die Möglichkeit die Topologie der Blöcke untereinander zu analysieren, um Nachbarschaftsbeziehungen in die interne Datenstrucktur aufzunehmen. Allerdings werden auch solche Multi-Block Gitter eingesetzt, bei denen die äußeren Knoten benachbarter Blöcke nicht zusammenfallen [GSKE-96], so daß sich keine eindeutigen Nachbarschaftsbeziehungen aufstellen lassen. In diesem Fall ergeben sich beim Übergang von einem Block zum nächsten erhebliche Probleme, wenn z.B. eine Partikelbahn berechnet werden soll. Es muß dann jeweils die aktuelle Gitterzelle neu gesucht werden, was u.U. einen erheblichen zusätzlichen Rechenaufwand bedeutet (s. dazu auch Kap. 6.5.1).

Unstrukturierte Gitter

Unstrukturierte Gitter lassen sich nicht als Abbildung eines regulären Arrays darstellen. So besteht keine implizite Nachbarschaftbeziehung zwischen den Zellen eines unstrukturierten Gitters. Allerdings bedingen die numerischen Simulationsverfahren, daß benachbarte Gitterzellen immer konsistent aneinander grenzen. D.h. ein Knoten einer Zelle liegt immer auf dem Knoten einer Nachbarzelle, nie auf einer Kante, einer Fläche oder im Inneren der Nachbarzelle. Ein unstrukturiertes Gitter wird durch eine Knotenliste mit den kartesischen Koordinaten aller Gitterknoten sowie eine Elementliste mit den (globalen) Knotennummern für jede Zelle vollständig beschrieben. Es wird dabei eine feste Ordnung der Knoten innerhalb einer Zelle vorausgesetzt.[1] Aus der Sicht der Computer Graphik stellen sich die

[1] Es herrscht keine allgemeingültige Vereinbarung über die interne Numerierung der Knoten von Finiten Elementen. Je nach Simulationssoftware ist diese aber i.allg. mit oder gegen den Uhrzeigersinn auf einer Fläche des Elements.

Zellen als Verbände von Punkten zu Kanten, Verbände von Kanten zu Flächen und Verbände von Flächen zu Polyedern dar. Dreidimensionale Zellprimitive sind z.B. Tetraeder, Pyramiden, Prismen oder Hexaeder (s. Abb. 2.2). Diese können linear sein, d.h. mit geraden Kanten und planaren Flächen, aber auch höherwertig mit zusätzlichen Knoten auf den Kanten-, Flächen- oder Zellschwerpunkten. Bei der Verwendung mehrerer verschiedener Zelltypen in einem Gitter spricht man von einem *hybriden Gitter.*

Unstrukturierte Gitter werden vornehmlich in der Finite Elemente Analyse in der Strukturmechanik sowie der Finite Volumen Methode verwendet. Von zunehmender Bedeutung für die numerische Strömungssimulation sind unstrukturierte Tetraedergitter. Diese erlauben einerseits eine gute Diskretisierung auch von äußerst komplex geformten Räumen, andererseits lassen sich Tetraedergitter automatisch mit Verfahren, wie der *Delaunay Triangulierung* [Trav-90] oder der *Advancing Front Methode* [Lo-85], erzeugen. Für die graphisch-interaktive Visualisierung sind lineare Tetraeder besonders angenehm, da die Dreiecksflächen im Gegensatz zu den Flächen eines Hexaeders in jedem Fall planar sind. Daneben lassen sich durch die Verwendung lokaler, baryzentrischer Koordinaten die notwendigen Interpolationen beschleunigen (s. Kap. 5.2).

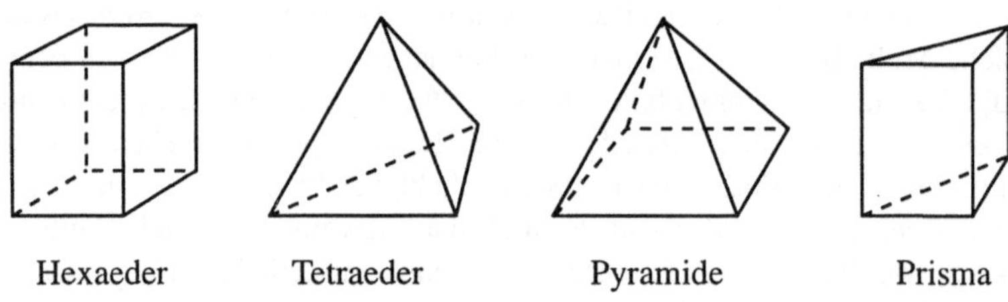

Abb. 2.2. Elementtypen unstrukturierter Gitter

Der Bestimmung der Nachbarschaftsbeziehungen innerhalb eines unstrukturierten Gitters kommt für die interaktive Visualisierung besondere Bedeutung zu: Einerseits sind innere Flächen bei einer opaken Darstellung des Simulationsgitters nicht sichtbar, so daß diese nicht gerendert werden sollten; andererseits können die in dieser Arbeit nachfolgend beschriebenen grundlegenden Visualisierungsverfahren im Falle unstrukturierter Gitter bedeutend schneller ausgeführt werden, wenn eine Nachbarschaftsliste einmal als Vorverarbeitung bestimmt und gespeichert wird.

Das folgende Verfahren zum Erzeugen einer Nachbarschaftsliste eines unstrukturierten Gitters hat einen Aufwand, der linear zur Anzahl der Gitterzellen ist [Früh-94a]: Zunächst wird eine Liste angelegt, in der für jeden Knoten diejenigen

Zellen vermerkt werden, die diesen Knoten beinhalten. Danach muß mit dieser Liste nur noch eine Schleife über alle Zellen des Gitters ausgeführt werden:

```
1.) Für alle Zellen e:
      Für alle Knoten n von e:
         Speichere die Zelle e als zum Knoten n gehörend.

2.) Für alle Zellen e1:
      Für alle Flächen f von e1:
         Für alle Zellen e2, die den Knoten n0 von f enthalten:
            Falls (e1 ungleich e2) und (alle Knoten von f gehören
            zur Zelle e2):
               Speichere e2 als Nachbar von e1 an der Fläche f.
         Falls keine Nachbarzelle gefunden wurde:
            Markiere f als äußere Fläche des Gitters.
```

Abb. 2.3. Algorithmus zur Bestimmung der Nachbarschaftsinformationen in einem unstrukturierten Finite Elemente Gitter

2.3.2 Der Berechnungsraum nicht-regulärer Gitter

Wie im vorigen Abschnitt dargestellt, kommen bei der numerischen Strömungssimulation i.allg. curvilineare und unstrukturierte Gitter zum Einsatz. Diese werden durch Gitterverbände von Zellen (Finiten Elementen) gebildet, welche formverzerrte Polyeder darstellen (s. Abb. 2.4).

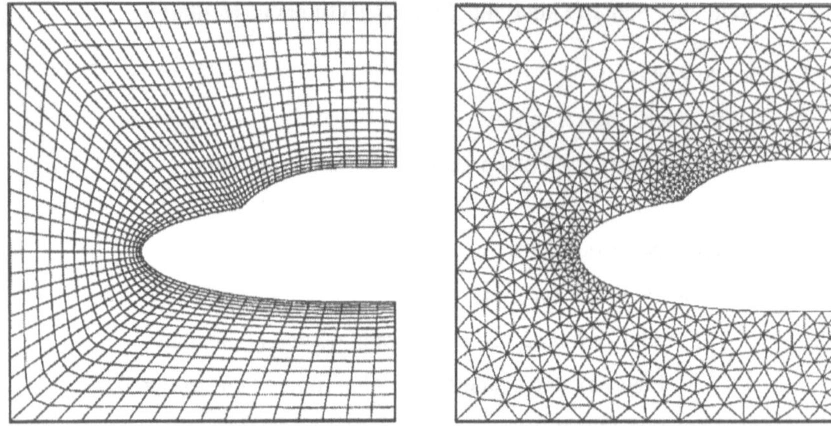

Abb. 2.4. Curvilineares Gitter und unstrukturiertes Gitter [SpKe-90].

Die physikalische Form eines Finiten Elements wird durch die kartesischen Koordinaten seiner Eckpunkte bestimmt. In numerischen Simulationen auf Grundlage der Finite Elemente Methode, werden sog. Formfunktionen verwendet, um beim Integrationsprozeß innerhalb dieser Elemente zu interpolieren [Zien-89]. Wünschenswert ist, die Interpolation einer Strömungsgröße Φ jeweils für einen bestimmten Elementtyp zu vereinheitlichen. Daher werden alle notwendigen Operationen im sog. „*Berechnungsraum*" oder auch „computational space" ausgeführt. Der Berechnungsraum eines Elements ist die reguläre geometrische Grundform des jeweiligen Elementtyps, im Falle von Hexaederelementen also ein Würfel. Die Formfunktion repräsentiert nun eine Abbildung $f\colon C \to V$ des Berechnungsraums C auf den Funktionsbereich der Datenwerte V.

Andererseits wird auch die Koordinatentransformation vom unverzerrten Berechnungsraum zum physikalischen Raum benötigt (siehe Abb. 2.5). Man unterscheidet nun drei Klassen von Finiten Elementen, je nachdem, wie diese Koordinatentransformation im Vergleich zur Interpolation von Φ ausgeführt wird. Im günstigsten Fall werden zur Koordinatentransformation dieselben Formfunktionen verwendet, wie zur Abbildung der Funktion Φ. Dieser, auch meistens benutzte Ansatz und die entsprechenden Finiten Elemente werden *isoparametrisch* genannt. Die beiden anderen Ansätze werden als *subparametrisch* und *superparametrisch* bezeichnet. Hier werden weniger bzw. mehr Knoten zur Beschreibung der Formverzerrung als zur Beschreibung der Funktionsvariation verwendet. Von diesen beiden Typen wird in der Praxis nur der subparametrische Elementtyp verwendet, der jedoch durch Einfügen weiterer Knoten an geeigneten Stellen in den isoparametrischen Typ überführt werden kann.

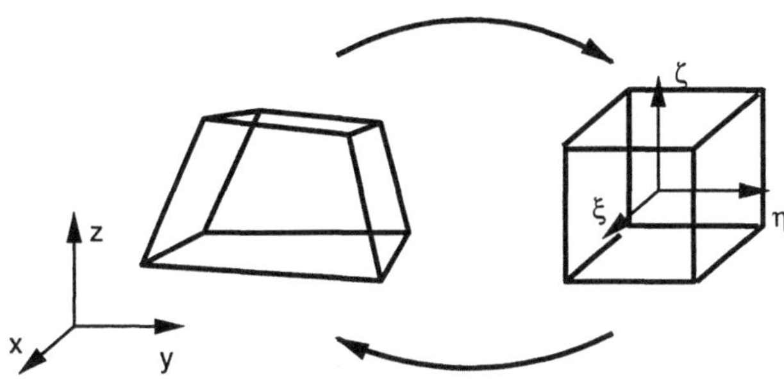

Abb. 2.5. Transformation vom Berechnungsraum in den physikalischen Raum

Auf die Verwendung der Formfunktionen für die Interpolation in nicht-regulären Gittern, die in den verschiedenen Verfahren der Strömungsvisualisierung Anwendung findet, wird in Kapitel 5.2 (Interpolation im Berechnungsraum) eingegangen. Dort werden die mathematischen Grundlagen der Formfunktionen beschrieben sowie Formfunktionen für verschiedene Elementtypen hergeleitet.

3 Strömungsvisualisierung

Das Thema dieses Kapitels ist einerseits die Einordnung der graphisch-interaktiven Strömungsvisualisierung und die Beschreibung des Standes von Wissenschaft und Forschung auf diesem Gebiet. Andererseits werden hier die Visualisierungstechniken für Strömungsdaten analysiert und diejenigen grundlegenden Methoden und Werkzeuge identifiziert, die zur Realisierung eines Systems zur Strömungsvisualisierung benötigt werden. Die weiteren Kapitel sind dann diesen Werkzeugen – sowie einzelnen Visualisierungstechniken, die im Rahmen dieser Arbeit besonders intensiv untersucht wurden – im Detail gewidmet.

Die Visualisierung von Ergebnissen numerischer Strömungssimulationen mit Methoden der interaktiven Computergraphik ist in vielerlei Hinsicht an die Visualisierung von Strömungen im Experiment angelehnt; aus diesem Grunde werden im folgenden Teil-Kapitel 3.1 zunächst die grundlegenden Verfahren der experimentellen Strömungsvisualisierung vorgestellt. Weiterhin ist die graphisch-interaktive Strömungsvisualisierung unter den Teilgebieten der graphischen Datenverarbeitung der technisch-wissenschaftlichen Datenvisualisierung (engl. *Scientific Visualization* oder auch *Visualization in Scientific Computing*) zuzuordnen. In Kapitel 3.2 wird daher die sog. Visualisierungspipeline behandelt, die die Grundlage für Referenzmodelle zur Klassifizierung von Visualisierungssystemen bildet.

Nach dieser Einordnung erfolgt in Kapitel 3.3 die Beschreibung der graphisch-interaktiven Strömungsvisualisierung selbst. Abschnitt 3.3.1 behandelt Filterfunktionen für Strömungsdaten, d.h. spezielle Operationen zur Aufbereitung der Simulationsdaten vor der Visualisierung bzw. zum Ableiten interessanter Größen aus den originalen Simulationsergebnissen. Die gängigen Mapping- und Renderingtechniken für Strömungsdaten sowie interessante neue Verfahren werden im Abschnitt 3.3.2 beschrieben. Kapitel 3.3.3 behandelt Visualisierungstechniken für Strömungscharakteristika, wie Wirbel und Stoßfronten.

In Kapitel 3.4 wird ein Klassifizierungsschema für Techniken der graphisch-interaktiven Strömungsvisualisierung vorgestellt. In Abschnitt 3.5 werden schließlich innerhalb dieses Schemas die grundlegenden „Werkzeuge" identifiziert und erläutert, die für die einzelnen Visualisierungstechniken benötigt werden.

3.1 Experimentelle Strömungsvisualisierung

Bei der experimentellen Strömungsvisualisierung können zwei grundsätzliche Verfahrensweisen unterschieden werden: Das (lokale) Messen mit anschließender graphischer Aufbereitung und die (globale) visuelle Aufzeichnung durch Foto oder Film [vDyck-82, Merz-89]. Beim lokalen Messen von Strömungsdaten, z.B. mit einem Pitot-Rohr, wird das Strömungsfeld an diskreten Positionen vermessen; die gemessenen Daten werden dann zur Analyse, z.B. in Form zweidimensionaler Graphen, aufbereitet. Beim Vermessen besteht die Gefahr der Beeinflussung und Verfälschung des Strömungsfelds durch die Meßsonde. Desweiteren werden hohe konstruktive Anforderungen an den experimentellen Aufbau gestellt, wenn die interessierenden Bereiche für die Meßsonden zugänglich sein sollen.

Die fotographische Aufzeichnung des Strömungsfeldes ist nur in wenigen Fällen direkt, ohne Hilfsmittel möglich, so z.B. bei der Untersuchung von Ölausbreitung in Wasser, die unmittelbar beim Betrachten der Strömungskonfiguration selbsterklärend sichtbar wird. In den meisten Fällen müssen spezielle Visualisierungstechniken angewendet werden; Merzkirch [Merz-89] unterscheidet drei grundlegende Verfahren der experimentellen Strömungsvisualisierung:

- Die Visualisierung durch Einfügen von Materialien in das Strömungsfeld.
- Die Visualisierung durch spezielle optische Verfahren.
- Die Visualisierung durch Zufuhr von Energie in das Strömungsfeld.

Durch das Einfügen von Partikeln kann deren Bahn aufgezeichnet werden, die wiederum durch das Geschwindigkeitsfeld der Strömung bestimmt ist. Bei bekannter Belichtungszeit kann aus der Fotografie der Bahnen der Partikel auf die lokalen Geschwindigkeiten geschlossen werden. Durch Partikel können *Bahnlinien*, *Stromlinien*, *Streichlinien* und *Zeitlinien*[1] visualisiert werden.

- Eine Bahnlinie ist der räumliche Pfad, den ein Partikel im Strömungsfeld während eines Zeitintervals zurücklegt.
- Eine Stromlinie ist eine Tangentialkurve zu den Geschwindigkeiten aller Partikel des Strömungsfeldes zu einem bestimmten Zeitpunkt.
- Eine Streichlinie ist die Verbindungslinie der momentanen Positionen aller Partikel, die durch eine bestimmte, feste Positionen geströmt sind.

---

[1] Bahnlinie, Streichlinie und Zeitlinie spielen auch in der graphisch-interaktiven Strömungsvisualisierung eine wichtige Rolle. Siehe dazu Kapitel 6.1.

- Eine Zeitlinie ist die Verbindungslinie der momentanen Positionen von Partikeln, die zur selben Zeit enlang einer Linie in das Strömungsfeld eingefügt wurden.

Einfügen von Materialien in das Strömungsfeld

Man verwendet gefärbte Flüssigkeiten oder Pulver, wenn das Strömungsmedium selbst eine Flüssigkeit ist; bei Experimenten mit gasfömigen Strömungen, wie im Windkanal, wird Rauch eingeblasen. Diese anschauliche und auch oftmals aufschlußreiche Visualisierungstechnik ist allerdings in der Praxis nicht einfach zu realisieren. So muß zum einen sichergestellt sein, daß die Dichte der Partikel in etwa der der Hauptströmung entspricht, damit Trägheits- und Auftriebskräfte ausgeschlossen werden. Zum anderen besteht die Gefahr, daß das Strömungsfeld durch die Zuführung gestört wird. Oft vermischt sich das eingefärbte Fluid sehr schnell mit der Hauptströmung, so daß keine konturierten Linien mehr sichtbar sind. Bei umlaufenden Wasserkanälen besteht auch das Problem der Verschmutzung des Strömungsmediums durch die Farbe, so daß nach einer gewissen Zeit das gesamte Wasser ausgetauscht werden muß.

Eine geringe Störung des Srömungsfeldes wird erreicht, wenn in einem Wasserkanal Wasserstoffbläschen mittels Elektrolyse an einem dünnen Draht erzeugt werden. Durch eine periodische Veränderung der Spannung kann zeitgleich eine Reihe von Bläschen abgelöst werden, so daß Zeitlinien sichtbar werden.

Durch Beifügen sog. Photochrome kann eine Beeinflussung der globalen Strömungseigenschaften völlig vermieden werden. Mit geeigneten Lichtquellen, z.B. LASER, wird die Absorbtion des Photochroms geändert, so daß einzelne Strömungspartikel verfolgt werden können [Roes-96].

Die Strömungsrichtung nahe fester Oberflächen kann man durch aufgeklebte Stoffäden oder durch ein Beschichten der Flächen mit Öl sichtbar machen.

Spezielle optische Verfahren

Spezielle optische Verfahren zur experimentellen Strömungsvisualisierung sind die Schatten- und die Schlierentechnik sowie die Interferometrie. Diese Techniken basieren darauf, daß die Lichtbrechung (bzw. Phasenverschiebung) abhängig von der lokalen Dichte des durchleuchteten Mediums ist. Sie sind also nur dann anwendbar, wenn kompressible Strömungen untersucht werden.

Bei der Schattentechnik wird der Strömungskanal mit parallelem Licht quer durchleuchtet. Durch die unterschiedliche Ablenkung der Lichtstrahlen können hinter dem Strömungskanal hellere und dunklere Bereiche aufgezeichnet, und so z.B. Stoßfronten visualisiert werden. Bei der Schlierentechnik wird durch eine zusätzliche Blende hinter dem durchstrahlten Kanal ein Teil der gebrochenen Lichtstrahlen zurückgehalten, so daß Dichtegradienten sichtbar werden.

Die Interferometrie nutzt die Tatsache, daß eine Dichteänderung nicht nur eine Lichtbrechung, sondern auch eine Phasenverschiebung bewirkt. Durch ein Interferometer wird das Licht in zwei Strahlengänge geteilt. Nachdem ein Teil durch das

Strömungsfeld geleitet wurde, werden beide Strahlengänge wieder zusammengeführt. Interferenzen werden an den Stellen sichtbar, wo eine Dichteänderung eine Phasenverschiebung des einen Strahls verursacht hat.

Die optischen Verfahren können bei einer stationären Strömung mehrfach, in verschiedenen Projektionsrichtungen angewandt werden. Durch computer-unterstützte Tomographie kann – wie bei der medizinischen Diagnose – aus den verschiedenen Bildern das Dichtefeld dreidimensional rekonstruiert werden.

Zufuhr von Energie in das Strömungsfeld

Energiezufuhr in das Strömungsfeld kann auf verschiedene Weise ebenfalls zur Strömungsvisualisierung genutzt werden. Wird ein Teil der Strömung erwärmt, so verändert sich die örtliche Dichte, so daß die beschriebenen optischen Verfahren auch dann angewandt werden können, wenn die Strömung selbst eigentlich keine Dichteunterschiede aufweist. Ein weiteres Verfahren ist die laser-induzierte Fluoreszens. Hierbei wird ein Laserstrahl in das strömende Medium gerichtet. Entlang des Strahls wird das Strömungsmedium ionisiert. Die Intensität der Strahlung ist dabei abhängig von der lokalen Dichte, so daß durch Verschieben des Laserstrahls das gesamte Strömungsfeld erfaßt werden kann.

3.2 Technisch-wissenschaftliche Datenvisualisierung

Im Gegensatz zu experimentellen Untersuchungen können bei numerischen Simulationen die Ergebnisse nicht direkt beobachtet und analysiert werden. Sie sind aufgrund ihrer Menge und Struktur (s. Kapitel 2) so unübersichtlich, daß Charakteristika des simulierten Phänomens ohne eine visuelle Datenaufbereitung nicht erkennbar sind. Durch die technisch-wissenschaftliche Datenvisualisierung (z.B. [McDBB-87, BCEG$^+$-92]) werden die Simulationsergebnisse in abstrakte Visualisierungsobjekte verwandelt und mit Renderingverfahren sichtbar gemacht.

3.2.1 Die Visualisierungspipeline

Die Verarbeitung von Anwendungsdaten, d.h. Meß- oder Simulationsdaten, bei der Visualisierung läßt sich in drei Prozesse gliedern: Die Datenvorverarbeitung (*Filtering*), die Abbildung auf graphische Objekte und deren Attribute (*Mapping*) und die Bildgenerierung (*Rendering*) (s. Abb. 3.1). I.allg. werden diese Stufen der Visualisierungspipeline mehrmals durchlaufen, bis die interessanten Informationen der Anwendungsdaten gefunden sind.

Die Aufgabe der *Datenvorverarbeitung* ist es, die Anwendungsdaten, in eine Form zu bringen, die für die weitere Verarbeitung in der Pipeline zweckmäßig ist. Dies umfaßt u.a. geometrische Transformationen und die Konvertierung von Datenformaten. Daneben können die Anwendungsdaten reduziert werden, indem bestimmte interessierende Teile extrahiert werden oder aber vermehrt, indem aus den Originaldaten abgeleitete Variablen berechnet werden.

Andere Filterfunktionen sind z.B.:

- Die Ausdünnung von Daten, die die Kapazität des Visualisierungssystems bzw. der Visualisierungshardware übersteigen.
- Die Glättung von Meßdaten.
- Die Triangulierung von Daten, die ohne geometrische Topologie vorliegen (scattered data).
- Die Interpolation von Daten auf ein reguläres Gitter (Voxelisierung).

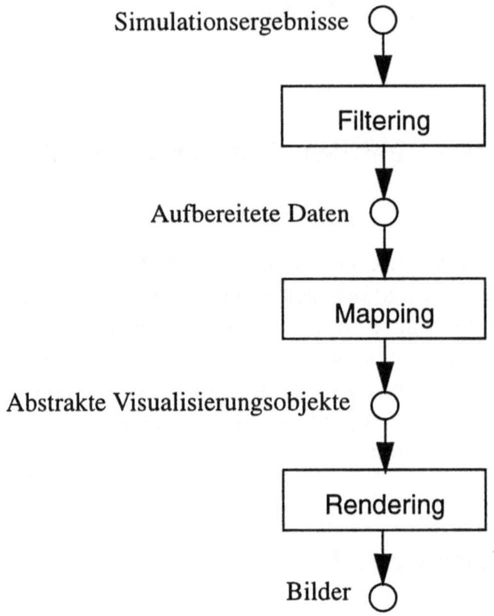

Abb. 3.1. Die Visualisierungspipeline

Im *Mappingprozeß* erfolgt die Abbildung der aufbereiteten Daten auf graphische Objekte und deren Attribute. Ein Visualisierungssystem stellt dem Benutzer i.allg. für die einzelnen Datentypen verschiedene Mappingtechniken zur Auswahl, die von diesem sinnvoll gewählt und parametrisiert werden müssen. Beim Mapping werden aus den aufbereiteten Daten geometrische Objekte, wie z.B. Bahnlinien oder Niveauflächen berechnet oder aber die Daten werden durch Ikonen, wie z.B. Vektorpfeile abgebildet. Die abstrakten Visualisierungsobjekte können eingefärbt werden, so daß mittels Falschfarben eine weiterer Datenwert visualisiert werden kann. Eine dritte Alternative ergibt sich, wenn die Daten direkt auf graphische Attribute, wie Farbe und Transparenz abgebildet werden, ohne daß Visualisierungsobjekte berechnet werden. In diesem Fall muß das Datenvolumen direkt gerendert werden (s. Kap. 9).

Im *Renderingprozeß* werden Bilder entweder durch konventionelles Polygon-Scanning der Visualisierungsobjekte erzeugt oder mittels „Direktem Volumenrendern". Das Rendering umfaßt die Viewing Transformationen sowie die Verdekkungs-, Beleuchtungs- und Schattierungsberechnung für die Pixel des Bildes.

3.2.2 Visualisierungssysteme

Visualisierungssysteme sind Softwaresysteme, die die Prozesse der Visualisierungspipeline realisieren. Neben Filtering, Mapping und Rendering verfügen Visualisierungssysteme über Ausgabe- (*Display*) und Eingabefunktionalität (*Interaktion*).

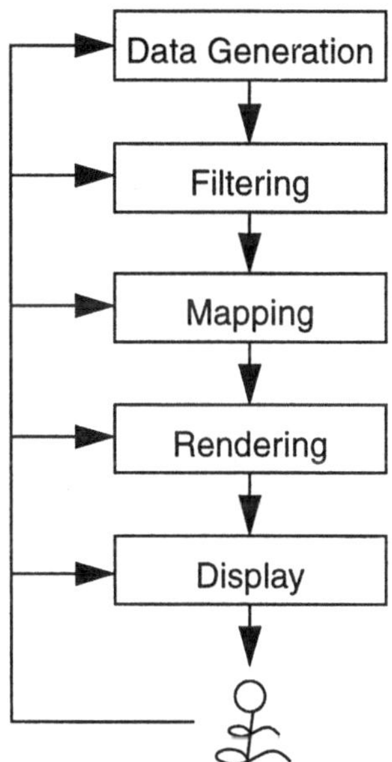

Abb. 3.2. Datenfluß und Benutzerinteraktion zur Konfiguration und Steuerung des Visualisierungsprozesses

Im Ausgabeprozeß wird das generierte Bild in einem Fenster des Graphikschirms präsentiert. Hierbei werden die üblichen, von Fenstersystemen unterstützten Operationen, wie Vergrößern und Verschieben angeboten. Die Benutzerinteraktion mit dem Visualisierungssystem dient primär der Konfiguration und Steuerung des Visualisierungsprozesses auf allen Stufen der Visualisierungspipeline (s. Abb. 3.2)

Referenzmodelle formalisieren und klassifizieren vorhandene Systeme und unterstützen so den Vergleich von Systemen sowie die Konzeption neuer Systeme. Das gängige Modell für graphisch-interaktive Visualisierungssysteme sieht die *Datengenerierung* als ersten Schritt der Visualisierungsprozesses vor [FFGG⁺-90]. Die direkte Verknüpfung von Datengenerierung, d.h. von Messung oder Simulation, mit dem Visualisierungssystem ist durchaus sinnvoll. Hierdurch kann z.B. der Berechnungsverlauf einer Simulation überwacht und u.U. gesteuert werden; es können Zwischenergebnisse analysiert werden und Konfigurationsfehler der Simulationsrechnung, wie z.B. falsche Randbedingungen, frühzeitig erkannt werden. Eine solche *Online-Visualisierung* wird aber bisher nur von wenigen Simulationssystemen unterstützt; die notwendigen Anpassungen auf der Visualisierungsseite sind relativ geringfügig [BrKa-92].

Der große Bedarf an Visualisierungssystemen – allein für die USA wurde der Markt für Visualisierungssysteme im Jahr 1995 auf 3 Mrd. US $ geschätzt [WaWi-92] – wird von verschiedenen Klassen von Systemen bedient.

- *Graphik-Bibliotheken* (z.B. GKS, PHIGS, OpenGL) bieten Basisroutinen zum Erzeugen von Graphik. Zusammen mit Bibliotheken für graphische Benutzungsoberflächen (z.B. Motif) dienen Graphik-Bibliotheken als Entwicklungswerkzeuge zum Erstellen von Visualisierungssystemen.
- *Visualisierungsbibliotheken* (z.B. PV-Wave von Precision Visuals, SUN Vision von SUN, vtk von General Electric) bieten neben der allgemeinen Graphikfunktionalität auch spezielle Visualisierungsroutinen, wie z.B. Plotroutinen zum Erzeugen von Diagrammen.
- *Monolitische Visualisierungssysteme (Turnkey Visualization Systems)* sind komplette Visualisierungssysteme mit festem Funktionsumfang und fester Benutzungoberfläche. Solche Systeme sind oft auf bestimmte Anwendungsklassen, wie z.B. die Strömungsvisualisierung, zugeschnitten und bieten entsprechend spezifische Funktionalitäten. Turnkey-Systeme arbeiten – von einzelnen evtl. parallelisierten Algorithmen abgesehen – als ein Prozeß, so daß hier der Zugriff auf alle Datenaggregate (Rohdaten, aufbereitete Daten, Visualisierungsobjekte, Bilder) leicht möglich ist. Daraus resultieren die prinzipiellen Vorteile dieser Klasse von Visualisierungssystemen: Die Möglichkeit zur optimierten Datenhaltung, für ein schnelles Antwortverhalten auf Benutzerinteraktionen (Visualisierungsperformanz) und für die leichte Benutzerinteraktion mit den Daten (s.u.). Beispiele monolitischer Visualisierungssysteme sind: Data Visualizer von Wavefront, Fieldview von Intelligent Light, FAST von Sterling Software, VoxelView von Vital Images, ISVAS und ICV vom Fraunhofer-IGD.

– *Datenflußorientierte Visualisierungssysteme (Application Builders)* repräsentieren die flexibelste Klasse von Visualisierungssystemen. Sie bieten eine Bibliothek von Visualisierungsmodulen für die einzelnen Ebenen der Visualisierungspipeline. Die Module werden vom Anwender graphisch-interaktiv zu einem Netz von Prozessen zusammengestellt. Es besteht die Möglichkeit neue, eigene Module einzubinden und mit einer graphischen Benutzungsoberfläche zu versehen. Dadurch können verschiedenartigste Anwendungsdaten visualisiert werden. Der inzwischen große Kreis von Anwendern solcher Systeme sorgt dafür, daß immer mehr neue Module zur Verfügung stehen, die z.T. allen Lizensnehmern zur Verfügung gestellt werden. Der größeren Flexibilität steht im Vergleich mit den Turnkey-Systemen systembedingt ein größerer Speicherbedarf, eine niedrigere Visualisierungsperformanz – durch die Daten- und Parameterkommunikation zwischen den einzelnen Prozessen – und eine erschwerte Benutzerinteraktion mit den Daten gegenüber. Beispiele datenflußorientierter Visualisierungssysteme sind: Khoros von der University of New Mexico, apE von Taravisual, AVS von AVS Inc., IRIS Explorer von NAG und Data Explorer von IBM.

Die verschiedenen Klassen von Systemen stellen auch unterschiedliche Anforderungen, z.B. bzgl. Programmierkenntnissen und bzgl. der Vorkenntnisse über Methoden der Computergraphik, an die Benutzer.

Gemeinsam ist allen Visualisierungen, egal mit welchem System sie entstanden sind, daß sie *fehlerbehaftet* sind. Fehler werden zwangsläufig aufgrund von Vereinfachungen, von Interpolationen, und von Transformationen im Prozeß der Umwandlung von Rohdaten zu Bildern gemacht. Es ist daher sinnvoll, wenn die Anwender von Visualisierungssystemen über die in einem System realisierten Algorithmen informiert werden bzw. sie sich informieren können. Stellen sich Systeme für den Anwender diesbezüglich als *Black Box* dar, so wird die Analyse von Anwendungsdaten durch einen Fehler unbekannter Größe erschwert.

3.2.3 Interaktion

Erste Visualisierungssysteme waren – und manche sind es heute noch – *batch-orientiert*. Die Prozesse der Visualisierungspipeline werden in diesem Fall durch eine Datei gesteuert, welche vom Benutzer vor dem Start der Visualisierung zu editieren ist; während des Ablaufs der Visualisierung ist keine Steuerung möglich. Eine erfolgreiche Unterstützung der Datenanalyse durch die Visualisierung wird so behindert, da für jede Parameteränderung die Konfigurationsdatei editiert und die Visualisierung erneut gestartet werden muß.

Moderne Visualisierungssysteme bieten graphische Benutzungsoberflächen zur Konfiguration und Steuerung des Visualisierungsprozesses. Die Interaktion zur Steuerung der Viewing Transformationen, d.h. die Kamerapositionierung kann durch Interaktion im Displayfenster realisiert werden. Es wurden Softwaretechniken für die konventionelle 2D Maus entwickelt, die eine Navigation im dreidimensionalen Objektraum erlauben (s. Kap. 10). Die Datenanalyse wird von einer hohen Renderingperformanz des Systems von Soft- und Hardware unterstützt: Einerseits erleichtert eine hohe Bildwiederholrate bei einer Veränderung der Kameraposition das Erkennen räumlicher Strukturen durch die Bewegungsparallaxe; andererseits ermöglicht schnelles Rendering die Navigation und so das Auffinden interessanter räumlicher Bereiche.

Die *direkte Benutzerinteraktion mit den Daten* ermöglicht eine ganz neue Art der graphisch-interaktiven Datenvisualisierung. Anstelle der „einbahnigen" Visualisierungspipeline von Daten zu Bildern, tritt nun ein Modell, in dem es möglich ist, „die Daten hinter einem Pixel" zu erfragen. Dies wird durch eine sog. Datensonde (oder auch Probe) realisiert. Es können z.B. die originalen numerischen Datenwerte an der Probenposition erfragt werden oder auch ikonische Visualisierungen an der Probenposition realisiert werden [dLevWi-93]. Wird die Probe als frei bewegliche Partikelquelle realisiert, so ist das interaktive Erforschen eines Strömungsfeldes durch „Echtzeit-Partikelverfolgung" möglich.

Die Interaktion selbst kann dabei im Bildraum oder im Objektraum realisiert werden [Karl-94]. Bei der *Interaktion im Bildraum* müssen die Rendering- und Displaytransformationen invertiert werden, um die Position der Probe im Objektraum zu bestimmen; diese Rücktransformationen sind jedoch nicht in jedem Fall eindeutig bestimmbar [FeSc-92]. Bei der *Interaktion im Objektraum* erfolgt die Navigation der Probe direkt im i.allg. dreidimensionalen Objektraum. Dabei ist schnelles Rendering besonders wichtig, denn nur wenn die angezeigte Position der Probe relativ zu anderen Visualisierungsobjekten schnell aktualisiert wird, kann der Benutzer die Probe sicher an die gewünschte Position steuern.

Ein Visualisierungssystem kann zu einer immersiven, virtuellen Umgebung [Göbe-92, Göbe-93] werden, wenn die intuitive Navigation von Kameraposition und Datensonden mit mehreren Bildern pro Sekunde realisiert wird. In einzelnen Anwendungen wird bereits der Nutzen von Interaktions- und Displaytechniken der sog. *Virtuellen Realität* für die technisch-wissenschaftliche Datenvisualisierung untersucht [BrLe-92, AFGH$^+$-94]. Eine Schwierigkeit bei der Realisierung solcher Systeme liegt in der Gestaltung und der Bedienung von Interaktionsmechanismen zur Konfiguration und Kontrolle des Visualisierungssystems. Hier werden virtuelle 3D-Menüs oder aber die Spracheingabe benötigt [AsGö-95]. Neben schnellem Rendering und intuitiver Navigation ist es besonders wichtig, daß die Visualisierungsalgorithmen, z.B. zur Partikelbahnberechnung oder zur Niveauflächenberechnung ebenfalls sehr schnell arbeiten. Nur wenn auch hier „Echtzeitverhalten" erreicht wird, wird das spielerische Erforschen unbekannter Anwendungsdaten in ihren Definitionsräumen möglich.

Ein Visualisierungssystem sollte jedoch nicht nur schnelle Hilfsmittel bereitstellen, damit Anwendungsdaten von Experten interaktiv untersucht werden können; es sollte vielmehr den Benutzer durch automatische, anwendungsspezifische Algorithmen bei der Datenanalyse unterstützen, bei Strömungsdaten z.B. durch die Dedektion und Analyse von Strömungscharakteristika, sog. *Features*. Ein Beispiel dafür ist die sog. Vektorfeld-Topologie [HeHe-91]. Entwürfe neuer Visualisierungssysteme stellen sich dementsprechend heute als eine Kombination von Expertensystem und VR-System dar [Jern-94].

3.3 Graphisch-interaktive Strömungsvisualisierung

Auf den Prozeß der Datengenerierung, d.h. die Strömungssimulation, wurde im Kapitel 2 eingegangen. Im folgenden sollen nun diejenigen Filtering-, Mapping- und Renderingtechniken erläutert werden, die für die graphisch-interaktive Strömungsvisualisierung besonders wichtig sind. Die Kenntnis der in den vorigen Abschnitten dargestellten physikalischen Prinzipien der Strömungsmechanik erleichtert die Identifikation dieser Techniken. Neben den Standardtechniken wurden in den letzten Jahren auch einige interessante, neue Mapping- und Renderingtechniken entwickelt, auf die ebenfalls kurz eingegangen wird.

3.3.1 Filterfunktionen zur Strömungsvisualisierung

i) Formatkonvertierung

Am Anfang der Verarbeitung von Strömungsdaten bei der Visualisierung steht die Konvertierung der Daten in das (die) vom Visualisierungssystem unterstützte(n) Format(e). Die Konvertierung kann durch externe Konvertierungsprogramme realisiert werden oder aber intern durch verschiedene Einleseroutinen, so daß direkt die Formate bestimmter, gebräuchlicher Simulationsprogramme unterstützt werden.

ii) Topologiekonvertierung

Liegen die Simulationsdaten auf einem Gittertyp vor, welcher vom betreffenden Visualisierungssystem nicht unterstützt wird, so muß eine Topologiekonvertierung durchgeführt werden. Durch sog. Voxelisieren kann z.B. ein unstrukturiertes oder curvilineares Gitter in ein reguläres Voxelgitter überführt werden. Im Gegensatz zur Formatkonvertierung werden hier allerdings die originalen Simulationsergebnisse semantisch verändert. Kapitel 4 beschreibt mögliche Vorgehensweisen beim Voxelisieren; ferner werden die quantitativen und qualitativen Auswirkungen des Voxelisierens auf die Visualisierung analysiert.

iii) Spiegeln

Bei numerischen Simulationen werden, wenn immer dies möglich ist, Symmetrien ausgenutzt, um den Berechnungsaufwand zu reduziern. Zum besseren Verständnis der Simulationsergebnisse, insbesondere für die Präsentation der Ergebnisse vor

Laien, ist es u.U. wünschenswert, die Simulationsdaten zu spiegeln. Dadurch muß allerdings mit einer entsprechenden Reduzierung der Visualisierungsperformanz gerechnet werden.

iv) Filtern

Im Gegensatz zur Bearbeitung gemessener Daten wird die algorithmische Filterung bei Simulationsdaten nur selten angewandt. Das Unterdrücken von Rauschen oder von Ausreißern kann nur dann gewollt sein, wenn eine höhere Simulationsgüte vorgetäuscht werden soll, als sie tatsächlich existiert. U.U. kann eine *Reduktion der Datenmenge* erforderlich sein. Zeitvariante Simulationen mit mehreren Millionen Gitterzellen erzeugen Ergebnisdaten im Bereich mehrerer GigaByte. Solche mit Höchstleistungsrechnern erzeugten Datenmengen können unter keinen Umständen mit Graphikworkstations interaktiv visualisiert werden. In solchen Fällen wird es notwendig, aus den Originaldaten räumliche und/oder zeitliche Bereiche zu wählen, die besonders interessant sind. Oft werden die Strömungsdaten mehrerer Gitterzellen zur Visualisierung zusammengefaßt, d.h. es wird (gewichtet) gemittelt. Wie bei der Voxelisierung wird bei einer solchen *Ausdünnung* allerdings die qualitative Güte der Simulationsdaten beeinträchtigt.

v) Berechnung abgeleiteter Geometrie

Bei der graphischen Analyse von Simulationsdaten spielt Kontextgeometrie eine wichtige Rolle. Enthält ein Strömungsfeld z.B. ein Totwassergebiet oder einen Wirbel, so will man auch die geometrische Ursache dieser Phänomene darstellen. Liegt die durch- oder umströmte Geometrie aber nicht in Form von CAD Daten vor, so muß sie aus den Simulationsdaten rekonstruiert werden: Wird zusammen mit Partikelbahnen z.B. die äußere Hülle des Simulationsgitters dargestellt, so reicht dies meist schon für die räumliche Einordnung. Rendert man diejenigen äußeren Gitterflächen, an denen die Strömungsgeschwindigkeit gleich Null ist, so hat man die festen Oberflächen gefunden. Verdecken diese jedoch den Blick auf das Strömungsfeld, so müssen sie geklippt werden oder als Drahtgitter bzw. transparent dargestellt werden.

vi) Berechnung abgeleiteter Strömungsdaten

Zur Analyse eines Strömungsfelds werden vielfach weitere Größen aus den Simulationsergebnissen abgeleitet. Diese Daten können selbst wieder Skalare, Vektoren oder höherwertige Tensoren sein. Einige, für den Strömungsmechaniker aussagekräftige Größen sind hier aufgeführt. Die Berechnung dieser Größen dient oft zur Identifikation bestimmter Strömungscharakteristika, wie Wirbel oder Stoßfronten (s. Kap. 3.3.2.4). Erläuterungen zum mathematischen und strömungsmechanischen Hintergrund finden sich zum Beispiel in [Spur-89].

- Geschwindigkeitsbetrag: $|v| = \sqrt{v_x + v_y + v_z}$

- Kinetische Energie: $E_{kin} = (\rho/2) \cdot |v|^2$

- Geschwindigkeitsgradiententensor: $\nabla v = \frac{\partial v_i}{\partial x_j}$

- Dehnungsgeschwindigkeitstensor: $e_{ij} = \frac{1}{2} \cdot \left(\frac{\partial v_i}{\partial x_j} + \frac{\partial v_j}{\partial x_i} \right)$

- Drehgeschwindigkeitstensor: $\Omega_{ij} = \frac{1}{2} \cdot \left(\frac{\partial v_i}{\partial x_j} - \frac{\partial v_j}{\partial x_i} \right)$

- Rotation des Geschwindigkeitsfeldes: $rot(v) = \nabla \times v$

- Divergenz des Geschwindikeitsfeldes: $div(v) = \nabla \cdot v$

- Wirbelstärke: $\omega = v \cdot rot(v)$

- Druckgradient: $\nabla p = \frac{\partial p}{\partial x_i}$

- Enthalpie: $h = e - \frac{p}{\rho}$

- Mach Zahl: $Ma = \frac{|v|}{a}$

- Reynolds Zahl: $Re = \frac{|v| \cdot l \cdot \rho}{\eta}$

3.3.2 Mapping- und Renderingtechniken zur Strömungsvisualisierung

Im Mappingprozeß werden die originalen bzw. abgeleiteten Simulationsergebnisse auf abstrakte Visualisierungsobjekte und deren Attribute, bzw., im Falle der direkten Volumenvisualisierung, direkt auf Farbe und Opazität, abgebildet. Eine generelle Übersicht über verschiedenste Mappingtechniken für wissenschaftlich-technische Daten, insbesondere für skalare Daten, gibt z.B. das Buch von Brodlie et al. [BCEG+-92] oder die Dissertation von Karlsson [Karl-94]. Hier bleibt die

Diskussion auf diejenigen Techniken beschränkt, die für die Visualisierung von Strömungsdaten geeignet sind.

Visualisierungstechniken für skalare Strömungsdaten

Skalare Strömungsdaten sind u.a.: Druck, Temperatur, Geschwindigkeitsbetrag, Geschwindigkeitskomponenten, Wirbelstärke, kinetische Energie, Enthalpie, Mach Zahl, Reynolds Zahl. Folgende Techniken stehen für die Visualisierung dieser Größen zur Auswahl:

i) Falschfarben auf Flächen

Die am häufigsten verwendete Visualisierungstechnik für skalare Strömungsdaten ist die Abbildung auf Farbe [RoFe-90]. Im Falle volumetrischer Simulationsdaten erfordert dies allerdings die interaktive Berechnung von Schnittflächen (Cutting bzw. Slicing), da eine Falschfarbendarstellung der äußeren Flächen des Simulationsraumes meist wenig aufschlußreich ist. Durch ausreichend schnelles Slicing kann der Benutzer die räumliche Werteverteilung mental rekonstruieren.

Wichtig für die Interpretation der abgebildeten Werte ist eine Farbskala, die dem Benutzer die bei der Transformation von Werten nach Farben benutzte Transferfunktion anzeigt. Die Verwendung gerichteter Lichtquellen, um durch Schattierung die räumliche Orientierung von Schnittflächen zu verdeutlichen, beeinträchtigt die Interpretation der dargestellten Werte, da physiologisch Helligkeitsunterschiede nicht leicht von Variationen des Farbtones zu unterscheiden sind.

ii) Volumenrendern

Soll ein volumetrisches Strömungsfeld ganzheitlich, d.h. ohne eine Reduktion auf Schnittflächen, mit Hilfe von Falschfarben visualisiert werden, so muß das Volumen semi-transparent gerendert werden. Die lokale Opazität steht in diesem Fall als zusätzliches Mappingattribut zur Verfügung. Direktes Volumenrendern wird nur in sehr einfacher Form von gängiger Graphikhardware unterstützt. Für eine korrekte Abbildung ist daher eine rechenintensive Bildgenerierung in Software nötig, die eine interaktive Variation des Blickpunkts verhindert. Die zwei grundlegenden Verfahren des direkten Volumenrenderns sind „Projektion“ und „Raycasting“ (s. Kap. 9).

Semi-transparente Darstellungen vermitteln jedoch ohne eine Variation des Blickpunktes keine ausreichende Information über die räumliche Werteverteilung. Als Abhilfe bietet sich das kombinierte semi-transparent/opake Raycasting (s. Kapitel 9.3.3.4) oder die Animation von unter verschiedenen Blickwinkeln vorberechneten, semi-transparenten Bildern an.

iii) Niveauflächen

Bei der Berechnung und Darstellung von Niveauflächen – auch Isoflächen genannt – reduziert man nicht die geometrische Dimension des Datensatzes, wie beim Slicing; vielmehr wird hier eine Auswahl im Wertebereich getroffen, indem man immer nur ein diskretes Niveau – bei der Verwendung von Transparenz auch mehrere Niveaus – abbildet. Durch schnelle Animation des Niveaus kann auch hier die gesamte räumliche Werteverteilung mental rekonstruiert werden. Die Konstruktion von Niveauflächen ist eine Visualisierungstechnik, bei deren Einsatz die Abwägung zwischen Genauigkeit und Geschwindigkeit besonders wichtig ist. Niveauflächen geben einen Anhaltspunkt für den lokalen Gradienten der zu visualisierenden Größe, da definitionsgemäß der Normalenvektor einer Niveaufläche dem lokalen Gradienten entspricht (s. Kap. 7).

iv) Ikonen

Ikonen sind Zeichen, deren Attribute eine direkte Verbindung zum Datenwert herstellen. Ikonen, wie z.B. Kugeln, werden häufig eingesetzt, wenn multivariate Datenfelder mit niedriger geometrischer Komplexität visualisiert werden sollen. Für die Visualisierung skalarer Strömungsdaten werden Ikonen nur selten eingesetzt; die anderen genannten Techniken erlauben hier i.allg. eine leichtere Interpretation. Die Visualisierung dreidimensionaler Datenfelder mit Hilfe von Ikonen wird durch deren räumliche Ausdehnung behindert. Schon bei einer geringen Anzahl von Ikonen verdecken diese sich gegenseitig, so daß eine Interpretation der Szene unmöglich wird.

Visualisierungstechniken für vektorielle Strömungsdaten

Vektorielle Strömungsdaten sind das Geschwindigkeitsfeld selbst, sowie dessen Rotation. Desweiteren stellen die abgeleiteten Gradientenfelder der skalaren Strömungsgrößen ebenfalls interessante Vektorfelder dar, deren Visualisierung für die Interpretation eines Strömungsfeldes sehr aufschlußreich sein kann. Die folgenden Erläuterungen umfassen selbstverständlich nicht alle denkbaren Visualisierungstechniken für vektorielle Daten; die Auswahl beschränkt sich auch hier auf diejenigen Techniken, die sich nach dem aktuellen Stand der Forschung für die Strömungsvisualisierung als geeignet erwiesen haben.

i) Reduktion auf Skalare

Die Vektorgrößen werden in diesem Fall nicht selbst abgebildet; stattdessen wird durch Betragsbildung oder durch die Auswahl einer Vektorkomponente mit Hilfe der o.g. Techniken ein Skalarfeld visualisiert, das interessante Aspekte des Vektorfelds repräsentiert.

ii) Vektorpfeile

Eine sehr intuitive Art der Abbildung eines Vektorfeldes ist die Darstellung der lokalen Geschwindigkeit als Vektorpfeil [Kroo-84]. Vektorpfeile sind Ikonen, deren Attribute Richtung und Länge gut geeignet sind, um ein 2D-Vektorfeld graphisch darzustellen. Im Falle von 3D-Vektorfeldern sind Vektorpfeile weniger nützlich. Zum einen besteht das generelle Problem von Ikonen, nämlich die Verdeckung weiter hinten liegender Ikonen durch weiter vorne liegende. Aus diesem Grund sollten im 3D-Fall Vektorpfeile nicht an allen Knoten des Berechnungsgitters dargestellt werden, sondern nur auf Schnittebenen.

Ein weiteres Problem bei der Visualisierung mit Vektorpfeilen liegt in der Deutung der Pfeilrichtung. Es besteht bei der Verwendung konventioneller 2D-Displays i.allg. keine Eindeutigkeit über die wirkliche 3D-Lage eines Vektorpfeils. Eine Schattierung der Vektorpfeile kann dies aufgrund der geringen Dicke der Pfeil-Ikonen nur in unbefriedigendem Maße verbessern.

iii) Bahnlinien, Stromlinien, Streichlinien, Zeitlinien

Wie schon bei der Beschreibung der experimentellen Strömungsvisualisierung bemerkt, ist die Abbildung der Bahn einzelner Fluidelemente eine aussagekräftige Visualisierungsmethode [BrLe-90]. Bei der graphisch-interaktiven Strömungsvisualisierung besteht zusätzlich die Möglichkeit, Feldlinien des gesamten Vektorfeldes zu berechnen und darzustellen [ZöSH-96]. *Feldlinien sind Linien, die an jeder Stelle tangential zum Vektorfeld liegen.* Die Feldlinien des Geschwindigkeitsfeldes einer Strömung werden als *Stromlinien* bezeichnet[1]. Im Falle stationärer Strömungen fallen Bahnlinien, Stromlinien und Streichlinien zusammen, im allgemeinen Fall der zeitvarianten Strömung jedoch nicht. Die graphische Darstellung der Bahnen als Polygonzüge erlaubt die Verwendung von Falschfarben. Dadurch können entweder mehrere Bahnen deutlich unterscheidbar dargestellt werden oder es kann eine weitere skalare Strömungsgröße, wie der lokale Geschwindigkeitsbetrag, abgebildet werden.

Bahn-, Strom-, Streich- und Zeitlinien können jeweils durch Integration des Vektorfeldes berechnet werden. Da das diskretisiert vorliegende Geschwindigkeitsfeld einer simulierten Strömung jedoch nicht geschlossen integrierbar ist, werden numerische Näherungsverfahren zur schrittweisen Integration eingesetzt. Hierbei ist eine Abwägung zwischen Genauigkeit und Geschwindigkeit der zur Verfügung stehenden Verfahren vorzunehmen (s. Kapitel 6).

Die Interpretation eines Strömungsfeldes mit Hilfe von Bahn-, oder Stromlinien kann nur dann gelingen, wenn der Benutzer eines Visualisierungssystems in der Lage ist, die für das Feld charakteristischen Linien zu finden und darzustellen. Zwei Strategien stehen zum Erreichen dieses Zieles zur Auswahl: Ein hoher Automatisierungsgrad bzw. ein hoher Interaktionsgrad. Es können Algorithmen implementiert werden, die die charakteristischen Bahnen eines Strömungsfeldes automatisch finden (s.u.: „Vektorfeld-Topologie"). Der Vorteil dieser Vorgehensweise liegt darin, daß ähnlich, wie bei den Vektorpfeilen nur eine beschränkte Anzahl von Linien dargestellt werden kann, ohne daß die Abbildung unübersichtlich wird.

Die Alternative zu automatischen Verfahren besteht in einem hohen Interaktionsgrad: In diesem Fall müssen die Algorithmen zur Berechnung der Linien so implementiert werden, daß zu jeder Zeit und an jeder Stelle des Feldes eine Berechnung „in Echtzeit" möglich ist. Der Benutzer ist dann – sofern ihm geeignete Interaktionsmechanismen zur Positionierung des/der Startpunkte(s) zur Verfügung stehen – in der Lage, das Strömungsfeld und dessen interessante Stellen interaktiv zu erforschen. Der Vorteil dieses Ansatzes liegt darin, daß man nicht auf

---

[1] Zur Definition von Bahnlinie, Streichlinie und Zeitlinie s. Kap.3.1

die Darstellung von Extremstellen des Strömungsfeldes beschränkt ist, und somit z.B. sowohl Linien der Hauptströmung als auch solche in einem Wirbel darstellen kann.

iv) Bänder

Der räumliche Verlauf von Strom- und Bahnlinien ist bei der Darstellung als Polygonzug ohne zusätzliche Tiefeninformationen, wie z.B. durch eine Rotation der Szene, nicht einfach zu interpretieren. Verbindet man zwei benachbarte Linien durch Triangulation, so kann das entstehende Band schattiert dargestellt werden [Volp-89]. Dadurch wird auch in einem statischen Bild die räumliche Orientierung deutlich sichbar. Ein Band kann auch auf der Grundlage nur einer Linie generiert werden. In diesem Fall wird der Betrag der lokalen Rotation des Geschwindigkeitsfeldes als Maß für die örtliche „Verdrillung" des Bandes herangezogen [Hult-90].

v) Partikelanimation

Die Visualisierung eines Geschwindigkeitsfeldes durch bewegte Partikel ist sicherlich die eindrucksvollste Art der graphisch-interaktiven Strömungsvisualisierung. Die Geschwindigkeit der Strömung wird hier direkt und intuitiv verständlich in die Bewegung der Partikel umgesetzt.

Die Definition von Partikeln unterscheidet sich bei der graphisch-interaktiven Strömungsvisualisierung allerdings deutlich von den in der Computer Graphik ebenfalls referenzierten sog. Partikelsystemen, die zur Modellierung und Darstellung „unscharfer", komplexer Objekte und Phänomene, wie Wolken, Feuer und Bäume eigesetzt werden [Reev-83]. Die bei der Strömungsvisualisierung verwendeten Partikel repräsentieren lediglich Fluidelemente. Die physikalischen Gesetzmäßigkeiten, die die Bahn eines solchen Partikels bestimmen (s. Kapitel 2) werden bereits bei der numerischen Simulation des Strömungsfeldes berücksichtigt. Während der Visualisierung findet keine weitere physikalisch basierte Simulation statt.

Zur Berechnung der Partikelbewegung verwendet man den gleichen Algorithmus, wie zur Berechnung einer Bahnlinie (s. Kap. 6.2), mit dem einzigen Unterschied, daß nach jedem Zeitschritt der numerischen Integration das oder die Partikel an ihrer momentanen Position im Strömungsfeld gerendert werden. Es ist allerdings nicht einfach, zu gewährleisten, daß die dargestellten Geschwindigkeiten auch wirklich nur von der simulierten Strömung abhängen und nicht von der Anzahl der zu rendernden graphischen Objekte.

Ein Ansatz, um eine konstante Abbildung der Geschwindigkeit zu erreichen, ist die Vorberechnung von einzelnen Bildern, die anschließend mit konstanter Bildwiederholrate abgespielt werden. Man muß dabei allerdings auf die Interaktion des Benutzers mit der Szene, z.B. die interaktive Veränderung der Blickrichtung oder die freie Bewegung der Partikelquelle, verzichten. Dadurch wird ein interaktives Erforschen einer unbekanntenStrömungskonfiguration unmöglich. Im Falle stationärer Strömungen können komplette Partikelbahnen vorberechnet werden. Durch eine Animation der Farbtabelle ist es dann möglich – ähnlich dem Prinzip von „Lauflichtern" – den Eindruck einzelner, sich bewegender Partikel zu vermitteln [WivG-92]. Eine interaktive Positionierung der Partikelquellen ist aber auch hier nicht möglich.

Eine annähernd korrekte Abbildung der Geschwindigkeit kann jedoch auch bei einer interaktiven „Echtzeit-Animation" der Partikel realisiert werden. Dazu wird in jedem Zyklus der Partikelsimulation jeweils die Zeit gemessen, die für die Berechnung eines Bildes, d.h. für die numerische Integration und das Rendern der Szene mit allen im Strömungsfeld befindlichen Partikeln, benötigt wird. Genau diese Zeit wird dann als Schrittweite für den nächsten Schritt der numerischen Integration verwendet. Dadurch wird eine nahezu lineare Abbildung der Strömungsgeschwindigkeit gewährleistet, unabhängig von der Anzahl der Partikel, von der sonstigen Komplexität der Szene sowie von der zur Verfügung stehenden Hardware. Es ist lediglich darauf zu achten, daß die Bildwiederholrate nicht zu niedrig ist, damit sich die Partikel nicht zu ruckartig bewegen.

Bei der Wahl der geometrischen Form der Partikel-Ikone muß der Renderingaufwand, die Übersichtlichkeit der Szene, sowie die darstellbare räumliche Orientierung der Partikel berücksichtigt werden. So sind Partikel in Form kleiner Geradenstücke zwar schnell zu rendern, der vermittelbare Tiefeneindruck bzw. die Orientierung der einzelnen Partikel ist jedoch bei einer komplexeren Gestaltung der Partikel vorteilhafter. Als besonders geeignet haben sich in der Praxis Partikel in Form von Plättchen, d.h. kleine Quadrate, erwiesen. Auf diese Weise kann die lokale Rotation des Geschwindigkeitsfeldes besonders gut durch eine Änderung der Orientierung der Partikel abgebildet werden. Van Wijk entwickelte die Technik der „Surface-Particle" [vWij-93a]. Hier werden jeweils sehr viele Plättchen-Partikel in kurzen Zeitabständen auf einer geschlossenen Kurve im Einlauf des Strömungsfeldes gestartet. Im Falle einer stationären Strömung stellt sich so die Darstellung einer Stromfläche (s.u.) der Strömung ein.

Als Attribut zur Abbbildung weiterer Strömungsdaten steht die Partikelfarbe zur Verfügung. Wie schon bei den Bahnlinien bzw. -bändern kann eine Falschfarbendarstellung einer skalaren Strömungsgröße, wie des lokalen Drucks, realisiert werden. Alternativ verwendet man die Partikelfarbe als Unter-scheidungsmerkmal der einzelnen Partikel, wenn sich im Strömungsfeld viele Partikel befinden.

Einen interessanten, neuen Ansatz entwickelte Hin [HiPo-93] für die Visualisierung der Simulation einer turbulenten Strömung auf der Basis des Reynolds'schen Turbulenzmodells. Hier wird die lokale turbulente Austauschgröße als „Offset" der Partikelbewegung, die auf der Grundlage der mittleren lokalen Geschwindigkeit berechnet wurde, abgebildet. Das Ergebnis dieses Vorgehens sind Partikel, die eine ihrer Bahn überlagerte Oszillation ausführen. Die räumliche Ausrichtung der Abweichung von der eigentlichen Bahn wurde, da die turbulente Austauschgröße ein Skalar ist, in jedem Zeitschritt durch einen Zufallsgenerator erzeugt.

vi) „Spot Noise" und „Line Integral Convolution"

Diese zwei Techniken – die Bezeichnungen sind nicht recht ins Deutsche übertragbar – sind in der Form in der sie vorgestellt wurden, auf die Visualisierung von 2D-Strömungen beschränkt. In beiden Fällen entsteht eine schwarz-weiße Textur von Stromlinienstücken.

Die Spot Noise Technik [vWij-91] basiert auf der Verzerrung zweidimensionaler Basis-Texturen durch den lokalen Geschwindigkeitsvektor, die jeweils auf die Gitterzellen gezeichnet werden. Die Line Integral Convolution (LIC) [CaLe-93] verwendet ein Pixelraster mit grauem Rauschen als Ausgangsbild. Die Farbe eines jeden Pixels wird ein gewisses Stück (rückwärts) entlang der Stromlinie auf die von dieser Linie bedeckten Pixel des resultierenden Bildes übertragen. Dies wird für alle Pixel des Ausgangsrasters durchgeführt. I.allg. werden dabei die Pixel des resultierenden Bildes mehrfach beschrieben, so daß die endgültige Farbe durch Mischen entsteht. In nachfolgenden Arbeiten wurden beide Techniken für die Visualisierung dreidimensionaler Datensätze weiterentwickelt [CrMa-93],[ShJM-96].

vii) Stromflächen

Stromflächen [KeMa-92] sind Flächen innerhalb eines Strömungsfeldes, welche an jeder Stelle tangential zum Geschwindigkeitsfeld orientiert sind; in der technischen Strömungslehre wird dann von „Stromröhren" gesprochen, wenn Stromflächen geschlossen sind. Die Darstellung von Stromflächen, die Niveauflächen der Stromfunktion repräsentieren, kann u.U. übersichtlicher sein, als die vieler einzelner Stromlinien. Diese Visualisierungs-methode benötigt keine interaktive Positionierung der Startpunkte von Stromlinien und ist somit insbesondere auch für Visualisierungssysteme geeignet, die dem Benutzer keine direkte Interaktion mit den Daten (s. Kap. 3.2.3) ermöglichen. Ein generelles Problem der Stromflächendarstellung ist allerdings, daß die Form der Stromflächen von den frei wählbaren Werten der Stromfunktion im Einlauf der Strömung abhängig ist!

Auch eine Stromfläche kann durch Integration des Vektorfeldes bestimmt werden; hierzu wird eine (geschlossene) Kurve von Stromlinienstartpunkten im Einlauf der Strömung ausgewählt. Diese Kurve wird nun parametrisiert, d.h. in eine endliche Anzahl von Stromlinienstartpunkten unterteilt. Man spricht daher bei dieser Art der Berechnung auch von „parametrischen Stromflächen". Während der schrittweisen Integration wird zwischen benachbarten Stromlinien trianguliert, so daß eine polygonale Darstellung der Stromfläche entsteht. Bei diesem simplen Ansatz ergeben sich jedoch bei den meisten Strömungen, insbesondere bei der Umströmung von Körpern, aufgrund von Konvergenz, Divergenz und Scherung der Strömung, schlecht gestaltete Flächenrepräsentationen. Die Größe der Flächensegmente variiert zu stark, und es entstehen sehr lange, schmale Flächensegmente.

Es wurden verschiedene Verfahren entwickelt, um besser konfigurierte Stromflächen zu erhalten: Entfernen sich zwei benachbarte Stromlinien zu stark, so kann eine weitere Stromlinie eingefügt werden [HeHe-90]. Hultquist erweitert diese Strategie indem er die Integrationsschrittweite lokal so anpaßt, daß die „fortschreitende Front" von Partikeln an jeder Stelle orthogonal zu den Stromlinien ist. Entfernen sich zwei Stromlinien in entgegengesetzte Richtungen nimmt er an, daß ein kritischer Punkt (s.u.) vorliegt und teilt die Stromfläche an dieser Stelle [Hult-92].

Van Wijk beschreibt ein Verfahren, die Stromflächen durch implizite Flächen $f(x) = C$ zu bestimmen [vWij-93b]. Dazu werden die Werte f im Einlauf der Strömung vom Benutzer festgelegt und anschließend f für alle anderen Gitterpunkte des Simulationsgebietes berechnet. Für diese Berechnung diskutiert van Wijk zwei Verfahren, die Lösung der Konvektionsgleichung und die „Rückwärts-Integration". Letztere Methode realisiert die Partikelbahnberechnung mit negativem Integrationsschritt: Ausgehend von einem Gitterknoten wird jeweils zum Einlauf „zurückintegriert" und der dort gefundene, gesetzte Funktionswert f für den Startpunkt übernommen. Die Stromflächen können nun als polygonale Niveauflächen (s. Kap. 7) des Feldes f dargestellt werden. Die Realisierung der impliziten Stromflächen wird von van Wijk selbst als relativ einfach zu implementieren beschrieben – sie sei jedoch durch Interpolationsfehler bei der Konstruktion der Niveauflächen nicht frei von Artefakten.

viii) Direktes Volumerendern

Das direkte Volumenrendern ist traditionell eine Technik zur Visualisierung skalarer Daten. Es wurden verschiedene Techniken entwickelt, um das direkte Volumenrendern auch zur Abbildung von Vektordaten nutzbar zu machen. Ein Ansatz ist die Kombination von Animation und Volumenrendern: Durch zeitlich veränderliche semi-transparente Abbildungen kann der Eindruck eines sich bewegenden Fluids vermittelt werden.

Sakas verwendet dreidimensionale Fraktale zur Darstellung turbulenter Strömungen [Saka-93]. In diesem Fall werden jedoch keine Simulationsergebnisse visualisiert, vielmehr dient das Verfahren zur Modellierung natürlicher Phänomene, wie Rauch, Dampf und Wolken für Computer-Animationen.

Ma und Smith kombinierten die Partikelanimation mit direktem Volumenrendern durch Raycasting [MaSm-92]. Die Bewegung von Partikeln wird dargestellt, indem einzelne, kleine Volumensegmente semi-transparent gerendert werden.

Crawfis und Max benutzen anisotrophe 3D-Texturen zur Darstellung der Strömungsrichtung in meteorologischen Simulationsdaten [CrMa-93]. Verwendet wird ein Filterkern, der aus einzelnen Linien unterschiedlicher Farbe und Opazität zusammengestzt ist. Die Ausrichtung der Linien wird dabei durch die lokale Strömungsrichtung bestimmt. Gerendert wird das komplette, texturierte Simulationsgitter mittels Projektion. Dieses Verfahren der anisotropen Texturen eignet sich sowohl für die Visualisierung des Geschwindigkeitsfelds in einer Einzelbilddarstellung, als auch zur Generierung von Animationen.

Frühauf schattierte die Probenfarbe beim Raycasting entsprechend des lokalen Normalenvektors auf die Stromlinientangente [Früh-96]. Da eine Tangentiallinie an einer Probenposition unendlich viele Normalenvektoren hat – es ist eine Linie und keine Fläche – muß diejenige Normale gewählt werden, die mit der Projektion der gerichteten Lichtquelle in die Ebene der Normalenvektoren zusammenfällt. Es ist zu beachten, daß mit dieser Technik eine ganzheitliche Darstellung des Strömungsfeldes möglich ist, die allerdings – wie immer, wenn Raumrichtung durch Beleuchtung und Schattierung vermittelt wird – blickrichtungsabhängig ist.

ix) Kritische Punkte

Kritische Punkte sind Punkte des Strömungsfeldes – nicht auf einer festen Wand sondern innerhalb des Strömungsfeldes – an denen die Geschwindigkeit zu Null wird und die Bahn der Stromlinien unbestimmt ist [HeDe-94]. Diese Punkte können (algorithmisch) identifiziert, klassifiziert und anschließend als Glyphen visualisiert werden. Die Klassifizierung kritischer Punkte erfolgt aufgrund der Eigenschaften der umgebenden Stromlinien bzw. formal entsprechend der Eigenwerte und Eigenvektoren des Geschwindigkeitsgradiententensors [HeHe-89]. Im zweidimensionalen Fall werden unter den kritischen Punkten „anziehender Knoten", „abstoßender Knoten", „anziehender Strudel", „abstoßender Strudel", „Wirbel" und „Sattel" unterschieden; im dreidimensionalen sind Kombinationen dieser Grundtypen möglich [GlLL-91].

x) Vektorfeld-Topologie

Helman und Hesselink [HeHe-89] machten die Analyse der Vektorfeld-Topologie bekannt. Diese baut auf der oben erwähnten Analyse der kritischen Punkte auf: Nachdem die kritischen Punkte eines Strömungsfeldes identifiziert und klassifiziert sind, werden, ausgehend von den abstoßenden Punkten und den Sattelpunkten, Stromlinien durch Integration des Vektorfeldes berechnet. Die Stromlinien können an festen Wänden (Staupunkt) oder an anderen kritischen Punkten enden und teilen somit das Strömungsfeld in verschiedene topologische Bereiche. Innerhalb eines solchen Bereiches verläuft die Strömung gleichförmig.

Die Darstellung der klassifizierten kritischen Punkte durch Ikonen zusammen mit den sie verbindenden Stromlinien genügt für die vollständige Beschreibung eines zweidimensionalen Strömungsfeldes; im dreidimensionalen Fall müssen Stromflächen berechnet werden. Mit den gefundenen Stromlinien bzw. -flächen zwischen den kritischen Punkten kann ein, das Strömungsfeld charakterisierender Graph aufgestellt werden. Mit Hilfe eines solchen Graphen können Strömungen klassifiziert werden und numerische Berechnungsergebnisse, die physikalischen Gesetzmäßigkeiten widersprechen, erkannt werden. Anzumerken ist jedoch, daß auch diese Visualisierungstechnik, da numerische Integrationsverfahren verwendet werden, fehlerbehaftet ist und es zu falschen Darstellungen der Topologie eines Srömungsfeldes kommen kann.

Die Präsentation von Vektorfeld-Topologie kann auch für zeitvariante Strömungen realisiert werden. In diesem Fall werden Animationen der kritischen Punkte und der charakteristischen Stromlinien bzw. Stromflächen generiert [Dick-91].

Visualisierungstechniken für höherwertig-tensorielle Strömungsdaten

Der Geschwindigkeitsgradiententensor eines Strömungsfeldes stellt eine für die Strömungsanalyse interessante Größe dar. Der Deformationsgeschwindigkeitsstensor ist ein symetrischer Tensor zweiter Ordnung, der durch die Zerlegung des Geschwindigkeitsgradienten-tensors in einen symmetrischen und einen antisymmetrischen Teil entsteht; er repräsentiert die Dehnung und Verzerrung eines Fluidelements. Der antisymmetrische Teil des Geschwindigkeitsgradiententensors ist der Drehgeschwindigkeitstensor, der ein Maß für die Starrkörperrotation eines Fluidelements darstellt.

i) Reduktion auf Skalare und Vektore

Die Interpretation des Geschwindigkeitsgradiententensors liefert wichtige Hinweise über den globalen und lokalen Charakter eines Strömungsfeldes [HeHe-94]. Unglücklicherweise existiert keine intuitiv verständliche graphische Darstellungsmethode für Tensoren zweiter Ordnung. Es lassen sich jedoch verschiedene Strömungsgrößen, wie Rotation und Divergenz, aus dem Geschwindigkeitsgradiententensor ableiten (s. Kap. 3.3.1), die dann einzeln mit den zuvor beschriebenen Visualisierungstechniken für Skalare und Vektoren dargestellt werden können.

de Leeuw und van Wijk verwenden eine ikonische Visualisierungstechnik, um gleichzeitig mehrere, aus dem Geschwindigkeitsgradiententensor abgeleitete vektorielle und skalare Größen, mittels einer frei positionierbaren Probe darzustellen. Abgebildet werden die Geschwindigkeit, die Beschleunigung, die Rotation, die Krümmung der Stromlinie, die Scherung sowie die Divergenz bzw. Konvergenz der Strömung [dLvW-93].

ii) Tensor-Ikonen

Von einem symmetrischen Tensor können die Eigenvektoren und Hauptspannungsrichtungen berechnet und visualisiert werden: Haber und McNabb stellen den Drehgeschwindigkeitstensor an beliebiger Stelle des Strömungsfeldes mittels einer Ikone in Form einer Ellipse, die durch die Eigenvektoren bestimmt ist, dar. Ein zusätzlicher Vektorpfeil zeigt die größte Hauptspannungsrichtung an [HaMc-90].

iii) Strompolygon, Stromröhren

Schroeder et al. entwickelten die Visualisierungstechnik des Strompolygons [ScVL-91]. Damit wird der Geschwindigkeitsgradiententensor, bzw. dessen symmetrischer und antisymmetrischer Anteil abgebildet. Das Strompolygon ist ein n-seitiges Polygon, das normal zur Strömungsrichtung orientiert ist. Das Polygon kann nun einerseits für einzelne Punkte des Strömungsfeldes, entsprechend der lokalen Verzerrungen und Rotation verformt, dargestellt werden. Andererseits kann das Polygon entlang einer Stromlinie verschoben werden, so daß eine sog. Stromröhre[1] entsteht, deren Querschnitt jeweils durch das lokale Strompolygon gebildet wird. Für den geschulten Betrachter kann so, z.B. auch in Kombination mit einer Falschfarbendarstellung der Stromröhre, eine Darstellung mit großem Informationsgehalt entstehen.

---

[1] Engl.: *streamtube*; nicht sinngleich mit dem im Zusammenhang mit Stromflächen verwendeten Begriff „Stromröhre“.

iv) Tensorfeldlinien, Hyperstromlinien

Tensorfeldlinien stellen die Erweiterung des Stromlinien-Konzepts von Vektorfeldern auf Tensorfelder dar. Eine Tensorfeldlinie verläuft tangential zur Richtung eines der drei Eigenvektorfelder eines Felds symmetrischer Tensoren, wie das des Deformationsgeschwindigkeitstensors [Dick-89]. Demarcelle und Hessenlink visualisieren Tensorfelder mit Hilfe sog. Hyperstromlinien; diese werden durch Verschieben eines flächigen Primitivs entlang einer Tensorfeldlinie erzeugt [DeHe-93]. Dabei wird das Primitiv, meist eine Ellipse, entsprechend der beiden anderen orthogonalen Eigenvektoren verformt. Zusätzlich wird die Hyperstromlinie entsprechend der Eigenwerte der Tensoren farbkodiert.

Alle Visualisierungstechniken bei denen höherwertige Tensorfelder nicht auf Skalare oder Vektoren reduziert werden, sind nicht intuitiv verständlich, da höherwertige Tensoren, im Gegensatz zu skalaren bzw. vektoriellen Größen, in der Praxis vom Menschen nicht erfahren werden. Auch in der numerischen Strömungssimulation finden höherwertige Tensorfelder erst allmählich vermehrte Beachtung. Dementsprechend haben sich auch noch keine „Standard-Techniken" zur Visualisierung von Tensorfeldern etabliert. Die hier genannten Ansätze repräsentieren den derzeitigen Stand der Forschung und Entwicklung auf diesem Gebiet.

3.3.3 Visualisierungstechniken für Strömungscharakteristika

Mappingtechniken für Strömungsdaten beschränken sich nicht nur auf Methoden, die durch die Ordnung der zu visualisierenden Daten (Skalare, Vektoren, höherwertige Tensoren) charakterisiert sind. Es wurden Verfahren entwickelt, um das Erkennen von Charakteristika, engl. *Features*, eines Strömungsfeldes zu unterstützen [PovWi-94]. Grundsätzlich lassen sich dabei zwei Strategien unterscheiden: Durch die Definition bestimmter Kriterien kann ein Mappingverfahren so konfiguriert werden, daß ein Visualisierungsobjekt generiert wird, das vom sachkundigen Betrachter als Feature, z.B. als Wirbel, erkannt wird. Die zweite Klasse von Verfahren kann als „Expertensysteme" bezeichnet werden; hier werden Algorithmen implementiert, deren Ergebnis eine Segmentierung und Klassifizierung bestimmter Strömungscharakteristika ist. Die Ergebnisse, z.B. ein Wirbel, werden dann nicht in „naturalistischer Form", sondern als Ikonen präsentiert. Bei dieser Klasse von Techniken kann man, wie bei der Vektorfeld-Topologie, von einer Umwandlung der Strömungsdaten von der numerischen in eine abstrakte Beschreibungsform sprechen.

Das Ziel der Extraktion von Strömungscharakteristika ist die Reduktion der vom Benutzer zu interpretierenden Datenmenge und die Unterstützung bei dieser Interpretation durch das Visualisierungssystem. Die folgenden Beispiele zeigen, wie dies realisiert werden kann.

i) Wirbel

Das korrekte Sichtbarmachen aller Wirbelgebiete in einem Strömungsfeld ist nicht immer einfach. Die Verwendung von Partikelbahnen zum Auffinden von Wirbeln kann nur gelingen, wenn eine fundierte Vorstellung über die richtigen Startpunkte der Partikelbahnberechnung besteht. Aus diesem Grund wird vielfach versucht, Standardvisualisierungstechniken, wie die Extraktion von Niveauflächen so zu parametrisieren, daß Wirbel als räumliche Visualisierungsobjekte dargestellt werden können. Nach Buning [Buni-89] sind Niveauflächen der Wirbelstärke (s. Kap. 3.3.1), bzw. der normalisierten Wirbelstärke, gut geeignet, um Wirbel sichtbar zu machen. Bei beiden Größen wird die Wirbelrichtung durch das Vorzeichen ausgedrückt; der größte Wert der normalisierten Wirbelstärke lokalisiert die Wirbelachse. Zu beachten ist, daß ein berechnetes Feld der normalisierten Wirbelstärke mit einem Tiefpaßfilter zu filtern ist, damit nicht durch kleine Änderungen der Geschwindigkeit in der Hauptströmung dort fälschlicherweise ein Wirbel angezeigt wird.

van Walsum [vWals-93] nutzt Orte einer großen normalisierten Wirbelstärke als Startpunkte der Partikelbahnberechnung. Im Gegensatz zum interaktiven Erproben des Strömungsfeldes wird so sichergestellt, daß die Partikelbahnen auch wirklich die Wirbelgebiete einer Strömung erreichen.

Die Wirbelstärke versagt allerdings als Indikator für Wirbel im Falle von Scherströmungen. Als andere Indikatoren für Wirbel – allerdings mit z.T. ebenfalls auf bestimmte Klassen von Strömungen beschränkter Gültigkeit – werden in der Literatur genannt: Niveauflächen niedrigen Drucks, Feldlinien des Rotations(vektor)feldes, Niveauflächen hoher Rotation, Positionen komplexer Eigenwerte des Geschwindigkeitsgradiententensors.

Alle bisher erwähnten Indikatoren für Wirbel sind physikalische Größen, die durch mathematische Operationen aus dem simulierten Geschwindigkeitsfeld abgeleitet werden. Ein Wirbelgebiet ist jedoch ein physikalisches Gebilde, das vielfach nicht durch einen einzelnen dieser Indikatoren definierbar ist. Banks und Singer [BaSi-94] entwickelten einen zweistufigen Predictor-Korrektor-Algorithmus, um Wirbelachsen zu finden: Als Startpunkte für den Algorithmus werden Werte großer Rotation und niedrigen Druckes selektiert. Durch Integration werden stückweise Feldlinien des Rotationsfeldes berechnet. Mit dem Wissen, daß die Wirbelachse den niedrigsten lokalen Druck in der näheren Umgebung aufweist, wird das Ergebnis eines jeden Integrationsschritts korrigiert. Dazu wird die gefundene Position zu dem Ort niedrigsten Druckes in der normal zur Integrationsrichtung orientierten Ebene hin verschoben.

ii) Stoßfronten

Bei der Simulation von kompressiblen Strömungen ist die Lage von Stoßfronten von besonderem Interesse. Im Idealfall sind Stöße durch die Diskontinuität von Druck und Dichte gekennzeichnet; durch die Simulation auf einem diskreten Berechnungsgitter wird diese Diskontinuität aber i.allg. verwischt [RoHa-95]. Die Lokalisierung von Stoßfronten wird dadurch behindert, daß diese meist nicht normal zur Strömungsrichtung orientiert sind. Daher sind Stoßfronten auch nicht einfach durch eine lokale Machzahl von Eins charakterisiert. Eine Stoßfront ist jedoch immer normal zur Richtung des Druck- und des Dichtegradienten orientiert, so daß Niveauflächen dieser Größen zur Lokalisation dienen können: Buning [Buni-89] multipliziert den normalisierten Druckgradienten mit der Machzahl $f_{Schock} = (\nabla p/|\nabla p|) \cdot (|v|/a)$ und berechnet eine Niveaufläche des Wertes Eins. Pagendarm [PaSe-93] projiziert den Dichtegradientenvektor auf den Geschwindigkeitsvektor, um die maximale Kompression in Strömungsrichtung festzustellen: $f_{Schock} = \nabla \rho / v$.

3.3.4 Klassifikationsschema für Techniken der Strömungsvisualisierung

Ein Klassifikationsschema für Techniken der graphisch-interaktiven Strömungsvisualisierung ermöglicht den Vergleich von Visualisierungstechniken untereinander. Weiterhin erlaubt ein solches Schema die Identifikation möglicher neuer, noch zu entwickelnder Visualisierungstechniken. Brodlie et al. stellten ein Klassifikationsschema für Techniken zur Visualisierung wissenschaftlich-technischer Daten auf [BCEG⁺-92]. Die Haupt-Unterscheidungsmerkmale dieses Schemas sind die *räumliche Dimension der Visualisierungsobjekte* und die *Ordnung der zu visualisierenden Daten*. Ferner wird unterschieden, *wieviele verschiedene Datenfelder* mit einer Visualisierungstechnik gleichzeitig repräsentiert werden können.

Demarcelle und Hesselink entwickelten ein ähnliches Schema, welches aber speziell die Techniken zur Strömungsvisualisierung nach drei verschiedenen Gesichtspunkten unterscheidet [DeHe-94]. Das erste Merkmal betrifft die *Ordnung* der zu visualisierenden Daten: *Skalar*, *vektoriell* oder *tensoriell* (höherer Ordnung). Das zweite Merkmal bezieht sich auf das räumliche *Definitions-Gebiet* der verwendeten Visualisierungsobjekte: *Punkt*, *Linie*, *Fläche* oder *Volumen*. Dieses Merkmal ist nicht mit der räumlichen Dimension der Visualisierungsobjekte zu verwechseln; so wird z.B. eine im 3D-Raum verlaufende Bahnlinie als Linie und eine ebenfalls dreidimensionale Niveaufläche als Fläche klassifiziert. Als drittes Klassifizierungsmerkmal wird die *Informationsstufe* der Visualisierungsobjekte betrachtet. Diese ist *elementar*, wenn ein Visualisierungsobjekt ausschließlich Information an seiner räumlichen Position repräsentiert, *lokal*, wenn zusätzlich Information über räumliche Gradienten dargestellt wird, *global*, wenn die Struktur des gesamten Feldes repräsentiert wird. Das Schema sieht keine Klassifizierung nach der Anzahl der mit einer Technik gleichzeitig darstellbaren Datenfelder vor.

Visualisierungstechnik	Daten-ordnung	Definitions-gebiet	Informations-stufe
Falschfarben auf Schnittflächen	Skalar	Fläche	Elementar
Polygonale Niveauflächen	Skalar	Fläche	Elementar Lokal[a]
Direktes Volumenrendern	Skalar Vektor	Volumen	Elementar Lokal
Vektorpfeile	Vektor	Punkt	Elementar
Kritische Punkte	Vektor	Punkt	Lokal
Strompolygon	Vektor	Punkt	Lokal
Bahnlinien, Stromlinien, etc.	Vektor	Linie	Elementar
Partikelanimation	Vektor	Linie	Elementar Lokal
Bänder	Vektor	Linie	Lokal
Stromröhre	Vektor	Linie	Lokal
Stromflächen	Vektor	Fläche	Elementar Lokal
Vektorfeldtopologie	Vektor	Fläche	Global
Tensor-Ikonen	Tensor	Punkt	Elementar
Tensorfeldlinien	Tensor	Linie	Elementar
Hyperstromlinien	Tensor	Linie	Elementar

a. Niveauflächen, seien es polygonale oder durch Raycasting dargestellte Niveauflächen, bilden in gewissem Unfang auch lokale Information ab, da die lokale Oberflächennormale einer Niveaufläche immer identisch mit der Richtung des Funktionsgradienten ist.

Abb. 3.3. Klassifikation von Visualisierungstechniken nach dem Schema von Demarcelle und Hesselink

Die in Kapitel 3.3.2 vorgestellten Visualisierungstechniken können dementsprechend so klassifiziert werden, wie in Abbildung 3.3 dargestellt. Die Betrachtung dieser Aufstellung zeigt, daß bisher nur wenige Visualisierungstechniken bekannt sind, bei denen die gesamte Struktur eines Strömungsfeldes – „globale Informationsstufe" – dargestellt wird. Visualisierungstechniken niedrigerer Informationsstufen, elementar oder lokal, sind auf gute Interaktionsmechanismen des Visualisierungssystems und eine hohe Rechengeschwindigkeit – dies betrifft die implementierten Algorithmen *und* die Hardware – angewiesen, wenn der Benutzer Information über das Strömungsfeld als Ganzes gewinnen will!

3.3.5 Grundlegende Methoden der graphischen Strömungsvisualisierung

In den vorigen Abschnitten wurden Mapping- und Renderingtechniken zur graphisch-interaktiven Strömungsvisualisierung vorgestellt. Eine nähere Betrachtung der Visualisierungstechniken zeigt, daß diese vielfach auf denselben grundlegenden Methoden basieren, die implementiert werden müssen, wenn ein System zur Strömungsvisualisierung realisiert werden soll. Stehen dann diese „Werkzeuge" zur Verfügung, können alle beschriebenen Visualisierungstechniken in einem Visualisierungssystem realisiert, und auch neue, noch nicht erforschte Visualisierungstechniken entwickelt werden.
Zu allererst werden grundlegende *mathematische Verfahren* benötigt, ganz besonders Interpolationsverfahren, da die Strömungsdaten auf dem, i.allg. nicht-regulären, Simulationsgitter diskretisiert vorliegen. Darauf aufbauend können *komplexere Algorithmen* realisiert werden, wie die Integration im Vektorfeld zur Berechnung von Bahnlinien etc. *Wichtige Visualisierungstechniken*, wie die Extraktion polygonaler Niveauflächen, machen die Implementierung einzelner, bekannter Algorithmen notwendig.

Neben den Algorithmen müssen auch geeignete *Verfahren zur Navigation und Interaktion* im 3D-Raum, z.B. zur Positionierung von Proben, realisiert werden. Desweiteren zeigt auch diese Arbeit, daß Methoden zur *Parallelisierung rechenaufwendiger Visualisierungstechniken* wichtig für die graphisch-interaktive Visualisierung sind, da bei fast allen Visualisierungstechniken eine möglichst kurze Berechnungsdauer entscheidend für eine effiziente Analyse der Daten ist.

Mit den Erfahrungen aus der Realisierung bewährter Visualisierungstechniken können in der Entwicklungsumgebung eines 3D-Visualisierungssystems *neue Visualisierungstechniken* erforscht werden: Einen Schwerpunkt *dieser* Arbeit bildete die Entwicklung von *Methoden zum direkten Volumenrendern* von Simulationsdaten auf nicht-regulären Gittern. Das Fehlen schneller Algorithmen auf diesem Gebiet stellte eine interessante Herausforderung im Rahmen dieser Arbeit dar. Eine weitere Motivation zur Arbeit an diesem Thema bildet die Tatsache, daß das direkte Volumenrendern wegen der Möglichkeit zur holistischen Darstellung des

Datenvolumens sowie wegen seiner besonderen Eignung zur Visualisierung sehr großer Datenmengen zunehmend an Bedeutung für die Strömungsvisualisierung gewinnen wird.

Die folgende Erläuterung der grundlegenden Methoden verdeutlicht die Interdependenz vieler Strömungsvisualisierungstechniken:

Methoden zur Vektorfeldintegration

Die numerische Integration des Geschwindigkeitsfeldes wird für nahezu alle Visualisierungstechniken für Vektordaten benötigt; so z.B. für die Berechnung von *Bahn-, Strom-, Streich- und Zeitlinien* und *-bändern*, für die *Partikelanimation*, für die *Vektorfeldtopologie* und für *Stromflächen.* Die Visualisierungstechniken für höherwertige Tensoren, wie *Tensorfeldlinien* und *Hyperstromlinien* basieren ebenfalls auf der Vektorfeldintegration. Zunächst überraschend – im Kapitel 9 jedoch ausführlich erläutert – ist, daß die Vektorfeldintegration auch zum direkten Volumenrendern durch *Raycasting* genutzt werden kann.

Methoden zur Extraktion von Niveauflächen

Die algorithmische Extraktion polygonaler Niveauflächen ist eines der wichtigsten Werkzeuge zur Visualisierung skalarer und vektorieller[1] Strömungsdaten. Neben der Analyse direkter Berechnungsergebnisse kommt die Technik, wie erwähnt, auch bei der Visualisierung von *Strömungscharakteristika* zum Einsatz. Interessant ist, daß zur Berechnung von *Schnittebenen*, auf denen Strömungsdaten mittels *Falschfarben* oder *Vektorpfeilen* visualisiert werden, die selben Algorithmen, wie zur Extraktion von Niveauflächen verwendet werden können (s. Kapitel 8 „Data Probing").

Methoden zum Data Probing

Verschiedene *ikonische Visualisierungstechniken* können nur in Verbindung mit interaktiv durch das Strömungsfeld gesteuerten Proben eingesetzt werden, da Ikonen an allen Gitterknoten sich gegenseitig verdecken würden. Bei der *Partikelanimation* und der Berechnung von *Partikelbahnen*, etc. muß ebenfalls eine lokale Probe, die Partikelquelle, interaktiv im Strömungsfeld navigiert werden. In all diesen Fällen kommt es darauf an, die Strömungsdaten an der Probenposition möglichst schnell zu bestimmen.

Methoden zur Interpolation in nicht-regulären Simulationsgittern

Den zuvor genannten Methoden – und damit, den darauf aufbauenden Visualisierungstechniken – ist gemeinsam, daß in allen Fällen die Interpolation aus an den Gitterknoten definierten Strömungsdaten benötigt wird: Die Visualisierung von

---

[1] Vektorielle Größen können durch sog. „Stromflächen" (s. Abschnitt 3.3.2.2) visualisiert werden.

Partikelbahnen etc. erfordert die exakte Bestimmung der Geschwindigkeit am jeweiligen Integrationsort. Bei der Konstruktion von *Niveauflächen* wird die Lage einer Niveaufläche zwischen den Gitterpunkten oftmals durch Interpolation auf den Zellkanten bestimmt. Eine interaktiv durch ein dreidimensionales Gitter bewegte *Probe* befindet sich nur in Ausnahmefällen genau auf einem Gitterknoten; innerhalb der Gitterzellen ist eine Dateninterpolation notwendig. Beim direkten Volumenrendern durch *Raycasting* wird das Datenvolumen entlang der Blickstrahlen abgetastet; dabei wird für jeden Strahl an jedem Abtastpunkt im Innern des betreffenden Elements ein Datenwert interpoliert, um die Pixelfarben zu akkumulieren. Beim direkten Volumenrendern durch *Projektion* muß zur korrekten Berechnung der Pixelfarbe innerhalb der einzelnen Elementflächen des Simulationsgitters interpoliert werden.

Bei der Implementierung der grundlegenden Methoden und den darauf aufbauenden Algorithmen und Strömungsvisualisierungstechniken ist es von entscheidender Bedeutung, auf welchem Typ von Simulationsgitter die Algorithmen arbeiten sollen. Nicht nur bzgl. des Implementierungsaufwandes, sondern auch bzgl. des Rechenaufwandes zum Visualisierungszeitpunkt, hat der Gittertyp einen entscheidenden Einfluß auf die Komplexität der Verfahren. Aus diesem Grund wurden Verfahren zur *Überführung nicht-regulärer Gitter in reguläre Gitter* untersucht, die im folgen Kapitel vorgestellt werden.

4 Voxelisierung – Überführung in ein reguläres Gitter

In Kapitel 2.3 wurden verschiedene, in technisch-wissenschaftlichen Anwendungen verwendete Gittertypen präsentiert. Es stellt sich die grundsätzliche Frage, ob die Gitter zur Visualisierung in eine einheitliche Form überführt werden sollten, um die Visualisierungsalgorithmen optimieren zu können. Die Abbildung beliebiger räumlicher Gitter auf den Typ des regulären Gitters, im folgenden auch mit „Voxelisierung" bezeichnet, ist insofern verlockend, als ein Kernproblem der Visualisierung, das Erlangen von Datenwerten an einer bestimmten Stelle eines mehrdimensionalen Objektraumes, im Falle regulärer Gitter erheblich einfacher zu lösen ist, als bei nicht-regulären Gittern. Details sowie vielfältige Anwendungen solcher Interpolationen werden in den nachfolgenden Kapiteln noch ausführlich behandelt. Jedoch sei hier schon angemerkt, daß die beiden Teilprobleme, das Bestimmen der Zelle, in der ein Interpolationspunkt liegt sowie die lokale Interpolation innerhalb dieser Zelle, bei nicht-regulären Gittern nicht-triviale Verfahren erfordern.

Dieses Kapitel präsentiert daher zunächst Methoden zur Überführung nicht-regulärer Gitter in reguläre Gitter. Anschließend werden die Auswirkungen der Voxelisierung, welche die Motivation für das weitere Vorgehen darstellen, näher beleuchtet.

4.1 Verfahren der Überführung in reguläre Gitter

Bei der Überführung eines nicht-regulären Gitters in ein reguläres Voxelgitter kann man entweder das <u>ent</u>stehende oder aber das <u>be</u>stehende Gitter kontinuierlich abarbeiten. Zuerst sei der erste der beiden Ansätze, der auch mit dem Begriff „Re-Sampling" in der Literatur bezeichnet wird, so wie er von Wilhelms und van Gelder [WivGe-91] vorgeschlagen wurde, beschrieben:

Zunächst wird die Auflösung (Granulosität) des Voxelgitters festgelegt. Zum Bestimmen der lokalen Datenwerte werden dann für jeden Voxelmittelpunkt P die folgenden beiden Aufgaben gelöst:

- Das Finden der Zelle des Originalgitters, in der der Punkt P liegt.
- Die Interpolation aller Datenwerte, die auf dem Originalgitter definiert sind, am Punkt P auf der Grundlage der bekannten Werte an den Eckpunkten dieser Zelle.

Verfahren für die Lösung der ersten Teilaufgabe werden in Kapitel 8 vorgestellt; auf die Interpolation innerhalb eines Finiten Elements wird ausführlich im folgenden Kapitel 5 eingegangen. Allerdings hat dieser Ansatz den prinzipiellen Nachteil, daß für jedes Voxel eine Suche über alle Finiten Elemente durchgeführt werden muß.

Der zweite Ansatz, das kontinuierliche Abarbeiten des Originalgitters, basiert auf der 3D-Scan-Konvertierung der Zellen des Originalgitters, den Finiten Elementen. Wesentliche Beiträge zur 3D-Scan-Konvertierung planarer Polygone und allgemeiner Freiformflächen wurden von Kaufman geleistet [Kauf-87]. Da in Simulationsgittern nur einfache geometrische Primitive verwendet werden, können diese allgemeinen Verfahren optimiert werden. Karlsson beschreibt, wie Tetraeder effizient scan-konvertiert werden können, komplexere Finite Elemente werden von ihm in mehrere Tetraeder zerlegt [Karl-94]. Zur Scan-Konvertierung der Tetraeder werden diese in drei Bereiche aufgeteilt (s. Abbildung 4.1). Die Aufteilung wird jeweils entlang der Hauptachse vorgenommen. Dies ist diejenige Koordinatenachse, entlang der ein Tetraeder die größte Ausdehnung hat. Der Tetraeder wird dann durch Auffüllen mit Dreiecken in Bereich 1 und 3 sowie mit Vierecken im Bereich 2 scan-konvertiert. Diese Drei- und Vierecke sind konvexe Polygone senkrecht zur Hauptachse und können wiederum sehr einfach mit zweidimensionalen Algorithmen scan-konvertiert werden. [Cohe-91].

Gegenüber dem Re-Sampling bietet die 3D-Scan-Konvertierung folgende Vorteile:

- Jedes Finite Element des Originalgitters wird nur einmal besucht. Nachbarschaftsinformationen sind dabei nicht erforderlich.
- Nach der Voxelisierung aller einzelnen Finiten Elemente werden leere Bereiche des Voxelgitters einfach mit „Nullvoxeln" aufgefüllt; im ersten Ansatz muß auch für diese Voxel das gesamte Originalgitter abgesucht werden.
- Die Interpolation innerhalb eines Finiten Elements kann inkrementel entlang der Kanten der resultierenden Polygone geschehen, danach inkrementel zwischen den Kanten in Richtung der Hauptachse.

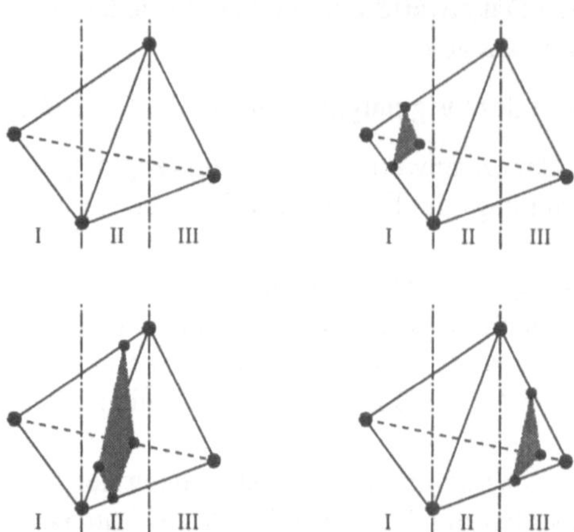

Abb. 4.1. Aufteilung eines Tetraeders in drei Bereiche [Karl-94]

Allerdings kann die 3D-Scan-Konvertierung nur dann angewandt werden, wenn die Granulosität des Voxelgitters deutlich höher als die des Originalgitters ist, da ja auch die kleinsten Finiten Elemente des Gitters durch das beschriebene Verfahren voxelisiert werden sollen. Wie das Beispiel im folgenden Abschnitt zeigt, ist diese Voraussetzung jedoch für typische Datensätze bei Strömungssimulationen nicht annehmbar, da eine solche Granulosität zu inakzeptabel großen Voxelgittern führt.

Verzichtet man auf eine Voxelisierung auf die Forderung nach einer Granulosität entsprechend der kleinsten Zellen des Originalgitters, so kann dennoch – zeitsparend – in einer Schleife über alle Zellen des Originalgitters gearbeitet werden[1]:

```
1.) Setze alle Voxel (Samplingpunkte) als „außerhalb des Gitters“.
2.) Für jede Zelle des Originalgitters:
        Für alle Voxelmittelpunkte innerhalb der Bounding-Box der Zelle:
            Bestimme die lokalen Koordinaten des Punktes
            bzgl. dieser Zelle (s. Kap. 5.2).
            Falls der Punkt innerhalb der Zelle liegt:
                Interpoliere die Datenwerte für dieses Voxel entsprechend
```

Abb. 4.2. Pseudocode zum „verbesserten Re-Sampling“

[1] Mit diesem Algorithmus wurden z.B. die Anwendungsdaten zur Präsentation in dem „Virtual Reality“ System *Virtual Design II* (s. Kap. 11.5) auf ein reguläres Gitter interpoliert.

Das Bestimmen derjenigen Voxelmittelpunkte, die innerhalb der Bounding-Box einer bestimmten Gitterzelle liegen, ist besonders leicht, wenn zuvor das Originalgitter entsprechend der gewünschten Auflösung des Voxelgitters skaliert wird, so daß die Koordinaten der Voxelmittelpunkte mit den Integer-Werten des kartesischen Raumes übereinstimmen.

4.2 Konsequenzen der Voxelisierung

Das Ziel der Voxelisierung nicht-regulär strukturierter Simulationsgitter ist, in der Visualisierungsphase optimierte, schnelle Algorithmen verwenden zu können und so, den Analysezyklus zu beschleunigen. Da eine Voxelisierung nur einmal zu Beginn der Visualisierung durchgeführt werden muß, ist auch ein langsames Voxelisierungsverfahren, wie das oben beschriebene Re-Sampling, unter diesem Gesichtspunkt tolerierbar.

Die Voxelisierung nicht-regulär strukturierter Gitter hat jedoch folgende, für die Datengüte bzw. für den benötigten Speicherbedarf abträgliche Konsequenzen:

- Das reguläre Voxelgitter muß die gesamte „Bounding Box" des nicht rechtwinkligen Originalgitters abdecken, wodurch große Mengen von „Nullvoxeln" entstehen.
- Eine Interpolation führt immer dazu, daß die für die Analyse der Daten und der Simulationsgüte wichtigen Maxima und Minima bei der Voxelisierung in Richtung auf den Mittelwert verschoben werden.
- Die räumlichen Abstände in Simulationsgittern sind in den interessanten Gebieten sehr klein. Um diese Gebiete mit einer akzeptablen Abtastrate (Nyquist Kriterium) zu voxelisieren, müssen extrem große Voxelgitter erzeugt werden.

Am Beispiel eines typischen Simulationsdatensatzes soll der letzte Punkt verdeutlicht werden: Der „Blunt-Fin" Datensatz umfaßt ein curvilineares Berechnungsgitter von 40x32x32 Knoten und ist so mit 37.479 Finiten Elementen für heutige Verhältnisse von moderater Größe. Das Gitter diente Hung und Buning zu numerischen Simulationen von Überschallströmungen mit einer, durch eine „stumpfe Rippe" induzierten, Schockwelle und der Ablösungen der turbulenten Grenzschicht [Hung84]. Aufgrund seiner weiten Verbreitung wird dieser Datensatz vielfach als „benchmark" für Visualisierungstechniken verwendet.

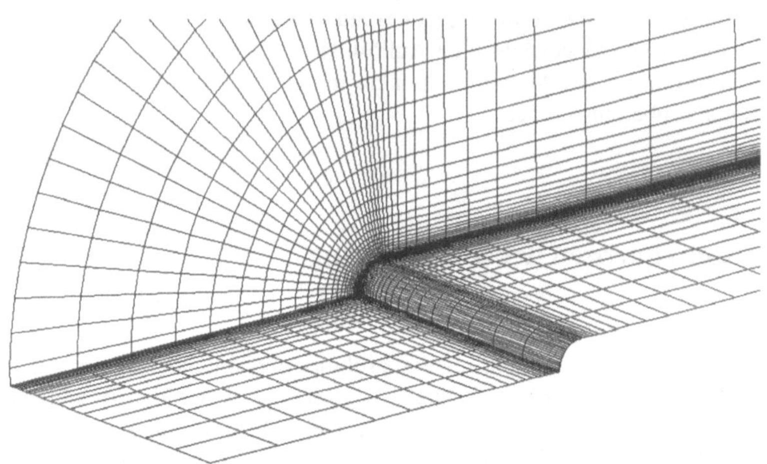

Abb. 4.3. Das curvilineare Simulationsgitter des Blunt-Fin Datensatzes

Das Blunt-Fin Gitter besitzt, wie bei Finite Elemente Simulationen üblich, Gebiete höchst unterschiedlicher Granulosität. Wie bereits erwähnt, sollen so die, u.a. an den festen Oberflächen des Simulationsgebietes zu erwartenden, hohen Gradienten der Strömungsgrößen ausreichend aufgelöst werden. In diesem Fall beträgt das Verhältnis von geringstem zu größtem Knotenabstand über das gesamte Gitter 1 zu 2411. Erzeugt man ein Voxelgitter mit gleicher Elementanzahl wie das Originalgitter, so führt dies dazu, daß ein Voxel eine bis zu 400 mal größere Kantenlänge hat, als die Elemente im fein diskretisierten Bereich des Originalgitters! Die Simulationsdaten werden so in einem nicht annehmbaren Maße gemittelt.

Eine Voxelisierung andererseits, die die Granulosität der fein diskretisierten, für die Forscher am interessantesten Bereiche beibehält, führt zu einem regulären Gitter von 16.110 x 6.095 x 4.154 Voxeln. Beachtet man, daß durch die vorliegenden Größen Dichte, Kinetische Energie und Geschwindigkeit fünf Gleitkommazahlen a 4 Byte pro Voxel gespeichert werden müssen, ergibt sich für die Visualisierung ein erforderlicher Hauptspeicherbedarf von mehr als 8×10^{12} Byte (8 TerraByte)! Selbst wenn, was allerdings sehr unwahrscheinlich ist, der Fortschritt bei Visualisierungshardware solche Datenmengen bzgl. des verfügbaren Speicherplatzes handhabbar machen sollte, so bliebe doch die Tatsache bestehen, daß dann, selbst die optimierteste Software extrem lange bräuchte, um einen solch großen Datensatz zu bearbeiten.

Für die Anwender der Visualisierung, d.h. für die Ingenieure und Wissenschaftler, die numerische Simulationen durchführen bzw. Simulationsprogramme entwickeln, ist jedoch ein anderes Argument wichtiger als alle bisher genannten: Nur die Analyse von Simulationsergebnissen im Kontext des Originalberechnungsgitters ermöglicht es, die Güte der Berechnungen zu beurteilen. So führen falsch definierte Rand- und Anfangsbedingungen, aber auch eine schlechte Diskretisierung des Simulationsraums schnell zu falschen, zu völlig unsinnigen oder zu nicht konvergenten Simulationsergebnissen. Daher muß in der interaktiven Visualisierung z.B das Schneiden des Gitters in den Ebenen des Berechnungsraums möglich sein.

Zusammenfassend läßt sich sagen, daß eine hinreichend exakte Voxelisierung nicht-regulär strukturierter Gitter sehr oft zu nicht mehr handhabbar, großen Datensätzen führt und somit den Anspruch einer Beschleunigung der Visualisierung nicht erfüllen kann. Desweiteren verursacht Voxelisierung prinzipiell eine Verringerung der Datengüte sowie den Verlust wichtiger Kontextinformationen. Dies macht die Entwicklung effizienter, direkt auf nicht-regulär strukturierten Gittern arbeitender Visualisierungsalgorithmen notwendig.

Eine Voxelisierung kann allerdings sinnvoll sein, wenn nicht die Qualität der Visualisierung, sondern eine möglichst geringe Berechnungsdauer, das entscheidende Kriterium ist; dies ist z.B. bei der Präsentation von Simulationsergebnissen in einem VR-System der Fall. Bei der in Kapitel 11.5 näher beschriebenen Realisierung eines „Virtuellen Windkanals“ stand nicht die numerische Exaktheit, sondern die visuelle Attraktivität und die Geschwindigkeit im Vordergrund. Konkret sollten hier möglichst viele Partikel gleichzeitig in einem Geschwindigkeitsfeld animiert werden. Als wichtigste Randbedingung besteht bei virtuellen Umgebungen die Forderung nach einer Bildwiederholrate zwischen zehn und zwanzig Bildern pro Sekunde. D.h. innerhalb von 50 bis 100 msec mußten sämtliche neue Partikelpositionen berechnet und alle Objekte der Szene gerendert werden. Die Simulationsdaten lagen im betreffenden Fall auf einem unstrukturierten Hexaedergitter vor, so daß die Partikelanimation auf dem Originalgitter entsprechend rechenaufwendig war (s. Kap. 6.7). Aus diesem Grunde wurde eine Voxelisierung des Berechnungsgitters vorgenommen, so daß die Integration des Vektorfeldes wesentlich schneller (s. Kap. 6.3) und entsprechend den Vorgaben des VR-Systems durchgeführt werden konnte.

5 Lokale Interpolation in nicht-regulären Gittern

Die Interpolation im Simulationsgitter ist bei der graphisch-interaktiven Strömungsvisualisierung von entscheidender Bedeutung. Bei der Umwandlung der Simulationsergebnisse in eine graphische Darstellung werden auf den verschiedenen Stufen der Visualisierungspipeline Interpolationen vorgenommen. Die Art der Interpolation ist dabei sowohl in Bezug auf die Exaktheit, als auch in Bezug auf die Geschwindigkeit der Visualisierung von entscheidendem Einfluß. Allerdings ist dies nicht allein bei Strömungsdaten der Fall: Verschiedenste Visualisierungstechniken werden gleichermaßen auf so diverse Datensätze, wie Ergebnisse numerischer Simulationen, Computer Tomographien oder Oberflächen-Meßdaten angewandt. Es ist wichtig, daß die Interpolationen dabei möglichst immer der jeweiligen Anwendung angepaßt werden, d.h., daß die Charakteristik der datengenerierenden Verfahren bzw. der gemessenen Phänomene und Objekte berücksichtigt wird. Allzuoft wird jedoch, z.B. zur Präsentation vor Laien, eine bessere Datengüte „vorgespiegelt", als sie tätsächlich vorliegt.

Im vorigen Kapitel wurde schon eine wichtige Anwendung der Interpolation von Simulationsdaten präsentiert. Während dort die verschiedenen Methoden zur „Voxelisierung" und die damit verbundenen Auswirkungen auf die Qualität der Daten im Vordergrund der Betrachtung standen, werden nun die Verfahren zur Interpolation in nicht-regulären Simulationsgittern im Detail erläutert. Voxelisierung ist bei weitem nicht die wichtigste Anwendung von Interpolationen in der Visualisierung. Interpolationen werden bei der interaktiven Strömungsvisualisierung (vgl. Kapitel 3.3.5) z.B. bei den folgenden Aufgaben benötigt:

- Integration von Vektorfeldern: Die Visualisierung von Partikelbahnen, bzw. Stromlinien erfordert die exakte Bestimmung der Geschwindigkeit am jeweiligen Integrationsort (s. Kap. 6).
- Konstruktion von Niveauflächen: Bei dieser Visualisierungstechnik wird die Lage einer Niveaufläche zwischen den Gitterpunkten oftmals durch Interpolation auf den Zellkanten bestimmt. (s. Kap. 7).

- Lokales Proben: Eine interaktiv durch ein dreidimensionales Gitter bewegte Probe befindet sich nur in Ausnahmefällen genau auf einem Gitterknoten; innerhalb der Gitterzellen ist eine Dateninterpolation notwendig (s. Kap. 8).
- Direktes Volumenrendern: Beim „Raycasting" verläuft ein Strahl i.allg. nicht genau durch die Knotenpunkte, sondern in beliebiger Lage durch die Gitterzellen; bei „Projektion" werden die Flächen der Zellen auf die Bildebene projiziert, wobei Farbe und Opazität entlang der Zellkanten und innerhalb der Zellen interpoliert werden müssen (s. Kap. 9).

5.1 Interpolation im physikalischen Raum

Die einfachste Art, einen Datenwert an einem Punkt P innerhalb eines räumlichen Gitters zu approximieren, ist die „Interpolation nach dem nächsten Nachbarn" (*Nearest Neighbor* oder auch *Point Sampling*). Hier wird angenommen, daß eine Größe Φ innerhalb des Voronoi-Bereichs[1] eines Gitterpunktes n konstant ist und dem Wert Φ_n an diesem Gitterpunkt entspricht. Meist sind aber höherwertige Interpolationen gewünscht.

5.1.1 Trilineare Interpolation

Das in der Visualisierung meistverwendete Interpolationsverfahren ist die trilineare Interpolation. Trilineare Interpolation regulärer Gitter ist denkbar einfach: Man nimmt hier an, daß eine Größe Φ sich an jedem Punkt $P(x,y,z)$ innerhalb einer Zelle durch die Funktion

$$\Phi(P) = a + bx + cy + dz + exy + fxz + gyz + hxyz \tag{5.1}$$

darstellen läßt. Φ ändert sich also linear auf den Kanten, quadratisch auf den Flächen sowie cubisch innerhalb des Elements. Zwischen benachbarten Zellen besteht C_0 Kontinuität. Mit Hilfe der Werte von Φ an den Elementknoten lassen sich acht Gleichungen mit acht Unbekannten aufstellen, so daß die Konstanten $a,\ldots, h$ einfach bestimmt werden können.

[1] Zur Definition des Voronoi-Bereichs siehe Kapitel 2

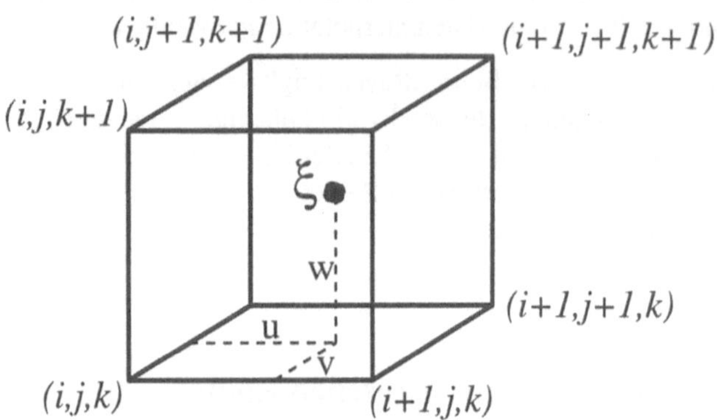

Abb. 5.1. Trilineare Interpolation in einem regulären Hexaeder

Innerhalb des in Abbildung 5.1 dargestellten Hexaeders mit den lokalen Koordinaten $(u, v, w) \in [-1, 1]$ sowie den Knoten $N_1, \ldots, N_8$ mit den Werten $\Phi_1, \ldots, \Phi_8$ berechnet sich somit die Größe Φ am Ort P durch:

$$\begin{aligned}\Phi(P) = (1/8)\cdot((&1-u)\cdot(1-v)\cdot(1-w)\cdot\Phi_1 + \\ &(1+u)\cdot(1-v)\cdot(1-w)\cdot\Phi_2 + \\ &(1-u)\cdot(1+v)\cdot(1-w)\cdot\Phi_3 + \\ &(1+u)\cdot(1+v)\cdot(1-w)\cdot\Phi_4 + \\ &(1-u)\cdot(1-v)\cdot(1+w)\cdot\Phi_5 + \\ &(1+u)\cdot(1-v)\cdot(1+w)\cdot\Phi_6 + \\ &(1-u)\cdot(1+v)\cdot(1+w)\cdot\Phi_7 + \\ &(1+u)\cdot(1+v)\cdot(1+w)\cdot\Phi_8)\end{aligned} \tag{5.2}$$

Die niedrige Kontinuitätsordung über Elementgrenzen bewirkt, daß bei der Interpolation von Vektordaten, z.B. der Geschwindigkeit, durch trilineare Interpolation die „Erhaltung der Masse“ (s. „Kontinuitätsgleichung“ in Kapitel 2.2) nicht mehr gewährleistet ist. In Gebieten großer Stromlinienkrümmung werden so Interpolationsfehler induziert. Will man eine bessere Kontinuität von Φ über die Elementgrenzen hinweg erreichen, so kann man durch Einbeziehen der benachbarten Elemente z.B. tricubisch interpolieren, was die Kontinuitätsgleichung erfüllt. Dies ergibt jedoch eine Gleichung mit 64 anstelle der acht Koeffizienten des trilinearen Falles. Entsprechend rechenaufwendig ist die Lösung des Gleichungssystems.

Die trilineare Interpolation eines nicht-regulären Hexaeder ist nicht so einfach. U.U. lassen sich keine Koeffizienten *a*, ..., *h* finden. In solchen Fällen ist die Abbildung auf einen regulären Hexaeder – dies entspricht einer Parametrisierung der Größe Φ – oder die nachfolgend beschriebene „Interpolation durch den gewichteten Durchschnitt“ erforderlich.

5.1.2 Interpolation mittels „gewichtetem Durchschnitt“

Als Alternative zur trilinearen Interpolation kann man im Falle nicht-regulärer Gitter Φ am Ort P als Funktion der umliegenden Knotenwerte Φ_n betrachten, wobei der Einfluß w eines Knotens umgekehrt proportional zur räumlichen Entfernung zu P ist (*Inverse Distance Weighting*).

$$\Phi(P) = \sum_{n=1}^{N} w_n \cdot \Phi_n \tag{5.3}$$

Eine mögliche Gewichtung wurde von Barnhill [Barn-84] vorgeschlagen:

$$w_n = \prod_{\substack{k=1 \\ k \neq n}}^{N} [d_k(P)]^2 \Bigg/ \left(\sum_{j=1}^{N} \prod_{\substack{l=1 \\ l \neq j}}^{N} [d_l(P)]^2 \right) \tag{5.4}$$

hierbei ist $d_j(P)$ der euklidische Abstand des Knoten j vom Punkt P.

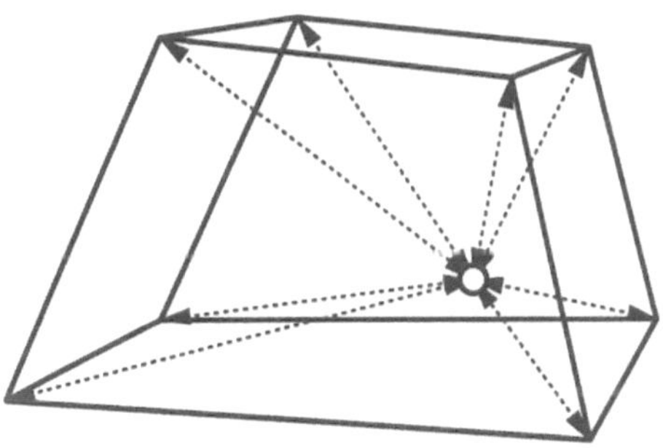

Abb. 5.2. Interpolation durch „Inverse Distance Weighting“

Eine solche Art der Interpolation gewährleistet allerdings nicht einmal C_0 Kontinuität über Elementgrenzen. Daneben stellt sich die Frage, welche Knoten eines nicht-regulären Gitters in die gewichtete Interpolation miteinbezogen werden sollen, da zu einem Punkt u.U. nähere Knoten als die der umgebenden Zelle existieren.

Anstelle des Euklidischen Abstands können bei der Interpolation innerhalb von Tetraedern die Volumina der vier Subtetraeder zur Gewichtung dienen, welche mit Hilfe des Punktes gebildet werden können, an dem interpoliert werden soll (*Volume Weighting*). Der Gewichtungsfaktor eines Knotens entspricht dabei dem Verhältnis des Volumens des gegenüberliegenden Subtetraeders zum Volumen des gesamten

Tetraederelements (s. Abbildung 5.3). Diese Art der Interpolation gewährleistet C_0 Kontinuität innerhalb eines Tetraedergitters.

Das Volumen eines beliebigen Tetraeders $ABCD$ ist bestimmt durch:

$$V_{ABCD} = \frac{1}{6}\left|\overrightarrow{AB} \cdot (\overrightarrow{AC} \times \overrightarrow{AD})\right| \tag{5.5}$$

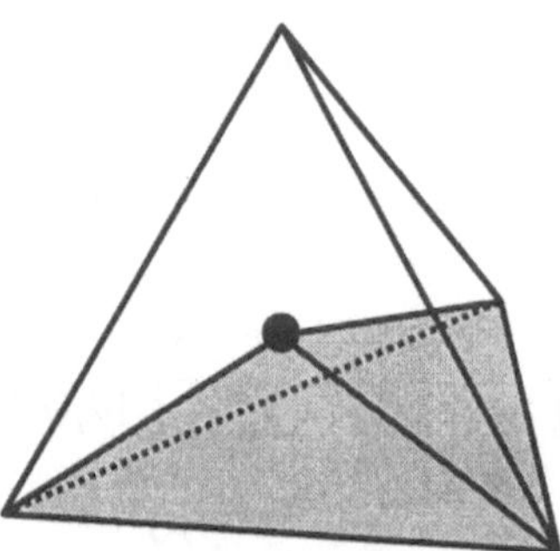

Abb. 5.3. Interpolation durch „Volume Weighting“

5.2 Interpolation im Berechnungsraum

Parametrisiert man die Funktion Φ, so läßt sich z.B. in einem nicht-regulären Hexaedergitter eine trilineare Interpolation durchführen. Die Parametrisierung entspricht der Abbildung eines nicht-regulären Zellprimitivs auf seinen Grundtyp, im Fall von Hexaedern also auf Einheitswürfel. Wie in Kapitel 3 beschrieben, geschieht diese Abbildung bei Finite Elemente Simulationen mit Hilfe der *Formfunktionen.* Es liegt nahe, diese Art der Interpolation auch in der Visualisierung zu nutzen. Dies ist insbesondere dann sinnvoll, wenn die Volumendaten Simulationsergebnisse sind, bei deren Generierung genau dieses Interpolationsverfahren eingesetzt wurde.

5.2.1 Formfunktionen in Finit Element Gittern

In diesem Abschnitt werden die grundlegenden Eigenschaften der Formfunktionen besprochen, insofern sie zum Verständnis der in dieser Arbeit entwickelten Visualisierungsalgorithmen benötigt werden. Formfunktionen für bestimmte Elementtypen sowie Verfahren zur Invertierung der Formfunktion, welche zur Abbildung vom physikalischen Raum in den Berechnungsraum benötigt werden, werden in den anschließenden Teilabschnitten diskutiert.

In vielen numerischen Verfahren werden Feldgrößen durch Linearkombinationen bekannter *Basisfunktionen* B_i berechnet. Je nach Anwendung werden die Basisfunktionen auch *Formfunktionen* oder *Interpolationsfunktionen* genannt. Die Approximation einer Feldvariablen f wird allgemein als Summe der Form

$$f(x) = \sum_{i=1}^{N} a_i \cdot B_i(x) \tag{5.6}$$

geschrieben. Dabei erstreckt sich die Summation über alle N Knoten des Gitters. In der Finite Elemente Methode werden lokal an den Knoten definierte Polynome als Basisfunktionen verwendet, wobei B_i am Knoten x_i gleich *Eins* ist sowie gleich *Null* an allen anderen Knoten:

$$B_i(x) = \delta_{ij} = \begin{cases} 1 & i = j \\ 0 & sonst \end{cases} \qquad i = 1, \ldots, N \tag{5.7}$$

Dies bedeutet, daß die Koeffizienten a_i der Summe den Werten der Feldvariablen an den Knoten entsprechen. B_i ist somit nur in den Elementen, die den Knoten x_i enthalten, ungleich Null. Daraus folgt weiterhin, daß die lokalen Formfunktionen als die Basisfunktion B_i bezüglich des betreffenden Elements definiert sind (s. Abbildung 5.4).

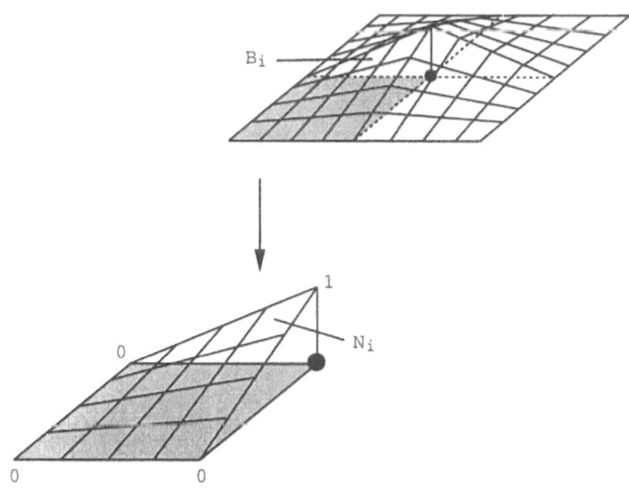

Abb. 5.4. Globale Basisfunktion B_i und lokale Formfunktion N_i

Es sei nun C der Berechnungsraum mit den lokalen Koordinaten ξ,η,ζ sowie n die Anzahl der Knoten des Elements. Weiterhin seien $f_1,...,f_n$ die Funktionswerte an den Knoten (jeweils ein Skalar, Vektor oder höherwertiger Tensor, wie z.B. Temperatur, Geschwindigkeit oder turbulente Spannung) und V der Funktionsbereich. Gesucht wird die lokal definierte Funktion $f: C \rightarrow V$, die die Knotenwerte interpoliert; d.h.:

$$f(\xi_j, \eta_j, \zeta_j) = f_i \qquad j = 1, \dots, n, \tag{5.8}$$

wobei $(\xi_j, \eta_j, \zeta_j)^T$ die lokalen Koordinaten des Knoten j bezeichnet. Man setzt nun an, daß f eine Linearkombination der Knotenwerte ist:

$$f(\xi, \eta, \zeta) = \sum_{i=1}^{n} N_i(\xi, \eta, \zeta) \cdot f_i \tag{5.9}$$

Mit den Formfunktionen

$$N_i: C \rightarrow \Re, \qquad N_i = N_i(\xi, \eta, \zeta) \tag{5.10}$$

die für jeden Knoten i den Faktor liefern, mit dem der Wert des Knotens gewichtet wird. Damit wird der obige Ansatz 5.6 zu:

$$\sum_{i=1}^{n} N_i(\xi_j, \eta_j, \zeta_j) \cdot f_i = f_j. \tag{5.11}$$

Dies impliziert:

$$N_i(\xi_j, \eta_j, \zeta_j) = \delta_{ij} \tag{5.12}$$

Da eine konstante Funktion abgebildet werden soll, ergibt sich als weitere Bedingung:

$$\sum_{i=1}^{n} N_i(\xi, \eta, \zeta) = 1, \qquad \forall(\xi, \eta, \zeta) \in C \tag{5.13}$$

I.allg. gibt es mehrere Sätze von Formfunktionen, die diese Bedingungen für einen bestimmten Elementtyp erfüllen. So müssen zusätzliche Anforderungen gestellt werden, wie z.B., daß die Formfunktionen vom geringst möglichen Polynomgrad sein sollen.

Beispiele

i) Sei $V \subseteq \Re$ der Wertebereich einer Strömungsgröße, z.B. des Drucks p, und sei weiterhin $p_1,...,p_n$ der Druck an den Elementknoten. Dann erfolgt die Interpolation des Drucks, d.h. die Abbildung $p: C \to V$ vom Berechnungsraum in den physikalischen Raum folgendermaßen:

$$p(\xi, \eta, \zeta) = \sum_{i=1}^{n} N_i(\xi, \eta, \zeta) \cdot p_i \tag{5.14}$$

ii) Sei $V \subseteq \Re^3$ der physikalische Raum eines Elements und seien $\boldsymbol{x}_i := (x_i, y_i, z_i)^T$ die physikalischen Koordinaten des Knotens i sowie $\xi := (\xi, \eta, \zeta)^T$ seine Koordinaten im Berechnungsraum. Dann gilt für die Koordinatentransformation $\boldsymbol{x}: C \to V$ vom Berechnungsraum in den physikalischen Raum innerhalb des Elements:

$$\boldsymbol{x}(\xi) = \begin{pmatrix} x(\xi, \eta, \zeta) \\ y(\xi, \eta, \zeta) \\ z(\xi, \eta, \zeta) \end{pmatrix} = \begin{pmatrix} \sum_{i=1}^{n} N_i(\xi, \eta, \zeta) \cdot x_i \\ \sum_{i=1}^{n} N_i(\xi, \eta, \zeta) \cdot y_i \\ \sum_{i=1}^{n} N_i(\xi, \eta, \zeta) \cdot z_i \end{pmatrix} = \sum_{i=1}^{n} N_i(\xi) \cdot \boldsymbol{x}_i . \tag{5.15}$$

5.3 Formfunktionen der gebräuchlichsten Elementtypen

In numerischen Simulationen kommen verschiedenste zwei- und dreidimensionale Elementtypen zum Einsatz. Im Rahmen dieser Arbeit wurden auch Interpolationsfunktionen für zweidimensionale Elemente sowie für Prismen hergeleitet [Bent-92, Ells-94]; an dieser Stelle beschränken wir uns jedoch auf dreidimensionale Hexaeder- und Tetraedergitter, da diese in Strömungssimulationen die Meistverwendeten sind. Wie bereits erwähnt, gibt es für die einzelnen Elementtypen verschiedene Sätze möglicher Formfunktionen. Es werden hier diejenigen mit der geringst möglichen Anzahl von Koeffizienten, also mit einem Koeffizienten pro Knoten, vorgestellt.

8-Knoten Hexaeder

Gegeben sei ein Hexaeder mit der in Abbildung 5.3 dargestellten internen Nummerierung der Knoten. Die lokalen Koordinaten ξ, η, ζ sind in diesem Fall kartesische Koordinaten mit $\xi, \eta, \zeta \in [-1, 1]$

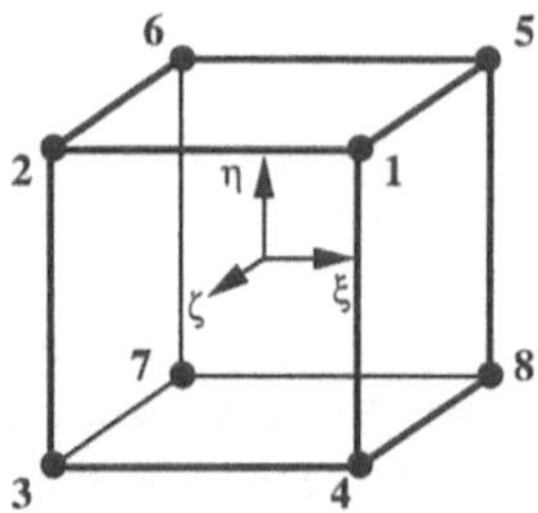

Abb. 5.5. Berechnungsraum des 8-Knoten Hexaeders

Jede der acht Formfunktionen muß acht Gleichungen erfüllen. Daher werden Formfunktionen mit acht Freiheitsgraden benötigt. Es ist sinnvoll, ein Polynom vom folgenden Typ zu wählen:

$$N_i = a_i + b_i \cdot \xi + c_i \cdot \eta + d_i \cdot \zeta + e_i \cdot \xi\eta + f_i \cdot \xi\zeta + g_i \cdot \eta\zeta + h_i \cdot \xi\eta\zeta \tag{5.16}$$

Mit den gegebenen Knotenkoordinaten folgen die Formfunktionen N_i:

$$\begin{aligned}
N_1(\xi, \eta, \zeta) &= 1/8(1 - \xi - \eta - \zeta + \xi\eta + \xi\zeta + \eta\zeta - \xi\eta\zeta) \\
N_2(\xi, \eta, \zeta) &= 1/8(1 + \xi - \eta - \zeta - \xi\eta - \xi\zeta + \eta\zeta + \xi\eta\zeta) \\
N_3(\xi, \eta, \zeta) &= 1/8(1 - \xi + \eta - \zeta - \xi\eta + \xi\zeta - \eta\zeta + \xi\eta\zeta) \\
N_4(\xi, \eta, \zeta) &= 1/8(1 + \xi + \eta - \zeta + \xi\eta - \xi\zeta - \eta\zeta - \xi\eta\zeta) \\
N_5(\xi, \eta, \zeta) &= 1/8(1 - \xi - \eta + \zeta + \xi\eta - \xi\zeta - \eta\zeta + \xi\eta\zeta) \\
N_6(\xi, \eta, \zeta) &= 1/8(1 + \xi - \eta + \zeta - \xi\eta + \xi\zeta - \eta\zeta - \xi\eta\zeta) \\
N_7(\xi, \eta, \zeta) &= 1/8(1 - \xi + \eta + \zeta - \xi\eta - \xi\zeta + \eta\zeta - \xi\eta\zeta) \\
N_8(\xi, \eta, \zeta) &= 1/8(1 + \xi + \eta + \zeta + \xi\eta + \xi\zeta + \eta\zeta + \xi\eta\zeta) \\
\hline
\sum N_i &= 1
\end{aligned} \tag{5.17}$$

20-Knoten Hexaeder

20-Knoten Hexaeder besitzen neben den acht Eckpunkten noch Knoten auf den zwölf Kantenschwerpunkten. Dadurch werden gekrümmte Elementkanten[1] und Interpolationen höherer Ordnung innerhalb der Elemente möglich.

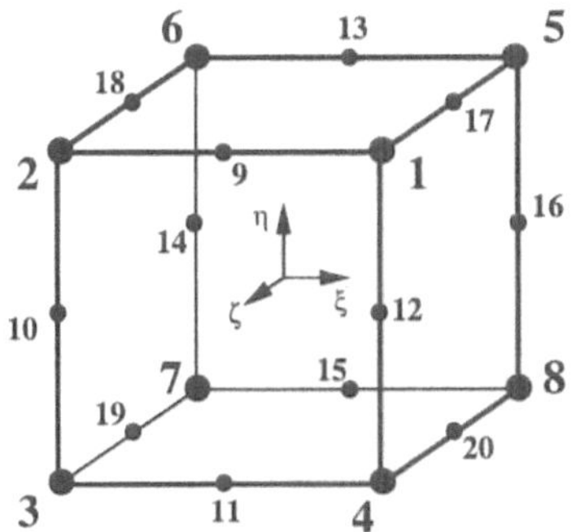

Abb. 5.6. Berechnungsraum des 20-Knoten Hexaeder

Die Formfunktionen höherwertiger Elemente lassen sich durch Multiplikationen und Additionen von Formfunktionen von Elementen niedrigerer Ordnung gewinnen. Für den 20-Knoten Hexaeder ergibt sich:
Eckknoten:

$$
\begin{aligned}
N_1 &= 1/8 \cdot (1+\xi) \cdot (1+\eta) \cdot (1+\zeta) \cdot (\xi+\eta+\zeta-2) \\
N_2 &= 1/8 \cdot (1-\xi) \cdot (1+\eta) \cdot (1+\zeta) \cdot (-\xi+\eta+\zeta-2) \\
N_3 &= 1/8 \cdot (1-\xi) \cdot (1-\eta) \cdot (1+\zeta) \cdot (-\xi-\eta+\zeta-2) \\
N_4 &= 1/8 \cdot (1+\xi) \cdot (1-\eta) \cdot (1+\zeta) \cdot (\xi-\eta+\zeta-2) \\
N_5 &= 1/8 \cdot (1+\xi) \cdot (1+\eta) \cdot (1-\zeta) \cdot (\xi+\eta-\zeta-2) \\
N_6 &= 1/8 \cdot (1-\xi) \cdot (1+\eta) \cdot (1-\zeta) \cdot (-\xi+\eta-\zeta-2) \\
N_7 &= 1/8 \cdot (1-\xi) \cdot (1-\eta) \cdot (1-\zeta) \cdot (-\xi-\eta-\zeta-2) \\
N_8 &= 1/8 \cdot (1+\xi) \cdot (1-\eta) \cdot (1-\zeta) \cdot (\xi-\eta-\zeta-2)
\end{aligned}
\tag{5.18}
$$

[1] Diese für die Simulation günstige, allerdings auch mit einem erhöhten Rechenaufwand verbundene Eigenschaft hat für die Visualisierung den unangenehmen Effekt, daß die Elemente von gebräuchlichen Graphik Workstations hardwareunterstützt nicht korrekt dargestellt werden können. Oft behilft man sich im Rendering daher durch die Approximation eines 20-Knoten Hexaeders mittels acht linearer 8-Knoten Hexaeder.

Kantenknoten:

$$
\begin{aligned}
N_9 &= 1/4 \cdot (1-\xi^2) \cdot (1-\eta) \cdot (1+\zeta) \\
N_{10} &= 1/4 \cdot (1-\xi) \cdot (1-\eta^2) \cdot (1+\zeta) \\
N_{11} &= 1/4 \cdot (1-\xi^2) \cdot (1-\eta) \cdot (1+\zeta) \\
N_{12} &= 1/4 \cdot (1+\xi) \cdot (1-\eta^2) \cdot (1+\zeta) \\
N_{13} &= 1/4 \cdot (1-\xi^2) \cdot (1-\eta) \cdot (1-\zeta) \\
N_{14} &= 1/4 \cdot (1-\xi) \cdot (1-\eta^2) \cdot (1-\zeta) \\
N_{15} &= 1/4 \cdot (1-\xi^2) \cdot (1-\eta) \cdot (1-\zeta) \\
N_{16} &= 1/4 \cdot (1+\xi) \cdot (1-\eta^2) \cdot (1-\zeta) \\
N_{17} &= 1/4 \cdot (1+\xi) \cdot (1-\eta) \cdot (1-\zeta^2) \\
N_{18} &= 1/4 \cdot (1+\xi) \cdot (1-\eta) \cdot (1-\zeta^2) \\
N_{19} &= 1/4 \cdot (1-\xi) \cdot (1-\eta) \cdot (1-\zeta^2) \\
N_{20} &= 1/4 \cdot (1-\xi) \cdot (1-\eta) \cdot (1-\zeta^2)
\end{aligned}
\tag{5.19}
$$

4-Knoten Tetraeder

Für Elemente, die eine rechtwinklige Grundform besitzen, wie Hexaeder, ist das kartesische als lokales Koordinatensystem geeignet, da die Elementkanten parallel zu den kartesischen Achsen liegen. Bei Tetraederelementen, ist dies nicht der Fall; hier kommen sog. barycentrische Koordinaten zum Einsatz. Für die Beziehung zwischen kartesischen (mit Tetraedereckpunkten $(x_i, y_i, z_i)^T$ und baryzentrischen Koordinaten α, β, γ und δ gilt:

$$
\begin{bmatrix} x \\ y \\ z \\ 1 \end{bmatrix} = \begin{bmatrix} x_1 & x_2 & x_3 & x_4 \\ y_1 & y_2 & y_3 & y_4 \\ z_1 & z_2 & z_3 & z_4 \\ 1 & 1 & 1 & 1 \end{bmatrix} \cdot \begin{bmatrix} \alpha \\ \beta \\ \gamma \\ \delta \end{bmatrix}
\tag{5.20}
$$

Ein Tetraeder ist natürlich dreidimensional, so daß die baryzentrischen Koordinaten nicht unabhängig voneinander sind. Z.B. kann mittels der letzten Zeile δ als Funktion von α, β und γ geschrieben werden:

$$
\delta = 1 - \alpha - \beta - \gamma
\tag{5.21}
$$

Mit den Einschränkungen der obigen Gleichung können nun die gleichen Variablen, wie bei den Hexaederelementen verwendet werden. Es gilt:

$$C = \langle(\xi, \eta, \zeta) | ((\xi = \alpha), (\eta = \beta), (\zeta = \gamma), (1 - \xi - \eta - \zeta = \delta), \quad \alpha, \beta, \gamma, \delta \in [0, 1])\rangle \tag{5.22}$$

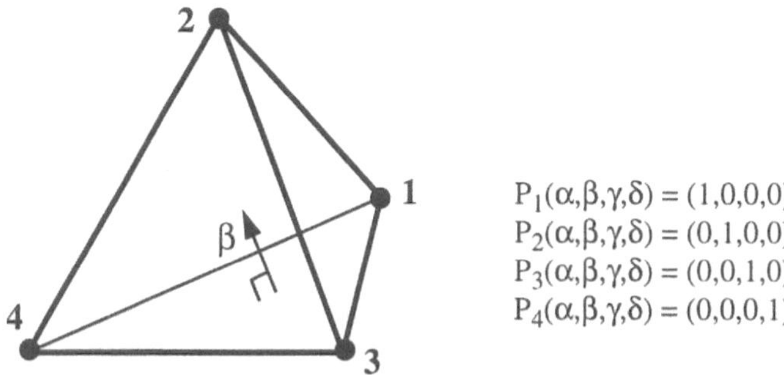

Abb. 5.7. 4-Knoten Tetraeder

Für die Formfunktionen des 4-Knoten Tetraeders folgt:

$$\begin{aligned} N_1 &= \xi \\ N_2 &= \eta \\ N_3 &= \zeta \\ N_4 &= 1 - \xi - \eta - \zeta \\ \hline \sum N_i &= 1 \end{aligned} \tag{5.23}$$

10-Knoten Tetraeder

Für den quadratisch interpolierenden 10-Knoten Tetraeder ist das gleiche baryzentrische Koordinatensystem angebracht, wie für den 4-Knoten Tetraeder. Die zusätzlichen Knoten liegen hier, ebenso wie beim 20-Knoten Hexaeder, auf den Kantenschwerpunkten.

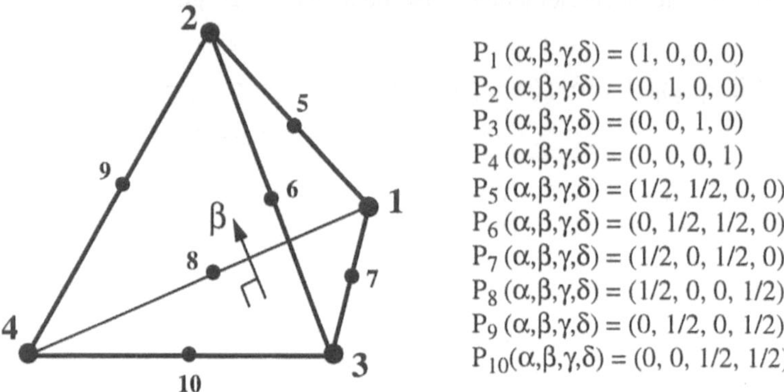

Abb. 5.8. 10-Knoten Tetraeder

Für die Formfunktionen *Ni* des 10-Knoten Tetraeders folgt:
Eckknoten:

$$\begin{aligned} N_1 &= (2\xi - 1)\xi \\ N_2 &= (2\eta - 1)\eta \\ N_3 &= (2w - 1)\zeta \\ N_4 &= (1 - 2(\xi + \eta + \zeta)) \cdot (1 - \xi - \eta - \zeta) \end{aligned} \tag{5.24}$$

Kantenknoten:

$$\begin{aligned} N_5 &= 4\xi\eta \\ N_6 &= 4\eta\zeta \\ N_7 &= 4\xi\zeta \\ N_8 &= 4\xi(1 - \xi - \eta - \zeta) \\ N_9 &= 4\eta(1 - \xi - \eta - \zeta) \\ N_{10} &= 4\zeta(1 - \xi - \eta - \zeta) \end{aligned} \tag{5.25}$$

Die in diesem Kapitel vorgestellten Formfunktionen ermöglichen die parametrische Interpolation von Größen in nicht-regulär strukturierten Gittern. Voraussetzung dafür ist, daß die lokalen Koordinaten ξ, η und ζ bekannt sind. In Finit Element Simulationen werden alle Berechnungen im Berechnungsraum durchgeführt, so daß hier jederzeit die jeweiligen lokalen Koordinaten vorliegen. In der Visualisierungsphase sind jedoch alle Größen im physikalischen Raum definiert, so daß die lokalen Koordinaten aus den physikalischen berechnet werden müssen; dies geschieht durch Invertierung der Formfunktionen.

5.4 Invertierung der Formfunktionen

Die Formfunktionen ermöglichen eine Abbildung $f{:}C \rightarrow P$ vom Berechnungsraum in den physikalischen Raum . Wenn also eine Größe in physikalischen Koordinaten gegeben ist, sind zwei Schritte erforderlich: Zunächst muß diejenige Zelle bestimmt werden, in der interpoliert werden soll (siehe Kapitel 8). Danach muß die Abbildung *f* invertiert werden, um eine Abbildung $g{:}P \rightarrow C$ vom physikalischen Raum in den Berechnungsraum zu erhalten.

Die Invertierung kann nur dann erfolgen, wenn die Formfunktionen eine „Eins-zu-Eins Abbildung“ darstellen. Elemente ohne diese Eigenschaft werden *singulär* genannt. Abbildung 5.9 zeigt zwei Beispiele singulärer, zweidimensionaler 4-Knoten Elemente. Ein Element ist z.B. dann singulär, wenn zwei Knoten zusammenfallen bzw. *nahezu singulär*, wenn die Elementverzerrung zu groß ist. Der erste Fall ist meistens die Folge der Wahl eines falschen Elementtyps, wenn z.B. versucht wurde, die Zahl der verschiedenen Elementtypen innerhalb des gesamten Gitters gering zu halten. Dies kann behoben werden, indem ein einzelnes Element mit passender Formfunktion an diese Stelle gesetzt wird. Im zweiten Fall ist nicht nur die Visualisierung betroffen, sondern ebenso die Simulationsgüte an diesem Punkt [Zien-89]. Es ist daher insbesondere Aufgabe der Datengenerierung, solchermaßen verzerrte Gitter zu vermeiden. In der Praxis muß jedoch ein Visualisierungsalgorithmus singuläre Elemente abfangen, z.B. durch die Reduktion der Interpolationsgüte auf „Nearest Neighbour Interpolation“.

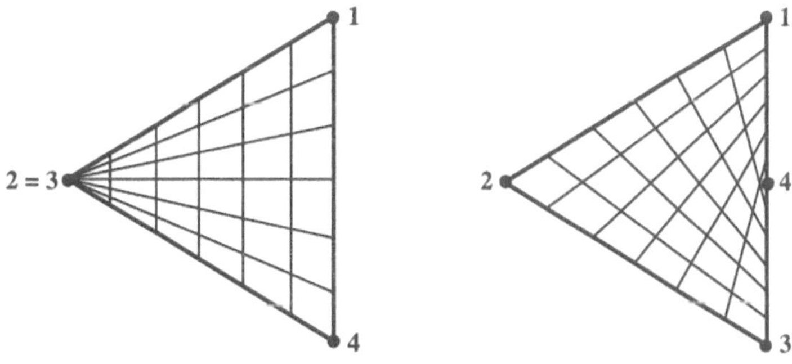

Abb. 5.9. Zwei Beispiele singulärer 4-Knoten Elemente

In Abhängigkeit vom Elementtyp ist die Invertierung der Formfunktion einfach oder aufwendiger. Bei Formfunktionen, die in allen Parametern linear sind, bedarf es lediglich einer Matrixinversion. Nicht-lineare Formfunktionen erfordern dagegen ein iteratives Verfahren, um das nicht-lineare Gleichungssystem zu lösen.

Von den im vorigen Abschnitt vorgestellten dreidimensionalen Elementtypen besitzt nur der 4-Knoten Tetraeder lineare Formfunktionen. Diese führen zu folgendem Gleichungssystem:

$$\begin{aligned} x &= \xi x_1 + \eta x_2 + \zeta x_3 + (1 - \xi - \eta - \zeta) x_4 \\ y &= \xi y_1 + \eta y_2 + \zeta y_3 + (1 - \xi - \eta - \zeta) y_4 \\ z &= \xi z_1 + \eta z_2 + \zeta z_3 + (1 - \xi - \eta - \zeta) z_4 \end{aligned} \tag{5.26}$$

Dieses lineare Gleichungssystem kann man in Matrix-Vektor Notation schreiben:

$$\begin{bmatrix} x \\ y \\ z \end{bmatrix} = \begin{bmatrix} x_4 \\ y_4 \\ z_4 \end{bmatrix} + \begin{bmatrix} x_1 - x_4 & x_2 - x_4 & x_3 - x_4 \\ y_1 - y_4 & y_2 - y_4 & y_3 - y_4 \\ z_1 - z_4 & z_2 - z_4 & z_3 - z_4 \end{bmatrix} \cdot \begin{bmatrix} \xi \\ \eta \\ \zeta \end{bmatrix} \tag{5.27}$$

Somit folgt für die Abbildung vom physikalischen Raum in den Berechnungsraum für den 4-Knoten Tetraeder:

$$\begin{bmatrix} \xi \\ \eta \\ \zeta \end{bmatrix} = \begin{bmatrix} x_1 - x_4 & x_2 - x_4 & x_3 - x_4 \\ y_1 - y_4 & y_2 - y_4 & y_3 - y_4 \\ z_1 - z_4 & z_2 - z_4 & z_3 - z_4 \end{bmatrix}^{-1} \cdot \begin{bmatrix} x - x_4 \\ y - y_4 \\ z - z_4 \end{bmatrix} \tag{5.28}$$

Entsprechend einfach lassen sich Interpolationen in anderen Elementtypen mit linearen Formfunktionen realisieren. Im Falle von nicht-linearen Formfunktionen ergeben sich jedoch nicht-lineare Gleichungssysteme, für deren Lösung sich, wegen seiner schnellen lokalen Konvergenz, das *Newton-Raphson Verfahren* anbietet:

Sei $\boldsymbol{x} := (x, y, z)$ die gegebene Position in physikalischen Koordinaten und $\xi := (\xi, \eta, \zeta)$ die gesuchte Stelle im Berechnungsraum, dann kann die Koordinatentransformation (Gl. 5.15) folgendermaßen geschrieben werden:

$$\boldsymbol{x} = \sum_{i=1}^{n} N_i(\xi) \cdot \boldsymbol{x}_i \tag{5.29}$$

oder

$$F(\xi) :\equiv \sum_{i=1}^{n} N_i(\xi) \cdot \boldsymbol{x}_i - \boldsymbol{x} = 0 \tag{5.30}$$

Mit Newtons Verfahren wird nun die nicht-lineare Funktion $\boldsymbol{F}: C \rightarrow \Re^3$ linearisiert mittels einer Taylor-Reihe bis zur ersten Ableitung. Ist also $\boldsymbol{F}$ zweimal stetig differenzierbar in C und sei $\hat{\xi}$ die exakte Lösung sowie ξ ein beliebiger Punkt im Berechnungsraum, so folgt:

$$0 = \boldsymbol{F}(\hat{\xi}) \approx \boldsymbol{F}(\xi) + \boldsymbol{J}_F(\xi) \cdot (\hat{\xi} - \xi). \tag{5.31}$$

Hierbei ist J_F die *Jacobi-Matrix* der Formfunktion.

$$\boldsymbol{J}_F = \left[\frac{\partial \boldsymbol{x}}{\partial \xi}\right] = \begin{bmatrix} \frac{\partial x}{\partial \xi} & \frac{\partial x}{\partial \eta} & \frac{\partial x}{\partial \zeta} \\ \frac{\partial y}{\partial \xi} & \frac{\partial y}{\partial \eta} & \frac{\partial y}{\partial \zeta} \\ \frac{\partial z}{\partial \xi} & \frac{\partial z}{\partial \eta} & \frac{\partial z}{\partial \zeta} \end{bmatrix} \tag{5.32}$$

Schreibt man nun $\xi^{(1)}$ anstelle der exakten Lösung $\hat{\xi}$ sowie $\xi^{(0)}$ anstelle von ξ, so kann man obige Näherung als Gleichung formulieren:

$$\boldsymbol{J}_F(\xi^0) \cdot (\xi^1 - \xi^0) = -\boldsymbol{F}(\xi^{(0)}). \tag{5.33}$$

Betrachtet man $\xi^{(0)}$ als frühere Näherung an $\hat{\xi}$ und löst die Gleichung für $\xi^{(1)}$, kann man für $\xi^{(1)}$ eine bessere Näherung an $\hat{\xi}$ erwarten. Die wiederholte Berechnung entsprechend dieser Annahme führt zum folgenden Algorithmus:

1. Starte mit dem Vektor $\xi^{(0)} \in C$.
2. Für $\nu = 0,1,2,\ldots$
   a) Löse das folgende lineare Gleichungssystem für $\delta^{(\nu)}$:
   $$J_F(\xi^{(\nu)}) \cdot \delta^{(\nu)} = -F(\xi^{(\nu)})$$
   b) Bestimme $\xi^{(\nu+1)}$ mittels:
   $$\xi^{(\nu+1)} := \xi^{(\nu)} + \delta^{(\nu)}$$
3. Falls $\|\delta^{(\nu)}\| > \varepsilon$, gehe zu Schritt 2, sonst beende.

Abb. 5.10. Newton-Raphson Iteration zur Abbildung vom physikalischen Raum in den Berechnungsraum

Um mittels dieser Iteration, die lokalen Koordinaten zu berechnen, muß die Jacobi Matrix an jedem Punkt des Berechnungsraums bestimmbar sein. Wegen Gl. 5.30 müssen während der Iteration somit an einem Punkt ξ die folgenden lokalen Ableitungen berechnet werden:

$$\frac{\partial N_i}{\partial \xi}, \frac{\partial N_i}{\partial \eta}, \frac{\partial N_i}{\partial \zeta}, \qquad i = 1, \ldots, n \tag{5.34}$$

Meist dient der Elementschwerpunkt als Startvektor für die Iteration. Allerdings gibt es aufgrund der lokalen Konvergenz des Newton Verfahrens keine Garantie, daß eine Lösung gefunden wird. Ergibt sich nach mehreren Schritten keine Annäherung unter eine Schranke ε, so muß ein anderer Startvektor gewählt werden. Bei nicht-singulären Elementen wurde dies jedoch äußerst selten beobachtet.

6 Integration von Vektorfeldern

Wie in Kapitel 3.3.5 gezeigt wurde, ist die Integration von Vektorfeldern eine der grundlegenden Methoden zur Realisierung vieler wichtiger Techniken der Strömungsvisualisierung. In Kapitel 6.1 werden zwei verschiedene Beschreibungsweisen für Vektorfelder vorgestellt, sowie die strömungsmechanischen Definitionen einzelner an diese Beschreibungsweisen gekoppelter Visualisierungstechniken. In Kapitel 6.2 werden Algorithmen für diese Visualisierungstechniken entworfen und in Abschnitt 6.3 die mathematischen Grundlagen der Partikelverfolgung durch Integration eines Vektorfeldes erläutert. Zur Realisierung der Algorithmen wurden nun verschiedene Integrationsverfahren hinsichtlich ihrer Genauigkeit und ihres Aufwandes betrachtet, implementiert und quantitativ untersucht (Kapitel 6.4). Die folgenden Kapitel 6.5 und 6.6 beschreiben die Realisierung der Vektorfeldintegration im Falle curvilinearer bzw. unstrukturierter Gitter. Dabei wird insbesondere auf die Alternativen, Integration im physikalischen Raum und Integration im Berechnungsraum, eingegangen. Eine Zusammenfassung und Diskussion (Kapitel 6.7) schließt dieses Thema ab.

6.1 Bahnlinien und Stromlinien

Strömungsdaten sind in erster Linie durch ein Geschwindigkeitsfeld charakterisiert. Dies unterscheidet Strömungen, seien es reale, gemessene Strömungen oder numerische Strömungssimulationen von vielen anderen wissenschaftlich-technischen Applikationen, die, wie z.B. bildgebende Verfahren, oftmals lediglich Skalardaten generieren. Die Strömungsmechanik kennt zwei analytische Beschreibungsweisen für Strömungen: Die *Feldbeschreibungsweise*, auch Eulersche Beschreibung genannt, sowie die *materielle Beschreibungsweise* oder Lagrangesche Beschreibung. Diese beiden Beschreibungsweisen sind auch geeignet, Visualisierungstechniken für Strömungsdaten zu charakterisieren.

In der Feldbeschreibungsweise werden die Strömungsgrößen an festen räumlichen Positionen betrachtet. Dies entspricht der Art, in der Strömungsdaten von numerischen Simulationen berechnet werden, nämlich auf einem räumlich fixen, regulären oder nicht-regulären Gitter. Eine typische Euler'sche Visualisierungstechnik für Vektordaten ist die Abbildung auf Ikonen in Form räumlicher Pfeile an den Knoten des Berechnungsgitters[1]. Für die Visualisierung dreidimensionaler Vektorfelder ist diese Methode jedoch nur bedingt geeignet, da hier schnell ein unübersichtlich großer „Haufen" von 3D-Pfeilen entsteht. Auch bei einer Reduktion der Darstellung auf Pfeile in einzelnen Schnittebenen bleibt die räumliche Mehrdeutigkeit, die durch die Projektion auf den zweidimensionalen Bildschirm entsteht, bestehen. Die Verwendung aufwendiger Beleuchtungsmodelle beim Rendering verbessert dies meist nur ungenügend. Daneben werden räumliche Charakteristika des Strömungsfeldes nur bei günstiger räumlicher Lage der Schnittebenen deutlich. Z.B. ist bei dieser Visualisierungsart ein Wirbel nur dann sichtbar, wenn die Schnittebenen zufällig orthogonal zur Wirbelachse positioniert sind.

Die materielle Beschreibungsweise definiert die Strömungsgrößen an einzelnen, infinitisimal kleinen, materiellen Teilen des Strömungsmediums, sogenannten *Partikeln.* Diese Definition von Partikeln unterscheidet sich grundlegend von den in der Computer Graphik ebenfalls referenzierten sog. Partikelsystemen, die zur Modellierung und Darstellung „unscharfer", komplexer Objekte und Phänomene, wie Wolken, Feuer und Bäume eigesetzt werden [Reev-83]. Lagrange'sche Techniken der Strömungsvisualisierung basieren auf der Berechnung und Darstellung der Bewegung einzelner Partikel des Strömungsfeldes. Der Erfolg solcher Visualisierungen hängt davon ab, ob die ausgewählten Partikel(bahnen) die charakteristischen Eigenschaften eines Strömungsfeldes zeigen. Dies kann durch Verfahren sichergestellt werden, die automatisch die entsprechenden Startpunkte von signifikanten Partikelbahnen bestimmen [HeHe-90] oder aber, indem dem Benutzer intuitiv handhabbare Werkzeuge und schnelle Algorithmen bereitgestellt werden, so daß ein Datensatz „spielerisch", d.h. interaktiv und in Echtzeit, erforscht werden kann [Früh-94a].

Ist die Geschwindigkeit eines Strömungsfeldes in Euler'scher Beschreibung gegeben, dann führt die Integration der Differentialgleichung

$$\frac{dx}{dt} = v(x, t) \tag{6.1}$$

mit der Anfangsbedingung $x(t_0) = \xi$ zur Beschreibung der *Bahnlinien* $x = x(\xi, t)$. Gleichung 6.1 zeigt, daß der Pfad eines materiellen Partikels ξ tangential zur Geschwindigkeit am Ort x ist. In dieser Interpretation ist eine Bahnlinie, auch Par-

[1] Richtung, Länge und Farbe der Vektorpfeile können, die Strömungsrichtung, den Geschwindigkeitsbetrag sowie wahlweise eine zusätzliche skalare Größe, z.B. den lokalen Druck, repräsentieren.

tikelpfad genannt, die Tangentialkurve zu den Geschwindigkeiten eines festen materiellen Punktes zu verschiedenen Zeiten.

In der Feldbeschreibungsweise tritt ihrer Bedeutung nach die *Stromlinie* an die Stelle der Bahnlinie. Zu jedem Zeitpunkt t definiert das Geschwindigkeitsfeld einen Vektor für jede räumliche Position $\boldsymbol{x}$. Diejenigen Kurven, die mit den Tangenten des Vektorfeldes zum Zeitpunkt t" zusammenfallen, werden Stromlinien genannt. Sie geben so einen Eindruck des Geschwindigkeitsfeldes zu einem fixen Zeitpunkt. Der normalisierte Geschwindigkeitsvektor $\boldsymbol{v}/|\boldsymbol{v}|$ ist, entsprechend dieser Definition, gleich dem normalisierten Tangentenvektor τ der Stromlinie: $\tau = d\boldsymbol{x}/|d\boldsymbol{x}| = d\boldsymbol{x}/ds$. Somit ergibt sich für die Differentialgleichung der Stromlinie:

$$\frac{d\boldsymbol{x}}{ds} = \frac{\boldsymbol{v}(\boldsymbol{x}, t')}{|\boldsymbol{v}|} \tag{6.2}$$

Die Interpretation der Stromlinien als Tangentialkurven zu den Geschwindigkeiten verschiedener materieller Punkte – eben derer, die sich gerade an den räumlichen Positionen $\boldsymbol{x}$ befinden – zur selben Zeit t, illustriert den Unterschied zur Definition der Partikelpfade. Es existiert somit keine Abhängigkeit von Stromlinien und Partikelpfaden, was nicht heißt, daß beide nicht u.U. zu den selben Raumkurven führen können.

Neben der Darstellung von Stromlinien oder sich bewegender Partikel werden insbesondere bei der exprimentellen Strömungsvisualisierung häufig sogenannte *Streichlinien* eingesetzt. Für einen Zeitpunkt t" verbindet eine Streichlinie alle materiellen Punkte, die eine bestimmte Position passiert haben oder passieren werden: Die Farbmarkierung an einer festen Stelle in einem Wasserkanal führt durch die Strömung zu einer Farblinie, wenn kontinuierlich Farbe zugeführt wird. Eine Momentaufnahme dieser Farblinie zeigt eine Streichlinie.

Sogenannte *Zeitlinien* werden eingesetzt, um Geschwindigkeitsgradienten in zweidimensionalen Strömungen aufzuzeigen. Sie werden modelliert, indem eine große Anzahl von Partikeln betrachtet wird, die sich zu einem Zeitpunkt t" auf einer geraden Linie im Strömungsgebiet befunden haben. Mit der Zeit bewegen sich die Partikel aufgrund ihrer verschiedenen Geschwindigkeiten auseinander. Erzeugt man in festen zeitlichen Abständen neue Zeitlinien, so können auch in einer Momentaufnahme die Geschwindigkeitsgradienten einer Strömung aufgezeigt werden. Das 3D-Analogon zu Zeitlinien sind Zeitflächen. Modelliert als „Schachbrettmuster" oder als polygonale Näherungen einer Kugel, können sie dazu dienen, die Charakteristik einer dreidimensionalen Strömung in einer Momentaufnahme zu illustrieren.

6.2 Algorithmen für die graphisch-interaktive Strömungsvisualisierung

Wie in Kapitel 3.3.2 beschrieben, lassen sich verschiedenste Visualisierungstechniken für Vektorfelder ableiten, die sich alle die im vorigen Abschnitt erläuterten, grundlegenden Beschreibungen von Strömungsfeldern zu Nutze machen. Zur graphisch-interaktiven Visualisierung müssen nun die mathematischen Modelle von Bahnlinien, Stromlinien, Streichlinien u.ä. in programmierbare Algorithmen umgesetzt werden.

Partikelverfolgung

Der Algorithmus für die interaktive Visualisierung eines sich im Strömungsfeld bewegenden Partikels sieht folgerdermaßen aus:

```
Positioniere den Partikelstartpunkt innerhalb des Strömungsfeldes.
Aktiviere das Partikel.
Solange das Partikel noch aktiv ist:
    Für jeden Zeitschritt:
        Zeichne das Partikel.
        Bestimme die lokale Geschwindigkeit des Partikels.
        Berechne die Position des Partikels im nachfolgenden Zeitschritt.
    Falls das Partikel das Strömungsgebiet verläßt:
        Deaktiviere das Partikel.
```

Abb. 6.1. Algorithmus zur Visualisierung eines Partikels im Strömungsfeld

Soll anstelle eines sich bewegenden Partikels seine Bahnlinie dargestellt werden, so muß anstelle des Renderns in jeder Iteration des Algorithmus die momentane Partikelposition gespeichert werden und die Partikelbahn am Ende der Partikellebensdauer entsprechend dem resultierenden Polygonzug gezeichnet werden.

Stromlinien

Wie bereits erläutert, gibt eine Stromlinie einen Eindruck eines Strömungsfeldes zu einem festen Zeitpunkt. Im Falle einer transienten Strömung ändert sich somit das Bild der Stromlien kontinuierlich. Zur Programmierung eines Algorithmus" zur Visualisierung einer Stromlinie betrachtet man jeden Zeitschritt separat, quasi als neues stationäres Strömungsfeld. Innerhalb dieses Feldes kann man nun den selben Algorithmus wie bei der Partikelverfolgung verwenden, da im stationären Fall Bahnlinien und Stromlinien zusammenfallen[1].

```
Positioniere den Partikelstartpunkt innerhalb des Strömungsfeldes.
Für jeden Zeitschritt des Vektorfeldes:
    Aktiviere ein Partikel.
    Speichere die Partikelposition.
    Solange das Partikel noch aktiv ist:
    Für jeden Zeitschritt des Partikels:
        Bestimme die lokale Geschwindigkeit des Partikels.
        Berechne die Position des Partikels im nachfolgenden Zeitschritt.
            Speichere die Partikelposition.
            Falls das Partikel das Strömungsgebiet verläßt:
                Deaktiviere das Partikel.
    Zeichne den durch die gespeicherten Partikelpositionen
    bestimmten Partikelpfad.
```

Abb. 6.2. Algorithmus zur Visualisierung einer Stromlinie

[1] Kenwright und Mallison haben ein Verfahren entwickelt, durch das Stromlinien ohne numerische Integration berechnet werden [KeMa-92]. Dabei werden die Stromlinien als Schnittkurven zweier „Stromflächen" – Flächen, die an jeder Stelle tangential zur Strömungsrichtung liegen – betrachtet. Das Verfahren ist nach Aussage der Autoren exakter und schneller, als die hier beschriebene Algorithmus; die Implementierung der neuen Methode stellt sich jedoch als wesentlich komplexer dar.

Streichlinien

Wird die Partikelquelle bewegt, so müssen bei der Visualisierung einer Streichlinie alle Partikel deaktiviert werden, da anderenfalls die Definition der Streichlinien nicht mehr erfüllt wäre. Allerdings kann die Visualisierung mit Hilfe einer ständig Partikel emmitierenden, beweglichen Quelle (sog. *Bubbler*) durchaus sehr hilfreich sein. In diesem Fall müssen aber die Partikel als separate Objekte gerendert werden.

```
Positioniere den Partikelstartpunkt innerhalb des Strömungsfeldes.
Aktiviere ein Partikel.
Solange mindestens ein Partikel noch aktiv ist:
    Für jeden Zeitschritt:
        Für jedes aktive Partikel:
            Bestimme die lokale Geschwindigkeit des Partikels.
            Berechne die Position des Partikels im nachfolgenden
            Zeitschritt.
            Falls das Partikel das Strömungsgebiet verläßt:
                Deaktiviere das Partikel.
        Zeichne die Streichlinie durch Verbinden aller aktiven Partikel
        entsprechend der Aktivierungsreihenfolge.
```

Abb. 6.3. Algorithmus zur Visualisierung einer Streichlinie

Zeitlinien

Zeitlinien werden durch die Verbindung von Partikeln modeliert, die zur gleichen Zeit auf einer Geraden aktiviert werden. Im dreidimensionalen Raum können „Zeitflächen" generiert werden, indem Partikel verfolgt werden, die auf einer ebenen Fläche starten. In divergenten Strömungen können bei der Visualisierung von Zeitlinien und Zeitflächen allerdings Artefakte entstehen, wenn benachbarte Partikel sich zu weit voneinander entfernen.

Neue Zeitlinien sollten in angemessenen Intervallen aktiviert werden, welche i.allg. ein mehrfaches der Integrationsschrittweiten betragen.

Positioniere eine Gerade von Partikelstartpunkten innerhalb des
  Strömungsfeldes.
Aktiviere jeweils ein Partikel an jedem Startpunkt.
Solange noch mindestens ein Partikel aktiv ist:
  Für jeden Zeitschritt:
    Für jedes aktive Partikel:
      Bestimme die lokale Geschwindigkeit des Partikels.
      Berechne die Position des Partikels im nachfolgenden
      Zeitschritt.
      Falls das Partikel das Strömungsgebiet verläßt:
        Deaktiviere das Partikel.
    Für jede Zeitlinie:
      Zeichne die Zeitlinie durch Verbinden aller aktiven Partikel
      dieser Linie entsprechend ihrer ursprünglichen
      Nachbarschaftsbeziehungen.

Abb. 6.4. Algorithmus zur Visualisierung einer Zeitlinie

6.3 Partikelverfolgung in regulären Gittern

Wie Gleichung 6.1 zeigt, lassen sich Partikelpfade durch die schrittweise Integration des Geschwindigkeitsfeldes gewinnen. Ausgehend von einer Position $x(t_0)$ und einer Geschwindigkeit $v(x(t_0))$ eines Partikels zur Zeit t_0 gilt für die nächste Position des Partikels nach einem Zeitschritt $\Delta t = t_1 - t_0$:

$$x(t_1) = x(t_0) + \int_{t_0}^{t_1} v(x(t))dt \tag{6.3}$$

Die Berechnung der momentanen Geschwindigkeit erfordert zunächst das Bestimmen der aktuellen Position eines Partikels bezüglich des Berechnungsgitters. Dies ist trivial in einem regulären, kartesischen Gitter. Zur Interpolation werden die Positionskoordinaten in Vor- und Nachkommastellen aufgeteilt:

$$\boldsymbol{x} = \begin{bmatrix} x \\ y \\ z \end{bmatrix} = \begin{bmatrix} i \\ j \\ k \end{bmatrix} + \begin{bmatrix} u \\ v \\ w \end{bmatrix} \tag{6.4}$$

Die ganzzahligen Werte i, j, k entsprechen den Indizes der Zelle des regulären Gitters, in der sich der Punkt $\boldsymbol{x}$ befindet; $u, v, w \in [0, 1]$ bezeichnen den „Offset". Die momentane Geschwindigkeit eines Partikel läßt sich nun durch trilineare Interpolation (s. Kapitel 5.1.1) aus den Werten an den Zellknoten bestimmen. Zur Integration von Gleichung 6.3 bieten sich verschiedene numerische Verfahren an, welche im Rahmen dieser Arbeit auf ihre Effizienz für die interaktive Strömungsvisualisierung untersucht wurden.

6.4 Integrationsverfahren

Die Herleitung numerischer Verfahren zur Integration von Vektorfeldern beschränkt sich hier auf die wichtigsten, für die Strömungsvisualisierung in Frage kommenden [Frit-93]. Für einen kompletteren Überblick sei auf die Standardliteratur zur Numerik verwiesen.

6.4.1 Einschrittverfahren

Euler'sches Verfahren

Das einfachste Verfahren, ein Anfangswertproblem vom Typ der Gleichung 6.1 zu lösen geht auf Euler zurück. Es berechnet Näherungen an $x(t)$ zu bestimmten Zeitinkrementen t_i, meist mit einer festen Schrittweite h, entsprechend:

$$t_i = t_0 + i \cdot h . \tag{6.5}$$

Setzt man eine Taylor Reihe von $x(t)$ um t_i an, so führt dies mit der Differentialgleichung 6.1 zu:

$$\begin{aligned} x(t_{i+1}) &= x(t_i) + x'(t_i) + \frac{1}{2}h^2 \cdot x''(t_i) + \ldots \\ x(t_{i+1}) &= x(t_i) + h \cdot v(t_i, x(t_i)) + \frac{1}{2}h^2 \cdot x''(t_i) + \ldots \end{aligned} \tag{6.6}$$

Euler's Idee war es nun, die Taylor Reihe nach der ersten Ableitung abzubrechen. Die resultierende Gleichung ist das sog. *Einfache Euler Verfahren*:

$$x_{i+1} = x_i + h \cdot v(t_i, x_i) \tag{6.7}$$

Die Werte x_i sind dabei Näherungen an die waren Werte $x(t_i)$.
Das Euler Verfahren benutzt also die Ableitung $x'(t_i)$ zu Beginn des Intervals $[t_i, t_{i+1}]$, um das Inkrement der Funktion zu bestimmen. Für eine nicht konstante Funktion führt dies immer zu unkorrekten Ergebnissen.

Heun'sches Verfahren

Verschiedene Verfahren verwenden zur Approximation der Funktionsänderung Werte zu anderen Zeitpunkten; aber alle diese Verfahren haben das Problem, daß der zur Bestimmung von $v(t_i, x(t_i))$ benötigte Wert $x(t_i)$ zu allen Zeiten $t < t_i$ unbekannt ist. Beim *Impliziten Euler Verfahren* wird die Ableitung am Ende des Intervalls verwendet:

$$x_{i+1} = x_i + h \cdot v(t_{i+1}, x_{j+1}) \tag{6.8}$$

Allerdings kann diese Gleichung nicht direkt gelöst werden, da $v(t_{i+1}, x_{i+1})$ nicht bekannt ist, wenn x_{i+1} unbekannt ist. Die implizite Gleichung 6.8 kann mit einem iterativen Verfahren gelöst werden. Es existieren jedoch zu den meisten impliziten Verfahren schnellere explizite Verfahren bei gleicher Fehlergüte.

Die Verwendung der gemittelten Ableitung über das Interval $[t_i, t_{i+1}]$ kann zu einer besseren Berechnung führen. Das *Heun'sche Verfahren* benutzt dabei das einfache Euler Verfahren als Predictorschritt, um den unbekannten Wert $v(t_{i+1}, x_{i+1})$ anzunähern:

$$x_{i+1} = x_i + h \cdot \frac{v(t_i, x_i) + v(t_{i+1}, x_i + h \cdot v(t_i, x_i))}{2} \tag{6.9}$$

Runge-Kutta Verfahren

Runge und Kutta's Idee war, das Integral in

$$x(t_{i+1}) = x(t_i) + \int_{t_0}^{t_{1+1}} x'(t)dt = x(t_i) + \int_0^1 x'(t_i + h \cdot \tau)d\tau \tag{6.10}$$

durch eine Integrationsformel zu ersetzen:

$$\int_0^1 x'(t_i + h \cdot \tau) d\tau \approx \sum_{j=1}^{m} \gamma_j \cdot x'(t_i + h \cdot \alpha_j) \tag{6.11}$$

Hierbei sind α_i die Integrationspunkte und γ_i Gewichtungen. Allerdings müssen immer noch die unbekannten Werte $x'(t_i + h \cdot \alpha_j) = v(t_i + h \cdot \alpha_j, x(t_i + h \cdot \alpha_j))$ berechnet werden. Mittels

$$x(t_i + h \cdot \alpha_j) = x(t_i) + \int_{t_i}^{t_i + h \cdot \alpha_j} x'(t) dt = x(t_i) + \int_0^1 x'(t_i + h \cdot \tau \cdot \alpha_j) d\tau \tag{6.12}$$

kann eine weitere Integrationsformel mit den gleichen Integrationspunkten α_l und den Gewichtungen b_{jl} verwendet werden, um $x(t_i + h \cdot \alpha_j)$ für jedes j anzunähern:

$$\alpha_j \cdot \int_0^1 x'(t_i + h \cdot \tau \cdot \alpha_j) d\tau \approx \sum_{l=1}^{j-1} \beta_{jl} \cdot x'(t_i + h \cdot \alpha_j). \tag{6.13}$$

Die Unbekannten dieser Gleichung sind wiederum die $x'(t_i + h \cdot \alpha_l)$. Mit der Definition

$$k_j = v \cdot \left(t_i + h \cdot \alpha_j, x(t_i) + h \cdot \sum_{l=1}^{j-1} \beta_{jl} k_l \right) \tag{6.14}$$

kann die Integrationsformel 6.11 folgendermaßen geschrieben werden:

$$\int_0^1 x'(t_i + h \cdot \tau) d\tau \approx \sum_{j=1}^{m} \gamma_j \cdot k_j \tag{6.15}$$

Somit ergibt sich für die Näherung von $x(t_{i+1})$:

$$x_{i+1} = x_i + h \cdot \sum_{j=1}^{m} \gamma_j \cdot k_j. \tag{6.16}$$

Die Parameter $\alpha_j, \beta_{jl}, \gamma_j$ müssen nun so gewählt werden, daß eine möglichst große Konvergenz erzielt wird. Vergleicht man die Koeffizienten von Taylor Reihen von k_j mit den Koeffizienten der Funktion $x(t)$, so ergibt sich ein Satz von Gleichungen, um die Parameter zu bestimmen. Für $m = 2$ existieren mehrere Lösungen, so daß es mehrere *Runge-Kutta Verfahren zweiter Ordnung* gibt. Gleichung 6.16 wird hier zu:

$$x_{i+1} = x_i + h \cdot (\gamma_1 \cdot k_1 + \gamma_2 \cdot k_2) \tag{6.17}$$

Gilt $\gamma_1 = 1/2$, so folgen $\gamma_2 = 1/2$ und $\alpha_2 = \beta_{12} = 1$. Damit wird Gleichung 6.17 zu:

$$x_{i+1} = x_i + h \cdot \left(\frac{1}{2}v(t_i, x_i) + \frac{1}{2}v(t_{i+1}, x_i + h \cdot v(t_i, x_i))\right). \tag{6.18}$$

Diese Gleichung entspricht dem oben vorgestellten Heun'schen Verfahren (6.9).

Für $m = 4$ folgt das viel verwendete *Runge-Kutta Verfahren vierter Ordnung.* Für die Parameter α_j, β_{jl}, γ_j gilt hier:

α_1				
α_2	β_{21}			
α_3	β_{31}	β_{32}		
α_4	β_{41}	β_{42}	β_{43}	
	γ_1	γ_2	γ_3	γ_4

0				
1/2	1/2			
1/2	0	1/2		
1	0	0	1	
	1/6	1/3	1/3	1/6

Es ergibt sich folgender Algorithmus für die Integration einer Partikelbahn mittels des Runge-Kutta Verfahrens vierter Ordnung:

$$\begin{aligned} k_1 &= v(t_i, x_i) \\ k_2 &= v(t_i + h/2, x_i + h/2 \cdot k_1) \\ k_3 &= v(t_i + h/2, x_i + h/2 \cdot k_2) \\ k_4 &= v(t_i + h, x_i + h \cdot k_3) \\ x_{i+1} &= x_i + h\left(\frac{1}{6}k_1 + \frac{1}{3}k_2 + \frac{1}{3}k_3 + \frac{1}{6}k_4\right) \end{aligned} \tag{6.19}$$

6.4.2 Mehrschrittverfahren

Die bisher vorgestellten Integrationsverfahren sind sog. Einschrittverfahren, d.h. die Näherung x_{i+1} für $x(t_{i+1})$ wird lediglich mittels x_i berechnet. Hierbei ist die einfache Euler Methode ein Verfahren erster Ordnung, das Heun'sche Verfahren von zweiter Ordnung sowie das beschriebene Runge-Kutta Verfahren von vierter Ordnung. Im Rahmen dieser Arbeit wurden auch zwei Mehrschrittverfahren dritter Ordnung, die neben x_i auch die vorigen Werte x_{i-1} bzw. x_{i-2} zur Berechnung von x_{i+1} verwenden, bezüglich ihrer Eignung zur Partikelbahnintegration untersucht. Zur Herleitung dieser Verfahren siehe [Frit-93].

Für das drei-schrittige *Adams-Bashford Verfahren* ergibt sich der folgende Algorithmus:

$$x_{i+1} = x_i + \frac{h}{12} \cdot (5 \cdot v(t_{i-2}, x_{i-2}) - 16 \cdot v(t_{i-1}, x_{i-1}) + 23 \cdot v(t_i, x_i)) \quad (6.20)$$

Der Algorithmus für das implizite, drei-schrittige *Adams-Moulton Verfahren* mit dem obigen drei-schrittigen Adams-Bashford Verfahren als Predictorschritt lautet:

$$\begin{aligned} x'_{i+1} &= x_i + \frac{h}{12} \cdot (5 \cdot v(t_{i-2}, x_{i-2}) - 16 \cdot v(t_{i-1}, x_{i-1}) + 23 \cdot v(t_i, x_i)) \\ x_{i+1} &= x_i + \frac{h}{12} \cdot (-1 \cdot v(t_{i-1}, x_{i-1}) + 8 \cdot v(t_i, x_i) + 5 \cdot v(t_{i+1}, x'_{i+1})) \end{aligned} \quad (6.21)$$

6.4.3 Vergleich der Integrationsverfahren

Die in den vorigen Abschnitten vorgestellten Integrationsverfahren zur Berechnung von Partikelbahnen wurden implementiert und in mehreren Anwendungen verglichen. Die folgende Tabelle nennt die Verfahren noch einmal mit ihrer Konvergenzordnung und der Anzahl der Auswertungen der Geschwindigkeit pro Integrationsschritt.

Integrationsverfahren	Ordnung	Auswertungen von v
Euler	1	1
Heun	2	2
Adams-Bashford	3	1
Adams-Moulton	3	2
Runge-Kutta	4	4

Abb. 6.5. Vergleich der Integrationsverfahren

Abbildung 6.6 zeigt eine zweidimensionale Strömung in einem sog. Mink'schen Kästchen [FrMl-93]. Es wurden jeweils vom gleichen Startpunkt aus Partikelbahnen mit Hilfe der verschiedenen Integrationsverfahren berechnet.

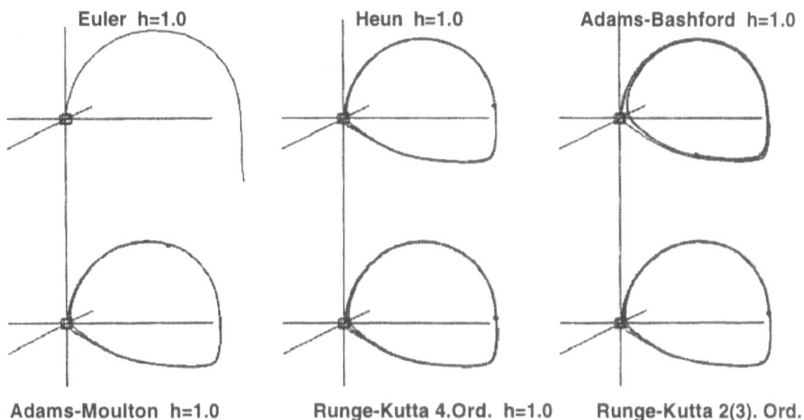

Abb. 6.6. Vergleich verschiedener Integrationsverfahren

Es wird deutlich, daß das einfache Euler Verfahren nicht gut geeignet ist. Das Adam-Bashford Verfahren benötigt ebenfalls nur eine Auswertung der lokalen Geschwindigkeit pro Integrationsschritt, liefert jedoch eine weit bessere Partikelbahn. Um mittels des Euler Verfahrens eine ähnliche Bahn zu erhalten, mußte eine einhundert mal kleinere Schrittweite gewählt werden (s. Abbildung 6.7).

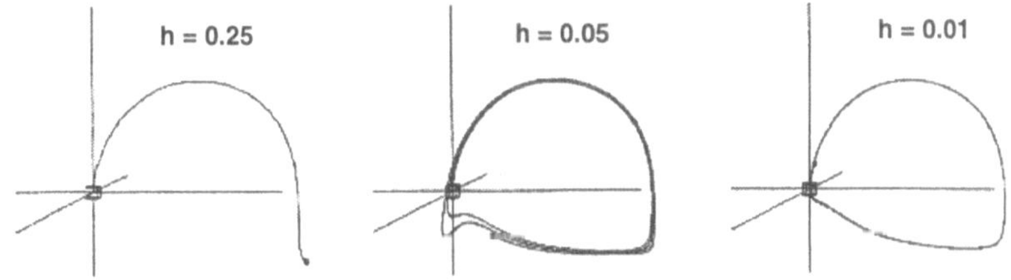

Abb. 6.7. Euler Verfahren mit verschiedenen Schrittweiten

Das folgende Beispiel zeigt, daß das Runge-Kutta Verfahren die exakteste Berechnung der Partikelbahnen schon bei relativ großen Schrittweiten liefert. Das Strömungsfeld hier stammt aus einer Simulation einer „Strömung über eine stumpfe Kante mit Strömungsablösung und Wiederanlegen" [Taft-91]. Abbildung 6.8 zeigt Partikelbahnen bei einer Schrittweite $h = 0.1$. Der Vergleich mit Abbildung 6.9

macht deutlich, daß nur das Runge-Kutta Verfahren vierter Ordnung hier schon ein Ergebnis liefert, das dem bei einer zehnfach kleineren Schrittweite gleicht.

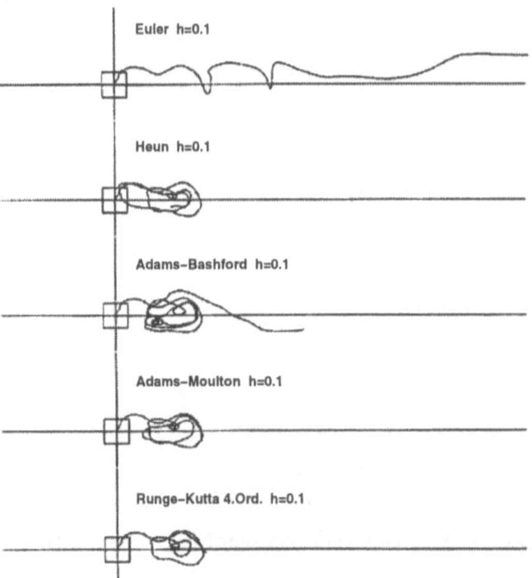

Abb. 6.8. Integrationsverfahren bei großer Schrittweite

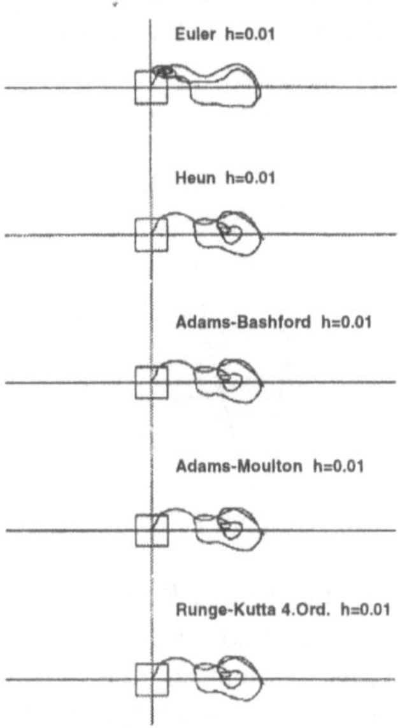

Abb. 6.9. Integrationsverfahren bei kleiner Schrittweite

6.4.4 Automatische Schrittweitensteuerung

Die beschriebenen Integrationsverfahren bieten die Möglichkeit, während der Integration die Schrittweite zu verändern. Dies ist besonders bei sehr großen Datensätzen sinnvoll: Oft variiert die Geschwindigkeit in weiten Bereichen der Strömung nicht stark; gleichzeitig treten manchmal in räumlich kleinen Bereichen sehr große Geschwindigkeitsgradienten auf, so daß hier sehr kleine Integrationsintervalle verwendet werden müssen, um die Charakteristika des Strömungsfeldes bei der Partikelintegration richtig abzubilden.

Ein einfaches Verfahren, die Güte eines Integrationsverfahrens abzuschätzen, ist, nach jedem Integrationsintervall von der selben Position ausgehend nocheinmal zwei Integrationsschritte mit halber Schrittweite auszuführen und die resultierenden neuen Positionen miteinander zu vergleichen. Falls sich beide Ergebnisse nur geringfügig unterscheiden, wird die ursprüngliche Schrittweite beibehalten, anderenfalls wird mit der halbierten Schrittweite weitergerechnet. Allerdings ist diese Methode sehr aufwendig, da für die Fehlerabschätzung doppelt so viele Operationen ausgeführt werden, wie für den eigentlichen Integrationschritt. So werden dann z.B. für das Heun'sche Verfahren bei jedem Integrationsschritt sechs Auswertungen der Geschwindigkeit benötigt.

$$\begin{aligned} x_{i+1} &= x_i + h \cdot \frac{1}{2} \cdot (v(t_i, x_i) + v(t_{i+1}, x_i + h \cdot v(t_i, x_i))) \\ x'_1 &= x_i + \frac{h}{2} \cdot \frac{1}{2} \cdot \left(v(t_i, x_i) + v\left(t_{i+1/2}, x_i + \frac{h}{2} \cdot v(t_i, x_i) \right) \right) \\ x'_2 &= x'_1 + \frac{h}{2} \cdot \frac{1}{2} \cdot \left(v(t_{i+1/2}, x'_1) + v\left(t_{i+1}, x'_1 + \frac{h}{2} \cdot v(t_{i+1/2}, x'_1) \right) \right) \\ err_i &= x_{i+1} - x'_2 \end{aligned} \tag{6.22}$$

Zieht man zur Fehlerabschätzung nicht das Ergebnis bei halbierter Schrittweite, sondern das einer Integration mit einem Verfahren höherer Konvergenzordnung heran, so kann man den Aufwand zur automatischen Schrittweitenkontrolle u.U. stark reduzieren. Besonders bieten sich dazu die Runge-Kutta Verfahren an, da hier jeweils mit den selben Koeffizienten α_i und β_{jl} gearbeitet wird. Somit können bei der Integration und bei der Fehlerabschätzung die selben Auswertungen k_i verwendet werden. Für das adaptive Runge-Kutta Verfahren zweiter Ordnung lauten die Koeffizienten:

α_j			β_{jl}
0			
1	1		
1/2	1/4	1/4	
p=2	1/2	1/2	0
p=3	1/6	1/6	2/3
		γ_j	

Somit ergibt sich für die Partikelbahnintegration mit dem adaptiven Runge-Kutta Verfahren zweiter Ordnung:

$$
\begin{aligned}
k_1 &= v(t_i, x_i) \\
k_2 &= v(t_i + h, x_i + h \cdot k_1) \\
k_3 &= v\left(t_i + h \cdot \frac{1}{2}, x_i + h \cdot \left(\frac{1}{4} \cdot k_1 + \frac{1}{4} \cdot k_2\right)\right) \\
x_{i+1} &= x_i + h \cdot \left(\frac{1}{2} \cdot k_1 + \frac{1}{2} \cdot k_2\right) \\
x' &= x_i + h \cdot \left(\frac{1}{6} \cdot k_1 + \frac{1}{6} \cdot k_2 + \frac{2}{3} \cdot k_3\right) \\
err_i &= x_{i+1} - x'
\end{aligned}
\tag{6.23}
$$

Dieser Algorithmus benötigt lediglich drei Geschwindigkeitsauswertungen pro Zeitschritt für eine Approximation zweiter Ordnung sowie eine Fehlerabschätzung.

Ein mehr pragmatischer, denn numerisch-formaler Ansatz zur automatischen Schrittweitenkontrolle ist die Bestimmung der Größe des Integrationsschritts auf der Grundlage der örtlichen Gitterdichte:

$$h = \frac{1}{a \cdot (max(|v_x(x_i)|/s_x, |v_y(x_i)|/s_y, |v_z(x_i)|/s_z))} \tag{6.24}$$

Hierbei sind v_x, v_y, v_z die Geschwindigkeitskomponenten, s_x, s_y, s_z die Ausdehnungen der Boundingbox der betreffenden Gitterzelle in die kartesischen Richtungen, sowie a die Anzahl der gewünschten Integrationsschritte pro Gitterzelle. Wählt man $a = 2$, so ist mit diesem Ansatz gewährleistet, daß, entsprechend dem Nyquist Kriterium, bei der Integration der Partikelbahn das Geschwindigkeitsfeld mit doppelter Frequenz abgetastet wird.

6.5 Partikelverfolgung in curvilinearen Gittern

In der Praxis sind die wenigsten von Computersimulationen generierten Strömungsfelder auf einem kartesischen Gitter definiert. Curvilineare Gitter erlauben auch nicht-rechtwinklige Geometrien zu vernetzen, sowie die Gitterdichte den zu erwartenden Gradienten der Strömungsgrößen anzupassen. Die Berechnung von Partikelbahnen ist in curvilinearen Gittern allerdings wesentlich rechenintensiver als in cartesischen. Insbesondere das Bestimmen der Gitterzelle, in der sich ein Partikel nach einem Integrationsschritt befindet, sowie die Interpolation innerhalb dieser Zelle ist aufwendig. Diese Probleme stellen sich jedoch nicht nur in der Visualisierungsphase, sondern auch in der Simulation selbst. Daher transformieren Simulationsprogramme oft ein curvilineares Gitter mitsamt den Rand- und Anfangsbedingungen in ein reguläres, kartesisches Gitter und berechnen die Strömungsgrößen im sog. Berechnungsraum. Im Unterschied zu unstrukturierten Gittern können curvilineare Gitter nicht nur elementweise, sondern als Ganzes und in den Berechnungsraum transformiert werden (s. Abb. 6.9). Nach Abschluß der Strömungsberechnungen werden die Ergebnisse in den physikalischen Raum zurück transformiert.

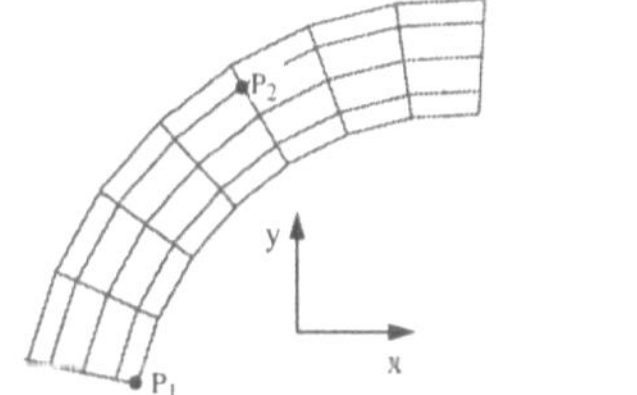

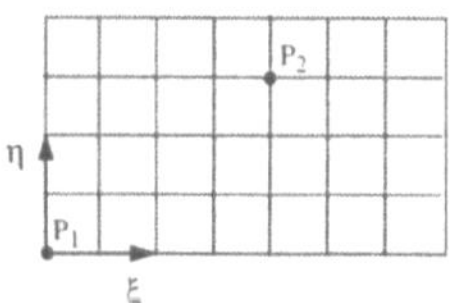

Abb. 6.10. Der physikalische Raum (links) und der Berechnungsraum (rechts) eines curvilinearen Gitters.

Bei der Implementierung eines Algorithmus zur Partikelbahnintegration stehen nun zwei Wege offen: Die Integration im physikalischen Raum und die Integration im Berechnungsraum.

6.5.1 Integration im physikalischen Raum

Wird die Integration nach Gl. 6.3 im physikalischen Raum ausgeführt, so muß dafür die lokale Geschwindigkeit mittels parametrischer Interpolation bestimmt werden (s. Kap. 5.2). Da curvilineare Gitter aus Hexaedern bestehen, ist die erforderliche Invertierung der Formfunktionen nur iterativ lösbar.

Das Bestimmen derjenigen Zelle, in der sich ein Partikel nach einem Integrationschritt befindet, ist im Falle der Integration im physikalischen Raum eines curvilinearen Gitters ebenfalls nicht trivial. Der naive Ansatz wäre eine Suche über alle Gitterzellen, wobei für jede Zelle eine parametrische Interpolation ausgeführt würde. Diejenige Zelle, bei der lokale Koordinaten $\xi, \eta, \zeta \in [-1, 1]$ gefunden würden, wäre die gesuchte.

Sinnvollerweise startet man die Suche nach der neuen Gitterzelle aber von der Zelle der vorigen Partikelposition aus und arbeitet sich von Element zu Element[1] auf den Zielpunkt vor, dessen physikalische Koordinaten der aktuelle Integrationsschritt ergeben hat. Buning beschreibt ein solches Verfahren als „Stencil walk" [Buni-89a]. Kombiniert man den „Stencil walk" mit der parametrischen Interpolation so ergibt sich der folgende Algorithmus:

1. Bestimme die lokale Koordinate $\xi_i = J^{-1}(x_i) \cdot x_i$.
2. Berechne den Vektor $\Delta x = x_{i+1} - x_i$, $x = x_i$.
3. Transformiere den Vektor in den Berechnungsraum
   $\Delta\xi = J^{-1}(x) \cdot \Delta x$.
4. Bestimme die neue lokale Koordinate $\xi = \xi_i + \Delta\xi$.

5a. Falls $\xi \notin [-1, 1]$:
   Wechsle zur entsprechenden Nachbarzelle.
   Bestimme einen neuen Zielvektor mit dem Schwerpunkt
   der neuen Zelle $\Delta x = x_{i+1} - x_s$
   Weiter bei Schritt 3 mit $x = x_s$

5b. Falls $\xi \in [-1, 1]$:
   Transformiere ξ in den physikalischen Raum
   $x = \sum_{i=1}^{n} N_i(\xi) \cdot x_i$.

6a. Falls $x_{i+1} - x > \varepsilon$:
   Bestimme neuen Zielvektor $\Delta x = x_{i+1} - x$
   Weiter bei Schritt 3.

6b. Falls $x_{i+1} - x \leq \varepsilon$:
   ξ ist die gesuchte neue lokale Koordinate ξ_{i+1} in der

Abb. 6.11. Stencil-Walk Algorithmus zum Finden der lokalen Koordinaten des nächsten Integrationspunktes bei der Integration im physikalischen Raum

---

[1] In einem curvilinearen Gitter ist die Nachbarschaftsinformation implizit gegeben.

Der folgende, pragmatische Ansatz führt insbesondere dann schnell zum Ziel, wenn die Schrittweite des Integrationsverfahrens automatisch auf der Grundlage der lokalen Gitterdichte kontrolliert wird. In diesem Fall befindet sich die neue Partikelposition wahrscheinlich im selben Element wie vor dem Integrationschritt oder aber in einem der Nachbarelemente:

1. Bestimme die lokale Koordinate $\xi = \boldsymbol{J}^{-1}(\boldsymbol{x}_{i+1}) \cdot \boldsymbol{x}_{i+1}$ in der Zelle von $\boldsymbol{x}_i$.
2 Solange $\xi \notin [-1, 1]$:
   Wechsle zu einer der noch nicht getesteten Nachbarzellen
   Bestimme die lokale Koordinate $\xi = \boldsymbol{J}^{-1}(\boldsymbol{x}_{i+1}) \cdot \boldsymbol{x}_{i+1}$ dort.
3. ξ ist die gesuchte neue lokale Koordinate ξ_{i+1} in der

Abb. 6.12. Algorithmus zur beschleunigten Suche nach den lokalen Koordinaten des nächsten Integrationspunktes bei der Integration im physikalischen Raum

6.5.2 Integration im Berechnungsraum

Der Vorteil der Integration von Partikelbahnen im Berechnungsraum ist, daß hier sowohl die Suche nach der aktuellen Gitterzelle, als auch die lokale Interpolation der Partikelgeschwindigkeit einfach ist, weil der Berechnungsraum eines curvilinearen Gitters regulär, kartesisch ist. Die Integration im Berechnungsraum wird genau so durchgeführt, wie in Kapitel 6.3 beschrieben. Das im physikalischen Raum diskret definierte Geschwindigkeitsfeld $\boldsymbol{v}(\boldsymbol{x}, t)$ muß dazu vor der Partikelbahnberechnung einmal in den Berechnungsraum zu einem neuen Geschwindigkeitsfeld $\boldsymbol{u}(\xi, t)$ transformiert werden[1]. Dort wird anstelle Gleichung 6.1 die folgende Differentialgleichung gelöst:

$$\frac{d\xi}{dt} = \boldsymbol{u}(\xi, t). \tag{6.25}$$

Mittel Gl. 5.11, Gl. 5.32 und Gl. 6.1 folgt für die Transformation der Strömungsgeschwindigkeit:

$$\boldsymbol{u}(\xi, t) = \boldsymbol{J}^{-1}(\boldsymbol{x}) \cdot \boldsymbol{v}(\boldsymbol{x}, t) \tag{6.26}$$

[1] Man beachte, daß dieser Schritt nicht nötig wäre, würden die Simulationsprogramme das im C-Space berechnete Geschwindigkeitsfeld nicht erst in den P-Space transformieren.

J ist die in Gl. 5.32 definierte Jacobi Matrix. Die Partikelbahn im Berechnungsraum wird nun mittels eines der in Kapitel 6.4 vorgestellten Integrationsverfahren berechnet. Anstelle Gl. 6.3 folgt für die Berechnung der Partikelbahn in einem Zeitinterval $\Delta t = t_1 - t_0$:

$$\xi(t_1) = \xi(t_0) + \int_{t_0}^{t_1} \boldsymbol{u}(\xi(t))dt. \tag{6.27}$$

Die Transformation der Positionen eines Partikels entlang seiner Bahn vom Berechnungsraum zurück in den physikalischen Raum erfolgt mit Gl. 5.29:

$$\boldsymbol{x} = \sum_{i=1}^{n} N_i(\xi) \cdot \boldsymbol{x}_i.$$

Die Güte der beschriebenen Methode hängt davon ab, wie exakt die Transformation des Geschwindigkeitsfeldes in den Berechnungsraum ausgeführt wird. Die Jocobi Matrix wird aus den neun partiellen Ableitungen $\partial \boldsymbol{x}/\partial \xi$ gebildet. In einem kontinuierlichen Raum, wie z.B. im Inneren eines einzelnen Finiten Elements, sind diese Ableitungen stetig. Transformiert man aber Geschwindigkeiten an den Knoten eines diskreten Gitters, so müssen die Ableitungen durch Differenzen approximiert werden:

$$\boldsymbol{J} = \left[\frac{\partial \boldsymbol{x}}{\partial \xi}\right] \approx \left[\frac{\Delta \boldsymbol{x}}{\Delta \xi}\right] \tag{6.28}$$

Es stehen nun prinzipiell drei verschiedene Differenzenverfahren zur Auswahl: Vorwärts-, Rückwärts- oder Zentrale Differenzen. Für einen Knoten mit den Indizes i, j, k und den Kartesischen Koordinaten $\boldsymbol{x}_{ijk}$ werden diese Verfahren folgendermaßen angewandt:

Vorwärtsdifferenzen:

$$\frac{\Delta \boldsymbol{x}}{\Delta \xi} = \begin{bmatrix} \boldsymbol{x}_{i+1,j,k} - \boldsymbol{x}_{i,j,k} \\ \boldsymbol{x}_{i,j+1,k} - \boldsymbol{x}_{i,j,k} \\ \boldsymbol{x}_{i,j,k+1} - \boldsymbol{x}_{i,j,k} \end{bmatrix}^T \tag{6.29}$$

Rückwärtsdifferenzen:

$$\frac{\Delta \boldsymbol{x}}{\Delta \xi} = \begin{bmatrix} \boldsymbol{x}_{i,j,k} - \boldsymbol{x}_{i-1,j,k} \\ \boldsymbol{x}_{i,j,k} - \boldsymbol{x}_{i,j-1,k} \\ \boldsymbol{x}_{i,j,k} - \boldsymbol{x}_{i,j,k-1} \end{bmatrix}^T \tag{6.30}$$

Zentrale Differenzen:

$$\frac{\Delta \boldsymbol{x}}{\Delta \xi} = \frac{1}{2} \cdot \begin{bmatrix} \boldsymbol{x}_{i+1,j,k} - \boldsymbol{x}_{i-1,j,k} \\ \boldsymbol{x}_{i,j+1,k} - \boldsymbol{x}_{i,j-1,k} \\ \boldsymbol{x}_{i,j,k+1} - \boldsymbol{x}_{i,j,k-1} \end{bmatrix}^T \tag{6.31}$$

Abbildung 6.13 zeigt die Verfahren anhand eines zweidimensionalen Beispiels. Für einen beliebigen Gitterpunkt (6.13a) können Vorwärts- (6.13b), Rückwärts- (6.12c) oder Zentrale Differenzen (6.13d) berechnet werden. Alternativ können die Verfahren gemischt werden, so daß für die drei Spalten der Jacobi Matrix verschiedene Differenzenverfahren verwendet werden, wie z.B. Vorwärts/Rückwärts (6.13e) oder Rückwärts/Vorwärts (6.13f).

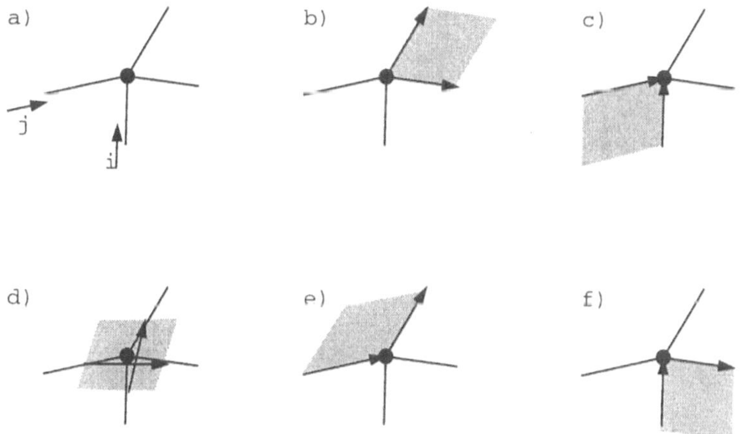

Abb. 6.13. Verschiedene Differenzenverfahren zur Bestimmung der Jacobi Matrix (nach [SvWHP-94])

Abbildung 6.14 zeigt, wie die Jacobi Matrix eines Knoten approximiert werden muß, wenn die Transformation der Strömungsgeschwindigkeit vollkommen exakt erfolgen soll; nämlich mit einem jeweils anderen gemischten Differenzenverfahren, abhängig davon, in welchem Element sich ein Partikel gerade befindet.

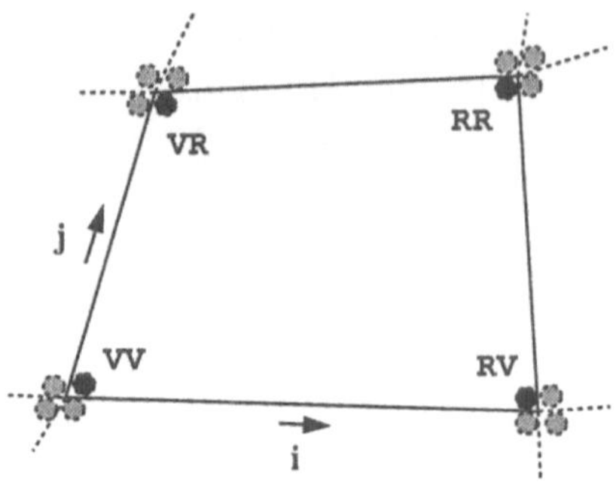

Abb. 6.14. Gemischte Differenzenverfahren in Abhängigkeit vom aktuellen Element (V: Vorwärts Diff., R: Rückwärts Diff.)

Will man das Geschwindigkeitsfeld so als Ganzes in den Berechnungsraum transformieren, bedeutet das, daß pro innerem Gitterknoten acht Geschwindigkeitsvektoren berechnet und für die Partikelintegration gespeichert werden müssen[1]. Sadarjoen et al. zeigten jedoch, daß die Approximation der Jacobi Matrix durch Zentrale Differenzen[2], die nur einen C-Space Vektor pro Knoten liefert, selbst bei stark gekrümmten Partikelbahnen praktisch keine meßbaren Abweichungen von der korrekten Bahn bewirkt [SvWHP-94].

Zur Visualisierung von sich im Strömungsfeld bewegender Partikel ist nach der (einmaligen) Berechnung des transformierten Geschwindigkeitsfeldes somit jeweils der in Abbildung 6.15 dargestellte Algorithmus auszuführen.

Die Bestimmung der C-Space Koordinaten des Integrationsstartpunktes kann dabei mittels des in Abschnitt 6.1 beschriebenen „Stencil Walk Algorithmus" erfolgen, wenn ein in der Nähe des Startpunktes befindlicher Punkt mit P- *und* C-Space Koordinaten bekannt ist. Die Aufgabe, die C-Space Koordinaten des Startpunktes zu bestimmen ist allerdings identisch mit dem Problem des „Point-Probing" innerhalb eines nicht-regulär strukturierten Datensatzes. Deshalb finden sich alternative Verfahren, diese Aufgabe zu lösen, in Kapitel 8 beschrieben.

---

[1] An Randknoten werden entsprechend weniger C-Space Geschwindigkeiten berechnet.

[2] An den Randknoten erfolgt die Approximation durch Vorwärts- oder durch Rückwärts Differenzen.

Berechne die C-Space Koordinaten des Startpunkts.

Aktiviere das Partikel.

Solange das Partikel noch aktiv ist:

  Für jeden Zeitschritt:

    Transformiere die C-Space Position in den P-Space und zeichne das Partikel.

    Bestimme die lokale C-Space Geschwindigkeit des Partikels durch trilineare Interpolation.

    Berechne die C-Space Position des Partikels im nachfolgenden Zeitschritt durch numerische Integration.

    Falls das Partikel das Strömungsgebiet verlassen hat:

Abb. 6.15. Algorithmus zur Partikelintegration im Berechnungsraum eines curvilinearen Gitters

6.6 Partikelverfolgung in unstrukturierten Gittern

Die Visualisierung von Partikelbahnen eines Strömungsfeldes, das auf einem unstrukturierten Gitter definiert ist, ist schwieriger zu realisieren als im Falle der curvilinearen Gitter; bei unstrukturierten Gittern läßt sich nämlich nicht das gesamte an den Knoten definierte Geschwindigkeitsfeld in einem „pre-process" in den Berechnungsraum transformieren. Allerdings kann die lokale Transformation der Geschwindigkeit während der Partikelbahnintegration („on the fly") durchaus eine sinnvolle Alternative zur Integration im physikalischen Raum sein.

6.6.1 Integration im physikalischen Raum

Wählt man die Integration im physikalischen Raum, so stellt sich die Partikelbahnberechnung nicht anders dar, als bei curvilinearen Gittern. D.h. für die lokale Geschwindigkeitsberechnung muß parametrisch interpoliert werden. Die parametrische Interpolation wird dann mit dem oben beschriebenen „Stencil Walk" Algorithmus verbunden, mit dessen Hilfe man die neue Zelle bestimmt, in der sich das Partikel nach einem Integrationsschritt befindet. Allerdings sind in unstrukturierten Gittern per Definition zunächst keine Nachbarschaftsbeziehungen der einzelnen

Gitterzellen bekannt, weshalb diese Information in einem Vorverarbeitungsschritt berechnet und gespeichert werden sollte (s. Kapitel 3.1.2).

6.6.2 Integration im Berechnungsraum

Die Integration im physikalischen Raum ist insbesondere dann aufwendig, wenn die Formfunktionen der Finiten Elemente nicht lineare Parameter aufweisen, so z.B. bei Hexaederelementen oder 10-Knoten Tetraedern. In diesen Fällen muß während der Integration immer wieder die Newton-Raphson Iteration durchgeführt werden, um parametrisch zu interpolieren bzw. um die neue Zelle zu bestimmen. Es wurde daher im Rahmen dieser Arbeit ein Verfahren entwickelt, das die Vorteile der Integration im Berechnungsraum auch bei unstrukturierten Gittern nutzt [Früh-94a].

Sind die lokalen Koordinaten ξ eines Punktes $P(\boldsymbol{x})$ während der Partikelbahnintegration bekannt, so kann man die lokale C-Space Geschwindigkeit $\boldsymbol{u}(\xi)$ entsprechend Gl. 5.14 direkt aus den P-Space Knotengeschwindigkeiten $\boldsymbol{v}_i$ der aktuellen Zelle berechnen:

$$\boldsymbol{u}(\xi) = \sum_{i=1}^{n} N_i(\xi) \cdot \boldsymbol{v}_i \tag{6.32}$$

Die C-Space Position nach dem Integrationschritt ergibt sich aus Gl. 6.27:

$$\xi(t_1) = \xi(t_0) + \int_{t_0}^{t_1} \boldsymbol{u}(\xi(t))dt\,.$$

Die lokalen Koordinaten sind aber eben nur lokal, d.h. innerhalb eines bestimmten Elementes definiert. Wurde also eine neue lokale Koordinate $\xi \notin [\xi_{min}, \xi_{max}]$ berechnet, muß der betreffende Integrationsweg an den Elementgrenzen geklippt werden. Dazu wird für alle k Elementflächen parametrisch der Schnittpunkt ξ_k mit dem Bahnliniensegment berechnet.

$$\xi_k = \xi_i + \alpha_k \cdot (\xi_{i+1} - \xi_i) \tag{6.33}$$

Abbildung 6.16 zeigt dies am Beispiel eines zweidimensionalen 4-Knoten Rechteckelements:

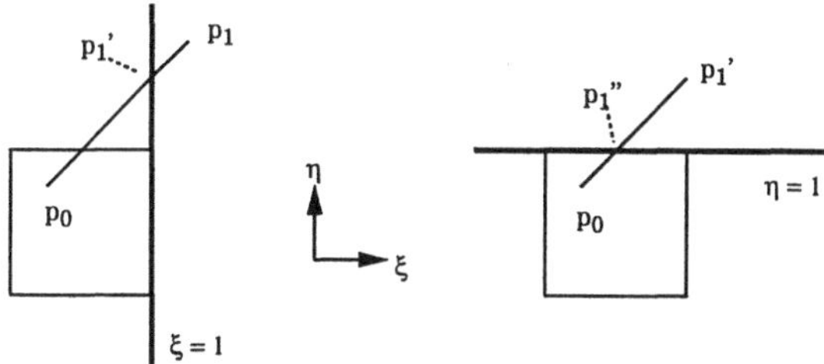

Abb. 6.16. Clippen eines Integrationsschrittes an den Elementgrenzen

Der neue C-Space Punkt $\xi_{i+1}{}^*$ ist derjenige Schnittpunkt, der den kleinsten positiven Parameter α aufweist. An dieser Stelle zeigt sich der Vorteil dieser Vorgehensweise: Die lokale Koordinate $\xi_{i+1}{}^*$ kann nun nämlich durch einfachen Vorzeichenwechsel in die lokale Koordinate der Nachbarzelle überführt werden. In der neuen Zelle wird an dieser Position wieder die C-Space Geschwindigkeit mittels Gl. 6.33 bestimmt und ein neuer Integrationsschritt gestartet.

Somit ergibt sich für den Fall eines unstrukturierten Gitters der folgende Algorithmus zur Visualisierung von sich im Strömungsfeld bewegender Partikel mittels Integration im Berechnungsraum. Auch hier ist vorausgesetzt, daß die Nachbarschaftsbeziehungen in einem Vorverarbeitungsschritt bestimmt und gespeichert wurden:

Bestimme die Zelle und die lokalen Koordinaten des Startpunkts.
Aktiviere das Partikel.
Solange das Partikel noch aktiv ist:
    Für jeden Zeitschritt:
        Transformiere die C-Space Position in den P-Space und
        zeichne das Partikel.
        Bestimme die lokale C-Space Geschwindigkeit des Partikels
        mittels der Formfunktionen der Elementknoten.
        Berechne die C-Space Position des Partikels im nachfolgen-
        den Zeitschritt durch numerische Integration.
        Falls sich das Partikel in einer neuen Zelle befindet:
            Clippe den Integrationsschritt an den Zellgrenzen.
            Konvertiere die lokale Koordinate auf der Elementgrenze.
        Falls das Partikel das Strömungsgebiet verlassen hat:

Abb. 6.17. Algorithmus zur Partikelintegration im Berechnungsraum im Falle eines unstrukturierten Gitters

6.7 Zusammenfassung und Diskussion der Ergebnisse

Die Integration von Vektorfeldern ist eine grundlegende Methode für verschiedenste Visualisierungstechniken bei der Strömungsvisualisierung. Wie in Kapitel 3.3 dargestellt, basieren Partikelanimation, Bahn-, Strom-, Zeit- und Streichlinien, Vektorfeld-Topologie, Stromflächen, Tensorfeldlinien u.a. auf der Vektorfeldintegration. Im Rahmen dieser Arbeit wurden verschiedene Verfahren der numerischen Integration bzgl. ihrer Eignung für die Strömungsvisualisierung untersucht, wobei quantifizierbare Erkenntnisse bzgl. der Genauigkeit und des Berechnungsaufwandes gewonnen wurden. Weiterhin wurden Algorithmen für viele der Visualisierungstechniken entworfen und implementiert. Im praktischen Einsatz der implementierten Werkzeuge (s. Kapitel 11 „Implementation und Anwendungen") konnten ebenfalls interessante Erkenntnisse gewonnen werden. Zusammenfassend läßt sich feststellen:

- Bei der Integration in curvilinearen Gittern kann eine erhebliche Geschwindigkeitssteigerung durch Integration im Berechnungsraum erzielt werden. Zugleich ist eine ebenso hohe Genauigkeit, wie bei der Integration im physikalischen Raum möglich.

- Bei der Integration in unstrukturierten Gittern ist ebenfalls eine Geschwindigkeitssteigerung möglich, wenn nicht im physikalischen, sondern im Berechnungsraum integriert wird. Sowohl die Implementierung, als auch der Algorithmus zur Integration im Berechnungsraum selber, ist bei unstrukturierten Gittern jedoch aufwendiger als bei curvilinearen Gittern.
- Degenerierte Elemente führen zu Interpolationsfehlern, sowohl bei der Integration im physikalischen Raum, wie bei der Integration im Berechnungsraum[1]. Man kann auf degenerierte Elemente mit einer Reduktion der Güte des Interpolationsverfahrens, z.B. auf „Nearest Neighbour Interpolation", reagieren.
- Die Erprobung der verschiedenen Verfahren in praktischen Anwendungen zeigte, daß für eine akzeptable Integrationsgüte mindestens ein Verfahren zweiter Ordnung notwendig ist. Höhere Integrationsverfahren und/oder eine adaptive Schrittweitensteuerung ermöglichen eine noch bessere Qualität der Berechnung auf Kosten der Geschwindigkeit.
- Die Echtzeitberechnung sehr vieler Partikelbahnen (> 100) gleichzeitig ist mit heute verfügbaren Graphikworkstations nur bei der Integration im Berechnungsraum curvilinearer Gitter oder – unter Inkaufnahme unvermeidlicher Qualitätsverluste – nach einer Voxelisierung des Berechnungsgitters möglich.
- Die Vektorfeldintegration im Falle instationärer Strömungsfelder wird durch den höheren Interpolationsaufwand um bis zu 50 % verlangsamt. Allgemein überfordern zeitabhängige Simulationsergebnisse großer Gitter leicht die Hauptspeicherkapazität von Graphikworkstations.

---

[1] Degenerierte Elemente führen allerdings auch schon bei der Datengenerierung, der Simulation, zu Berechnungsfehlern.

7 Extraktion polygonaler Niveauflächen

Die Ergebnisse von Strömungssimulationen unterscheiden sich von den meisten anderen Anwendungsdaten, wie z.B. medizinischen Bilddaten durch das vektorielle Geschwindigkeitsfeld. Skalare Daten, wie Dichte, Druck oder Temperatur sind jedoch aufgrund der physikalischen Gesetzmäßigkeiten (s. Kapitel 2) immer ebenfalls Bestandteil der Ergebnisse von numerischen Strömungssimulationen. Darüberhinaus sind auch abgeleitete skalare Werte, wie die Stromfunktion, gut zur Analyse des Geschwindigkeitsfeldes geeignet. Dementsprechend werden Visualisierungsmethoden für skalare Daten zur Strömungsvisualisierung benötigt.

Kapitel 7 behandelt die im Rahmen dieser Arbeit realiserten Methoden zur Niveauflächenkonstruktion in curvilinearen bzw. in unstrukturierten Gittern. Insbesondere wurde hierbei das den Simulationsdaten zugrundeliegende mathematische Modell der Finiten Elemente und die sich daraus für die Niveauflächenberechnung ergebenden Konsequenzen beachtet. Es wurde eine sog. „Niveauflächen-Pipeline“ entworfen, die auf jeder ihrer Stufen die parametergesteuerte Wahl des Benutzers zwischen Rekonstruktionsgenauigkeit und -geschwindigkeit erlaubt.

7.1 Verfahren zur Niveauflächenbestimmung

Standardverfahren zur Visualisierung von skalaren Daten sind die *Abbildung auf Farbe* sowie die *Ikonisierung*, d.h. das Abbilden auf Attribute (Größe, Farbe, etc.) von Ikonen, wie z.B. Kugeln. Die Abbildung auf Farbe ist jedoch in einfacher Form nur auf der Oberfläche oder auf Schnittflächen des Simulationsgebietes möglich; will man volumetrische Daten auf Farbe abbilden, so kann dies nur durch *direktes Volumenrendern* (s. Kapitel 9) geschehen. Die Ikonisierung skalarer Daten ist – genauso wie bei Vektordaten – problematisch, wenn die Daten dreidimensional sind. Meist verdecken vorne liegende Ikonen weiter hinten liegende, so daß übersichtliche Darstellungen nicht möglich sind.

Eine Alternative zum direkten Volumenrendern stellt die *Extraktion polygonaler Niveauflächen* dar: Eine Fläche konstanten Datenwertes im Volumen wird berechnet und mit konventionellem, hardwareunterstütztem Polygon-Rendering dargestellt. Durch eine Sequenz von Niveauflächen, vom kleinsten zum größten Datenwert, die in rascher Folge animiert wird, kann der Benutzer die gesamte räumliche Werteverteilung mental rekonstruieren. Ein Vorteil der Extraktion polygonaler Niveauflächen gegenüber dem direkten Volumenrendern besteht darin, daß eine einmal berechnete Niveaufläche als polygonales Objekt gespeichert werden und der Benutzer direkt mit diesem Objekt interagieren kann. D.h. das Objekt kann interaktiv rotiert werden, so daß die räumliche Struktur leicht erkannt wird und es kann skaliert und transliert werden, so daß Details der Niveaufläche untersucht werden können.

Traditionell wurde die Extraktion von Niveauflächen aus Volumendaten aus der Berechnung von Konturlinien in Flächendaten [Buni-89] weiterentwickelt: Im Falle regulärer Volumendaten können Konturlinien in planparallele Ebenen berechnet werden. Durch Triangulation der Konturen erhält man eine Oberflächenrepräsentation [GeMü-91]. Alternativ kann man Konturlinien für drei orthogonale Ebenenorientierung (XY-, YZ-, ZX-Ebenen) berechnen und ohne Triangulation als Drahtgitter darstellen. Direkt auf den Volumenelementen arbeitet die Cuberille Methode [Herm-79]. Hierbei wird ein (Voxel-)Volumen mittels eines Schwellwertes binarisiert und die entsprechenden Voxel-Seitenflächen werden als Polygone gerendert.

Eine stetigere Oberfläche kann erzeugt werden, wenn acht benachbarte Voxelmittelpunkte entsprechend der dort vorliegenden Datenwerte als „über dem Schwellwert" bzw. „unter dem Schwellwert" bzw. „gesetzt" und „ungesetzt" klassifiziert werden. Der Marching-Cubes (MC) Algorithmus [LoCl-87] konstruiert, entsprechend der verschiedenen Kombinationen von gesetzten und ungesetzten Voxeln, Dreiecksflächen in einem solchen Würfel. Wird sukzessive das gesamte Voxelgitter abgearbeitet, so entsteht eine geschlossene Niveaufläche[1].Durch das Verwenden von Look-Up Tables arbeitet der Algorithmus relativ schnell, was durch spezielle Datenstrukturen noch verbessert werden kann [WivGe-91]. Allerdings werden durch MC im Falle von Voxelgittern sehr große Mengen sehr kleiner Dreiecke erzeugt, so daß das Rendern der Niveauflächen – auch hardwareunterstützt – evtl. recht aufwendig ist. Eine Optimierung ist hier durch nachträgliche Flächenreduktion [ScZL-92] oder durch das Erzeugen von Dreiecksstreifen (Triangle Stripes) anstelle von einzelnen Dreiecken [Hamm-93] möglich.

---

[1] Eine verbesserte Version des originalen MC Algorithmus definiert alternative Dreiecksmuster für zweideutige Kombinationen, so daß Löcher in der Niveaufläche vermieden werden.

7.2 Extraktion polygonaler Niveauflächen in nicht-regulären Gittern

Ein Übertragen des MC Algorithmus auf curvilineare Gitter (bzw. auf unstrukturierte Hexaedergitter) ist nicht schwer: Anstelle der Voxel klassifiziert man die Knoten der Hexaederelemente. Durch lineare Interpolation auf den Elementkanten werden die exakten Schnittpunkte mit der Niveaufläche bestimmt und Dreiecksflächen entsprechend den MC Look-Up Tables konstruiert. Gewisse Eigenschaften des Algorithmus, der ja für sehr große medizinische Datensätze entwickelt wurde, haben jedoch im Falle von Finit Element Daten unerwünschte Konsequenzen: MC läßt außer acht, daß Niveauflächen in Hexaedern gekrümmt sind, selbst wenn es sich um „lineare" 8-Knoten Hexaeder handelt. Ferner führen die Alternativmuster, die eingeführt wurden, um Löcher bei der Flächenkonstruktion zu vermeiden u.U. dazu, daß räumliche Bereiche zwischen nicht-verbundenen Niveauflächen fälschlicherweise überbrückt werden [WivGe-90, NiHa-91]

Eine bessere Adaption des MC Algorithmus für Finit Element Daten wurde von Gallager und Nagtegaal vorgeschlagen [Gall-89]. Hierbei werden höherwertige Flächensegmente (auf der Basis bikubischer Polynome) anstelle der planaren Dreiecke zwischen den mit MC auf den Elementkanten gefundenen Punkten konstruiert. Allerdings werden keine zusätzlichen Funktionsauswertungen im Inneren der Elemente vorgenommen, so daß immer noch „falsche" Verbindungen zwischen Niveauflächen entstehen können. Zu beachten ist, daß die höherwertigen Flächensegmente wieder in planare Subsegmente unterteilt werden müssen, damit sie schnell, hardwareunterstützt gerendert werden können.

Koyamada und Nishio [Koy-91] schlagen vor, alle Zellen des Berechnungsgitters in Tetraeder zu zerlegen, um so alle Elementtypen durch die wenig komplexen Muster des sog. Marching Tetrahedra Algorithmus [PaTo-92] behandeln zu können. Hierbei können jedoch u.U. sehr viele Tetraeder generiert werden; so entstehen z.B. 24 Tetraeder, wenn ein Hexaeder symmetrisch (was notwendig ist, um eine geschlossene Niveaufläche zu erhalten) unterteilt wird.

Das im Rahmen dieser Arbeit entwickelte, mehrstufige Verfahren greift verschiedene der vorgestellten Ansätze auf und ermöglicht es dem Benutzer, bei der Extraktion polygonaler Niveauflächen flexibel zwischen Genauigkeit und Geschwindigkeit zu wählen [Ells-94]. Im ersten Schritt der sog. Niveauflächen-Pipeline (s. Abb. 7.1)werden alle Elemente, je nach ihrem Typ, in die Primitive Tetraeder *oder* Hexaeder zerlegt, wobei gegebenenfalls Funktionsaus-wertungen im Inneren der Elemente vorgenommen werden. Nach der Extraktion von Dreiecksflächen aus den Primitiven können die Dreiecksflächen evtl. noch durch höherwertige Flächensegmente ersetzt werden, welche wiederum in planare Dreiecksfacetten tessaliert werden, bevor alle erzeugten Polygone gerendert werden. Hierbei können zuvor berechnete Niveauflächennormalen zur Schattierungsberechnung verwendet werden.

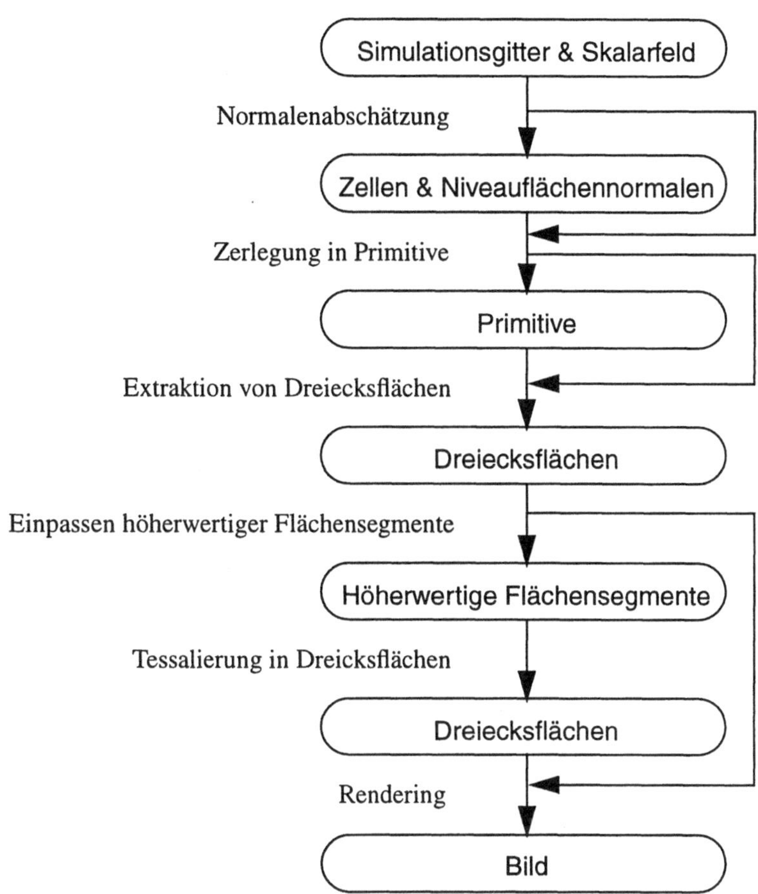

Abb. 7.1. Die Niveauflächen Pipeline

Bei der Extraktion von Niveauflächen sind die Nachbarschaftsbeziehungen der Zellen prinzipiell von untergeordneter Bedeutung. Die Zellen können in beliebiger Reihenfolge bearbeitet werden, was allerdings zur Folge hat, daß sich die Niveaufläche aus einer Menge separater Dreiecke zusammensetzt, wobei gemeinsame Punkte mehrfach, d.h. für jedes der angrenzenden Flächensegmente gespeichert werden. Desweiteren ist, falls keine Nachbarschaftsbeziehungen ausgewertet werden, darauf zu achten, daß die Zerlegung der Elemente in Primitive in symmetrischer Weise erfolgt, damit keine Löcher in der extrahierten Niveaufläche entstehen.

7.2.1 Berechnung der Niveauflächennormalen

Beim Abbilden dreidimensionaler, polygonaler Objekte auf einem zweidimensionalen Graphikbildschirm werden virtuelle Lichtquellen benutzt, um durch Schattierung einen dreidimensionalen Eindruck zu vermitteln. Zur Schattierungsberechnung werden nach außen gerichtete Oberflächennormalen benötigt. Liegt pro Dreiecksfläche eine Normale vor, so wird das Objekt *flach-schattiert* gerendert. Berechnet man jedoch Normalen für alle Knoten eines jeden Dreiecks, so kann *Gouraud-schattiert* werden. D.h. es werden Farben für jeden der Eckpunkte berechnet, die dann für alle Bildpunkte des Dreiecks linear interpoliert werden. Durch Gouraud Schattierung kann somit der Eindruck gekrümmter Flächen vermittelt werden, auch wenn nur planare Flächen extrahiert wurden. Solche *graphische Glättung* sollte jedoch in Anwendungen der wissenschaftlichen Datenvisualisierung konservativ verwendet werden: Z.B. sind Niveauflächen in 4-Knoten Tetraedern, wie im folgenden noch verdeutlicht, planar und nicht gekrümmt.

Zur Berechnung der Niveauflächennormalen stehen grundsätzlich zwei Wege offen: Die Normalen können aus der Geometrie der extrahierten Segmente durch Kreuzprodukt zweier Segmentkanten berechnet werden[1] oder auf der Grundlage des Gradientenvektors des zu visualisierenden Skalarfelds. Beim ersten Ansatz, der in vielen Visualisierungssystemen Verwendung findet, besteht die Gefahr, daß das Abbild der Niveaufläche auf dem Graphikschirm stark vom realen Verlauf der Niveaufläche abweicht: In 8-Knoten Hexaedern kann der reale Niveauflächenverlauf konkav sein; das Gouraud-Schattieren der flachen, extrahierten Segmente kann dann fälschlicherweise den Eindruck einer konvexen Teilfläche vermitteln. In dieser Arbeit wurde deshalb der zweite Ansatz gewählt: Das Berechnen des Gradientenvektors ist zwar im Vergleich zur Berechnung eines Kreuzprodukts aufwendiger; es kann jedoch in einem Vorverarbeitungsschritt einmal für alle Gitterkoten des Volumens ausgeführt werden. Diese Vektoren sind dann bei der Niveauflächenextraktion lediglich linear zu interpolieren, so daß die Niveauflächenvisualisierung selber nicht verlangsamt wird.

Der Gradient $\nabla\Phi$ einer C^1 stetigen Funktion Φ steht an allen Positionen senkrecht zur Niveaufläche der Funktion durch den betreffenden Ort. Im Fall von Finit Element Daten ist Φ C^1 stetig innerhalb der Elemente, jedoch nur C^0 stetig über die Elementflächen hinweg. Daher ist der Gradient über die Elementflächen hinweg unstetig. Aus Speicherplatzgründen kann es jedoch ratsam sein, an den Gitterknoten den Gradientenvektor der anliegenden Elemente zu mitteln und nur einen Vektor pro Knoten zu speichern. In unstrukturierten 4-Knoten Tetraedern ist der Gradient konstant innerhalb eines Elements (s. Gl. 7.9 und 7.10), so daß hier nur ein Vektor pro Element gespeichert werden muß.

---

[1] Für eine stetige Schattierung über die Dreieckskanten hinweg muß in diesem Fall pro Segmentknoten ein einziger Normalenvektor interpoliert werden. Dies geschieht durch Mitteln der Normalen der beteiligten Segmente. Die an einem Knoten beteiligten Segmente müssen dafür u.U. nach der Extraktion erst gesammelt werden.

Der Wert einer skalaren Funktion Φ wird innerhalb eines Finiten Elements durch die Funktionswerte f_i an den Elementknoten und die Formfunktionen N_i bestimmt (s. Kapitel 5):

$$\Phi(\boldsymbol{x}) = \sum_{i=1}^{n} N_i(\xi(\boldsymbol{x})) \cdot f_i . \tag{7.1}$$

Gesucht ist der Gradientenvektor:

$$\nabla\Phi = \begin{bmatrix} \frac{\partial\Phi}{\partial x} & \frac{\partial\Phi}{\partial y} & \frac{\partial\Phi}{\partial z} \end{bmatrix}^T . \tag{7.2}$$

Mit der Kettenregel folgt aus Gl 7.1 z.B. die x Komponente des Gradientenvektors:

$$\frac{\partial\Phi}{\partial x} = \sum_{i=1}^{n} \left(\frac{\partial N_i}{\partial\xi} \cdot \frac{\partial\xi}{\partial x} + \frac{\partial N_i}{\partial\eta} \cdot \frac{\partial\eta}{\partial x} + \frac{\partial N_i}{\partial\zeta} \cdot \frac{\partial\zeta}{\partial x} \right) \cdot f_i . \tag{7.3}$$

Es müssen also zunächst jeweils die partiellen Ableitungen der Formfunktion nach den lokalen Koordinaten berechnet werden. Die ebenfalls benötigten partiellen Ableitungen der lokalen Koordinaten nach den physikalischen Koordinaten werden durch Invertierung der Jacobi Matrix gewonnen.

Definiert man einen „Berechnungsraum-Gradienten“

$$\nabla_c\Phi = \begin{bmatrix} \frac{\partial\Phi}{\partial\xi} & \frac{\partial\Phi}{\partial\eta} & \frac{\partial\Phi}{\partial\zeta} \end{bmatrix}^T \tag{7.4}$$

so gilt:

$$\nabla\Phi = \boldsymbol{J}^{-1^T}(x) \cdot \nabla_c\Phi . \tag{7.5}$$

Soll nur ein Gradientenvektor pro Gitterknoten berechnet werden, so wird in curvilinearen Gittern $\boldsymbol{J}$ und $\nabla_c\Phi$ an inneren Knoten i, j, k durch Zentrale Differenzen approximiert:

$$J_{i,j,k} = \left[\frac{\partial x}{\partial \xi}\right] \approx \left[\frac{\Delta x}{\Delta \xi}\right] = \frac{1}{2} \cdot \begin{bmatrix} x_{i+1,j,k} - x_{i-1,j,k} \\ x_{i,j+1,k} - x_{i,j-1,k} \\ x_{i,j,k+1} - x_{i,j,k-1} \end{bmatrix}^T \tag{7.6}$$

$$\nabla_c \Phi_{i,j,k} = \left[\frac{\partial \Phi}{\partial \xi}\right] \approx \left[\frac{\Delta \Phi}{\Delta \xi}\right] = \frac{1}{2} \cdot \begin{bmatrix} f_{i+1,j,k} - f_{i-1,j,k} \\ f_{i,j+1,k} - f_{i,j-1,k} \\ f_{i,j,k+1} - f_{i,j,k-1} \end{bmatrix} . \tag{7.7}$$

Ist eine exakte Berechnung von $\nabla\Phi$ gewünscht, so muß sowohl der Berechnungsraum-Gradient, als auch die Jacobimatrix für jeden Knoten jedes Elements, d.h. acht mal pro innerem Gitterknoten durch Vorwärts- bzw. Rückwärtsdifferenzen berechnet werden. Dadurch können dann auch konkave Niveauflächenverläufe innerhalb der 8-Knoten Hexaeder (s. Abbildung 7.2) visualisiert werden. Erkauft wird die Exaktheit der Darstellung durch einen erhöhten Speicherbedarf für die acht Vektoren anstelle einem Vektor pro Gitterknoten.

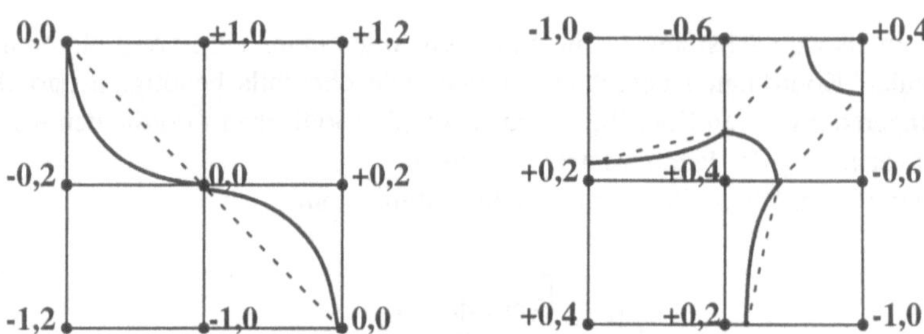

Abb. 7.2. Mögliche, exakte Niveauflächenverläufe (Schwellwert 0.0) in curvilinearen Gittern. Charakteristische Eigenschaften können bei der Verwendung einfacher Extraktionsverfahren (gestrichelte Linien) verloren gehen.

In unstrukturierten 4-Knoten Tetraedergittern sind die Formfunktionen linear in allen Parametern:

$$\begin{aligned} N_1 &= \xi \\ N_2 &= \eta \\ N_3 &= \zeta \\ N_4 &= 1 - \xi - \eta - \zeta \end{aligned} \tag{7.8}$$

Daher ist der Gradientenvektor konstant und somit eine Niveaufläche innerhalb eines 4-Knoten Tetraeders immer eine Ebene!

$$J = \left[\frac{\partial x}{\partial \xi}\right] = \sum_{i=1}^{n} \frac{\partial N_i}{\partial \xi} \cdot x_i = \begin{bmatrix} x_1 - x_4 \\ x_2 - x_4 \\ x_3 - x_4 \end{bmatrix}^T, \tag{7.9}$$

$$\nabla_c \Phi = \left[\frac{\partial \Phi}{\partial \xi}\right] = \sum_{i=1}^{n} \frac{\partial N_i}{\partial \xi} \cdot f_i = \begin{bmatrix} f_1 - f_4 \\ f_2 - f_4 \\ f_3 - f_4 \end{bmatrix}. \tag{7.10}$$

Neben der Berechnung lokaler Niveauflächennormalen kann noch ein weiterer Vorverarbeitungsschritt sinnvoll sein: Durch das Bestimmen von Elementextrema, d.h. des minimalen und des maximalen Datenwertes, einer jeden Zelle kann die Extraktion der Dreiecksflächen beschleunigt werden. Es werden dann während der aktuellen Niveauflächenextraktion, d.h. beim evtl. Zerlegen der Elemente und bei der Extraktion der Dreiecksflächen, jeweils nur solche Zellen bearbeitet, bei denen das Minimum unter und das Maximum über dem Schwellwert liegt.

7.2.2 Zerlegung der Finiten Elemente in Primitive

Bei der Extraktion planarer Segmente aus unzerlegten Zellen kann es u.U. zu starken Abweichungen von der realen Niveauflächenform kommen. Genügt dem Benutzer diese Qualität jedoch, z.B. für einen „Pre-View", so werden die Elemente nicht weiter unterteilt. Ist eine bessere Approximation gewünscht, so zerlegen wir die Finiten Elemente je nach ihrem Typ in die Primitivtypen Hexaeder oder Tetraeder[1].

Folgende Gründe sprechen dafür, nicht nur einen Primitivtyp zu unterstützen:

- Eine Zerlegung aller möglichen Zelltypen in Tetraeder führt u.U. zu einer extrem großen Zahl von Primitiven, die bei der Flächenextraktion bearbeitet werden müssen.
- Eine direkte Zerlegung in Hexaeder ist nicht immer möglich (z.B. bei Pyramidenelementen) bzw. nicht immer sinnvoll (z.B. bei 4-Knoten Tetraedern, wo eine Zerlegung keine bessere Approximation der Niveaufläche mit sich bringt).

---

[1] Die Primitive sind i.allg. – wie die Finiten Elemente selbst – nicht regulär.

- Die Anzahl möglicher Dreicksmuster in Tetraedern ist gering im Vergleich zu Hexaedern, so daß der zusätzliche Implementierungsaufwand niedrig ist.

Die Zerlegung der Finiten Elemente kann nun entweder *lokal* oder *global* durchgeführt werden. Bei der lokalen Zerlegung werden die Elemente in Abhängigkeit der örtlichen Abweichung der extrahierten von der tatsächlichen Niveaufläche zerteilt [Petersen87]. Zwei Gründe sprechen gegen das Anwenden der lokalen Zerlegung bei der interaktiven Visualisierung: Zum einen ist der Aufwand zur lokalen Fehlerabschätzung nicht unerheblich; zum anderen entstehen „Übergangselemente", bei denen auf einer oder mehreren Seiten eine Teilung vorgenommen wird und auf anderen Seiten nicht. Die Menge der möglichen Dreiecksmuster, die dann in den Look-Up Tables definiert sein müßten, um einen kontinuierlichen Übergang zwischen Elementen verschiedener *Zerlegungstiefe* zu gewährleisten, wäre extrem groß.

Bei einer globalen Zerlegung werden alle Elemente des Gitters, bei denen der maximale Funktionswert über und der minimale Funktionswert unter dem zu visualisierenden Werteniveau liegt, mit der gleichen Zerlegungstiefe symmetrisch unterteilt. Es kommt dabei allerdings zu einer größeren Anzahl zu bearbeitender Primitive als bei der lokalen Zerlegung, insbesondere in kleinen Elementen. Dieser Nachteil wurde gegenüber den Problemen der lokalen Zerlegung als weniger schwerwiegend angesehen, so daß die globale Zerlegung realisiert wurde. Zu beachten ist dabei, daß die Primitive nicht gespeichert werden, sondern lediglich die extrahierten Dreiecksflächen. Desweiteren werden bei der globalen, symmetrischen Zerlegung keine Nachbarschaftsbeziehungen der Elemente untereinander benötigt, so daß sich dieser Ansatz gut für die Parallelverarbeitung auf Multiprozessormaschinen eignet (s. Kapitel 10.3).

Bei der Zerlegung der Finiten Elemente werden u.U. zusätzliche Knoten eingefügt, deren physikalische Koordinaten zunächst unbekannt sind. Zur Funktionsauswertung und zum Bestimmen der physikalischen Koordinaten werden die lokalen Koordinaten und die Formfunktionen der Elementtypen verwendet. Eine Invertierung der Formfunktionen ist nur in der Vorverarbeitung zur Bestimmung des Funktionsgradienten notwendig – *während* der Niveauflächenextraktion ist dieser u.U. rechenaufwendige Schritt nicht nötig.

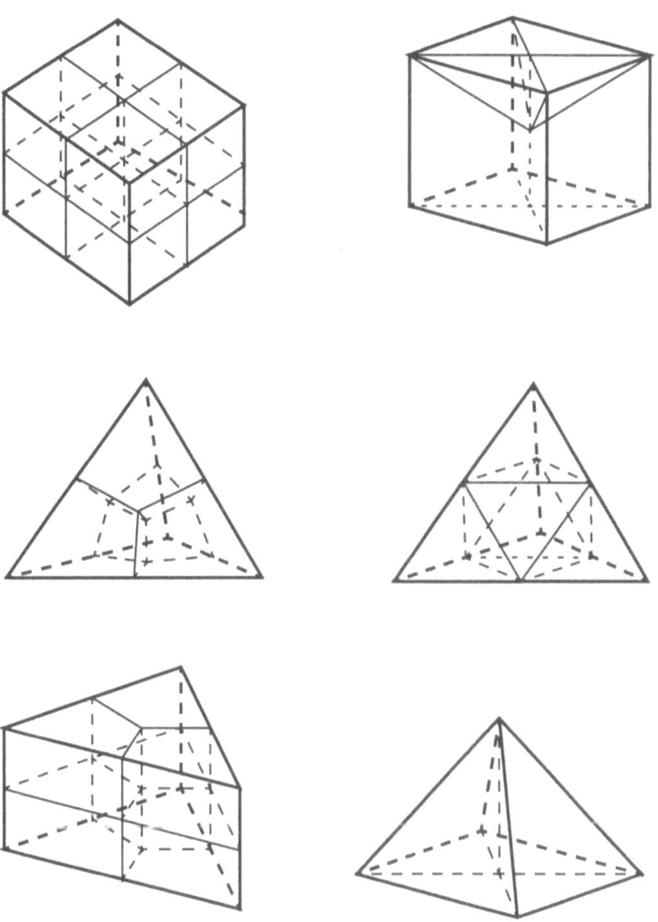

Abb. 7.3. Symmetrische Zerlegung von Finiten Elementen in Hexaeder (links) bzw. Tetraeder (rechts)

7.2.3 Extraktion von Dreiecksflächen

Extraktion von Dreiecksflächen aus Hexaederprimitiven

Zur Extraktion von Dreiecksflächen verwenden wir im Falle von Hexaederelementen den Kern des Marching Cubes Algorithmus, d.h. die durch Look-Up Tables gesteuerte Triangulierung der Elemente auf der Grundlage der Knotenwerte:

1. Weise durch Vergleich seines Funktionswertes Φ mit dem Schwellwert c jedem Hexaederknoten einen binären Wert *S* zu:

$$S(x_i) := \begin{cases} 1 & \Phi(x_i) \geq c \\ 0 & else \end{cases}$$

2. Bestimme durch Kombination der acht Werte S eines Hexaeders einen Index im Bereich [0, 255].
3. Für jeden Index hält die MC Look-Up Table die entsprechenden Dreiecksmuster.
4. Bestimme mit Hilfe der Koordinaten und Funktionswerte der Knoten durch lineare Interpolation die Position der Dreiecksknoten auf den Elementkanten.

Abb. 7.4. Der Kern des „Marching-Cubes“ Algorithmus zur Extraktion von Dreiecksflächen aus Hexaederprimitiven.

Die vorberechnete Look-Up Table bestimmt die Güte der Triangulierung. Wir verwenden eine optimierte Tabelle, die für zweideutige Kombinationen Alternativmuster vorsieht [Wirt-91], so daß Löcher in der Niveaufläche verhindert werden. Das zweite Problem des MC Algorithmus, daß u.U. real nicht-existente Verbindungen aufgebaut werden, wird dadurch umgangen, daß die Gitterzellen im vorigen Schritt der Pipeline in die Primitive zerlegt wurden, so daß die Triangulierung hier auf der Grundlage von Funktionsauswertungen im Inneren der Finiten Elemente arbeiten kann.

Extraktion von Dreiecksflächen aus Tetraederprimitiven

Tetraeder sind auch bei der Extraktion der Dreiecksflächen einfacher zu handhaben als Hexaeder: Es gibt hier wegen der vier Knoten lediglich $2^4 = 16$ theoretische Triangulierungsmuster anstelle der $2^8 = 256$ Muster bei Hexaedern. Eine nähere Betrachtung ergibt, daß bei den Tetraedern aufgrund von Symmetrien nur drei prinzipiell verschiedene Konfigurationen übrigbleiben:

1. Alle Knotenwerte liegen über oder alle Knotenwerte liegen unter dem Schwellwert. In diesem Fall ist kein Dreieck zu erzeugen (Abb. 7.5 links).

2. Ein Knotenwert liegt über (unter) und drei Knotenwerte unter (über) dem Schwellwert. In diesem Fall wird ein Dreieck generiert (Abb. 7.5 Mitte).

3. Zwei Knotenwerte liegen über und zwei Knotenwerte unter dem Schwellwert. In diesem Fall wird ein Viereck generiert, welches sofort in zwei Dreiecke zerlegt wird (Abb. 7.5 rechts).

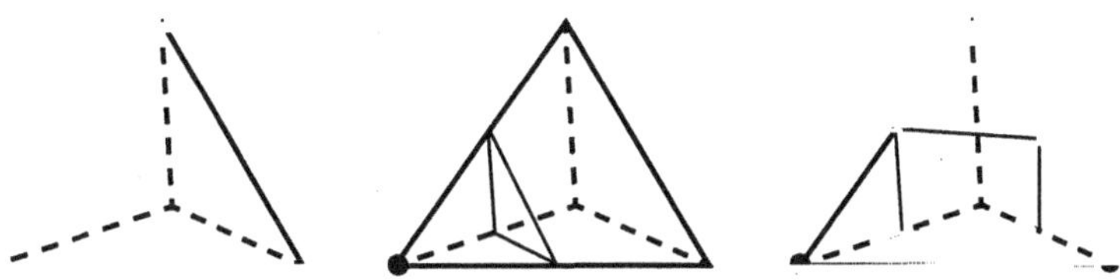

Abb. 7.5. Mögliche Triangulierungen bei Tetraederprimitiven

Die geringe Anzahl der verschiedenen Dreiecksmuster macht es bei der Extraktion aus Tetraedern – leichter als bei Hexaedern – möglich, schon in der Look-Up Table den Fall zu erfassen, bei dem ein oder mehrere Knotenwerte gleich dem Schwellwert der Niveaufläche sind. Dadurch können zu einem Punkt oder einer Linie degenerierte Dreiecksflächen verhindert werden. Der Algorithmus zur Extraktion der Dreiecksflächen aus Tetraederprimitiven sieht dann folgendermaßen aus:

1. Weise durch Vergleich seines Funktionswertes Φ mit dem Schwell wert c jedem Tetraederknoten einen trinären Wert S zu:

$$S(x_i) := \begin{cases} -1 & \Phi(x_i) < c \\ 0 & \Phi(x_i) = c \\ -1 & \Phi(x_i) > c \end{cases}$$

2. Bestimme durch Kombination der vier Werte S eines Tetraeders einen Index im Bereich [0,7].
3. Für jeden Index hält die Look-Up Table die entsprechenden Dreiecksmuster.

Abb. 7.6. Der Kern des „Marching-Tetrahedra“ Algorithmus zur Extraktion von Dreiecksflächen aus Tetraederprimitiven.

Die exakten Schnittpunkte der Niveaufläche mit den Kanten der Primitive werden durch lineare Interpolation der Knotenwerte gefunden. Gleichermaßen können an diesen Positionen noch weitere Daten z.B. zur Farbkodierung der Niveaufläche interpoliert werden. Die Normalenvektoren werden im Fall von curvilinearen Gittern ebenfalls durch lineare Interpolation der vorberechneten Gradientenvektoren der Elementknoten bestimmt. In 4-Knoten Tetraedern ist, wie erwähnt, der Gradient konstant innerhalb eines Elements, so daß hier auch nur ein Vektor pro Element gespeichert wird und keine Interpolation an den Knoten der extrahierten Flächensegmente durchgeführt werden muß.

7.2.4 Einpassen höherwertiger Flächensegmente

Ein optionaler Schritt in der Niveauflächen-Pipeline ist das Ersetzen der planaren Dreieckssegmente durch höherwertige Flächenstücke. Die von Nielson [Niel-87] vorgeschlagene Flächenkonstruktion eignet sich gut für die Abbildung von Niveauflächen in Finit Element Daten. Ein einzelnes dieser Segmente wird durch die Knotenkoordinaten des zu ersetzenden Dreiecks und die nach außen gerichteten Normalenvektoren an den Knoten bestimmt. Das Ergebnis ist eine visuell stetige Fläche, welche zum Rendern mit Standard-Graphik-Hardware wiederum in Dreiecksprimitive zerlegt werden muß.

Tessalierung in Dreieckssegmente

Zur Tessalierung der parametrischen, höherwertigen Flächensegmente werden diese diskretisiert, so daß ein Netz kleiner, planarer Dreiecke entsteht.

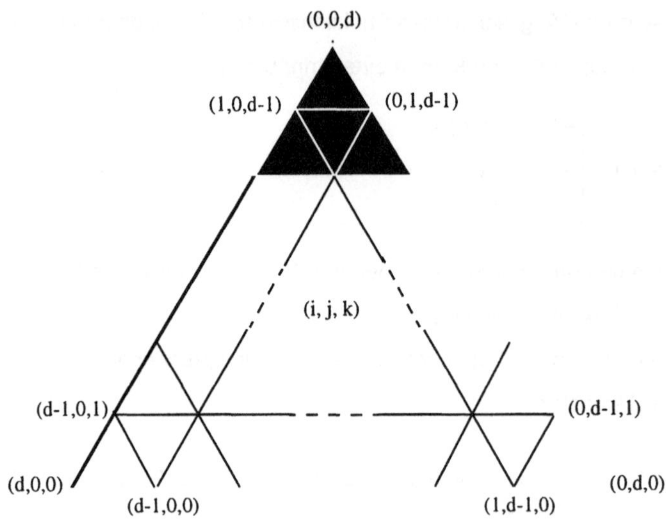

Abb. 7.7. Tessalierung eines Niveauflächen-Dreiecks in kleinere Dreiecke

Zur Tessalierung werden zwei Schritte ausgeführt. Zunächst wird das Flächensegment an den diskreten Positionen ausgewertet, d.h. es werden die physikalischen Koordinaten der Parameterwerte *i, j, k* bestimmt. Danach müssen – für eine glatte Darstellung der Fläche – die Normalenvektoren durch zusätzliche Auswertungen des Flächensegments in der Umgebung der Punkte berechnet werden. Es ist nun ein Tessalierungsgrad d zu wählen. Dieser gibt an, in wieviele Linienstücke eine Kante des gekrümmten Segments geteilt wird. Durch d wird die Anzahl der Netzpunkte $m = 0,5 \cdot (d + 1) \cdot (d + 2)$ und die Anzahl der neuen, zu rendernden Dreiecksflächen $n = d^2$ festgelegt. Der Tessalierungsgrad bestimmt somit die Güte der Annäherung der rekonstruierten Niveaufläche an den realen Niveauflächenverlauf.

7.3 Zusammenfassung und Diskussion der Ergebnisse

In diesem Kapitel wurden Methoden zur Extraktion polygonaler Niveauflächen in skalaren Datenfeldern, wie Druck, Temperatur oder Stromfunktion, vorgestellt. Im Falle der, bei der Strömungssimulation verwendeten Gittertypen liegt das Problem der Niveauflächenextraktion, im Gegensatz zu regulären Voxelgittern medizinischer Anwendungen, weniger in der Menge der extrahierten Dreiecksflächen, als vielmehr in der Exaktheit der Niveauflächenapproximation.

Die „Niveauflächen-Pipeline“ erlaubt auf jeder ihrer Stufen die parametergesteuerte Wahl des Benutzers zwischen Rekonstruktionsgenauigkeit und -geschwindigkeit. Die Bandbreite reicht von flachschattierten Rekonstruktionen auf der Grundlage des Originalgitters (Zerlegungsgrad 1) bis zu Gouraud-schattierten Dreiecksflächen, deren Normalenvektoren direkt aus dem Gradientenfeld des zu visualisierenden Skalars berechnet werden; auf der höchsten Qualitätstufe werden die Niveauflächen innerhalb der Finiten Elemente durch höherwertige Flächensegmente angenähert. Damit ist eine Abbildungsqualität möglich, wie sie sonst nur durch Raycasting (s. Kapitel 9.3) erreicht werden kann. Der Benutzer kann somit, je nach Visualisierungsziel – Echtzeitanimation durch schnelle Variation des Schwellwertes oder akkurate Abbildung eines Ausschnitts des Datenfeldes zur Detailanalyse – frei zu wählen. Wie immer in der graphisch-interaktiven Visualisierung, so wird auch hier Genauigkeit mit Rechendauer erkauft. Die folgende Tabelle zeigt den normierten Rechenaufwand für einige der wählbaren Qualitätsstufen im Vergleich. Die Werte wurden mit einem typischen Datensatz für verschiedene Ein-Prozessor-Maschinen ermittelt und für diese Darstellung gemittelt.

Zerlegungsgrad	Schattierung	Tessalierungsgrad	Kosten
1	Flach	1	1,0
1	Gouraud	1	1,2
2	Flach	1	4,6
2	Gouraud	1	7,6
3	Flach	1	11,7
3	Gouraud	1	15,6
1	Gouraud	2	46,0
1	Gouraud	3	98,0
1	Gouraud	4	170,0

Abb. 7.8. Normierter Rechenaufwand (Kosten) für verschiedene Qualitätsstufen bei der Niveauflächenextraktion

Bei den höchsten Qualitätsstufen wurden Berechnungszeiten (nicht Renderingzeiten!) von bis zu 500 CPU Sekunden für große (> 200.000 Elemente) Datensätze benötigt. Es ist allerdings zu beachten, daß die höchsten Approximationsstufen nur bei sehr großen Elementen benötigt werden. Bei sehr großen Datensätzen sind die einzelnen Elemente aber meist nicht sehr groß. Dennoch ist für die Nutzung in einem interaktiven Visualisierungssystem die Parallelisierung der Niveauflächenextraktion durchaus angebracht. In Kapitel 10.2 werden die im Rahmen dieser Arbeit eingesetzten Parallelisierungsstrategien beschrieben.

8 Data Probing

Proben sind im Kontext der interaktiven Visualisierung Objekte, deren Position und Orientierung im Datenvolumen vom Benutzer gesteuert werden (s. Kap. 10.1 „Interaktion und Navigation“). Das Ziel beim Einsatz von Proben ist die Reduktion der Datenmenge auf ein räumlich begrenztes Gebiet, das den Benutzer besonders interessiert. Auf der Probenposition können die Daten dann detaillierter dargestellt werden, als wenn das gesamte Datenvolumen abgebildet wird. Die Reduktion der dargestellten Information kann soweit gehen, daß – anstelle einer Repräsentation mittels Ikonen oder Falschfarben – der exakte numerische Datenwert an einem Punkt als Text oder Werte entlang einer Geraden als Graph präsentiert wird. Mit der Reduktion der dargestellten Datenmenge geht eine Konkretisierung der Darstellung einher.

Data Probing umfaßt die Operationen, die notwendig sind, um Datenwerte an einer Probenposition zu erlangen. Neben dem Problem der Probennavigation besteht diese Aufgabe aus den zwei Teilen „Bestimmen der die Probenposition umschließenden Gitterzelle“ und „Interpolation der an den Zellknoten definierten Strömungsdaten an der Probenposition“. Die Verfahren zur Interpolation innerhalb von Finiten Elementen wurden bereits in Kapitel 5 vorgestellt. In diesem Kapitel werden daher Verfahren zur Identifikation derjenigen Zelle, die eine Probenposition umschließt, präsentiert. Es kommen jedoch, wie erwähnt, nicht nur 0-dimensionale Proben zum Einsatz. Daher werden in den folgenden Abschnitten Algorithmen zur Verwendung von Punkt-, Linien, Flächen- und Volumen-Proben erläutert. Die Algorithmen wurden im Rahmen dieser Arbeit implementiert und in verschiedenen Systemen und Applikationen erfolgreich eingesetzt.

8.1 Punkt-Proben und Linien-Proben

Neben der Anzeige des exakten numerischen Datenwertes an einer bestimmten Position finden Punkt-Proben noch weitere Anwendungen: Verschiedene *ikonische Visualisierungstechniken* können nur in Verbindung mit interaktiv durch das Strömungsfeld gesteuerten Proben eingesetzt werden, da Ikonen an allen Gitterknoten sich gegenseitig verdecken würden. Bei der *Partikelanimation* und der Berechnung von *Partikelbahnen*, etc. muß ebenfalls eine lokale Probe, die Partikelquelle, interaktiv im Strömungsfeld navigiert werden. In all diesen Fällen kommt es darauf an, die Strömungsdaten an der Probenposition möglichst schnell zu bestimmen.

Ein Verfahren zur Bestimmung der aktuellen Gitterzelle basiert auf der Suche nach dem der Probenposition nächstgelegenen Gitterknoten. Anstelle einer linearen Suche kann – nach einer Vorsortierung – der folgende, von Karlsson [Karl-94] realisierte Algorithmus verwendet werden:

1. Sortiere alle Gitterknoten nach ihrer x-Koordinate
2. Suche (binär) in dieser Liste nach dem Startknoten K_{min} mit dem geringsten Abstand in x-Richtung.

   Speichere das Quadrat des euklidischen Abstands:

   $E_{K_{min}} = \Delta x^2 + \Delta y^2 + \Delta z^2$.

   Suche in der sortierten Liste von K_{min} aus nach oben (i++):

   Falls $\Delta x_i > E_{K_{min}}$:

   Beende die Suche.

   Falls $E_i < E_{K_{min}}$:

   Aktualisiere K_{min} und $E_{K_{min}}$.

   Suche in der sortierten Liste mit der selben Strategie von K_{min} aus nach unten (i--).

Abb. 8.1. Algorithmus zum Finden des zur Probenposition nächstgelegenen Gitterpunktes.

Ist der zur Probenposition nächstgelegene Gitterpunkt identifiziert, so werden für alle den Gitterpunkt enthaltenden Zellen[1], die lokalen Koordinaten berechnet, um diejenige Zelle zu identifizieren, die die Probenposition tatsächlich beinhaltet. Es sind theoretisch[2] Konstellationen möglich, bei denen der, der Probenposition nächstgelegene Gitterknoten kein Knoten des Elementes ist, in dem sich die Probe

[1] s. Kap. 2.3.1 zur Bestimmung der Nachbarschaftsinformationen in unstrukturierten Gittern.

befindet. In solchen Fällen versagen natürlich Such-Algorithmen der beschriebenen Art.

Ein alternativer Algorithmus, der in jedem Fall zum Ziel führt, wurde im Visualisierungssystem ISVAS (s. Kap. 11.3) implementiert [Frit-93]:

Für jedes Element e:

Falls die BoundingBox von e die Probenposition P umschließt:

Berechne die lokalen Koordinaten von P bezüglich e.

Beende die Suche, falls e tatsächlich P enthält.

Abb. 8.2. Alternativer Algorithmus zum Finden des Elements, das die Probenposition enthält.

Der Vorteil dieses Algorithmus' liegt neben seiner Robustheit in der Tatsache, daß kein zusätzlicher Speicherplatz für die sortierte Liste der Knoten angelegt werden muß. Eine sehr schnelle Suche nach dem nächstgelegenen Gitterknoten ist in curvilinearen Gittern möglich. Dabei wird von Knoten zu Knoten „durch das Gitter gesprungen". Gegeben sei ein curvilineares Gitter der Größe i_{max}, j_{max}, k_{max}. Die Suche beginnt am Knoten K_{min} mit den Koordinaten *int* $(i_{max}/2)$, *int* $(j_{max}/2)$, *int* $(k_{max}/2)$:

Berechne $E_{K_{min}} = \Delta x^2 + \Delta y^2 + \Delta z^2$ vom Startknoten zur Probenposition.

Solange $K_{min}(alt) \neq K_{min}(neu)$

Berechne E für alle i Nachbarpunkte von K_{min}:

Falls $E_i < E_{K_{min}}$:

Aktualisiere K_{min} und $E_{K_{min}}$.

Abb. 8.3. Algorithmus zum Finden des zur Probenposition nächstgelegenen Gitterpunktes in einem curvilinearen Gitter.

Der hohen Geschwindigkeit dieses – im Visualisierungssystem ICV (s. Kap. 11.4) implementierten – Algorithmus" steht die Tatsache gegenüber, daß die Suche bei stark gekrümmten Gittern u.U. in einem lokalen Minimum am Rande des Gitters enden kann, was bei der anschließenden Bestimmung der lokalen Koordinaten festgestellt würde. In einem solchen Fall muß die Suche mit einem anderen Startpunkt (einem der Eckknoten des Gitters) wiederholt werden.

---

[2] In den zahlreichen, im Rahmen dieser Arbeit visualisierten Strömungsdatensätzen, wurde dies allerdings nie beobachtet.

Linien-Proben sind Geraden, die in einem dreidimensionalen Datensatz positioniert werden, um die Datenwerte entlang der Geraden in Form eines zweidimensionalen Graphen darzustellen. Verschiedene Strategien sind denkbar, um eine diskrete Abtastung vorzunehmen: Es kann im einfachsten Fall die Gerade auf Schnittpunkte mit den Flächen jedes Elementes getestet werden. Störend ist dabei neben dem großen Rechenaufwand vor allem die Tatsache, daß die Abtastpunkte nicht äquidistant sind. Es bietet sich stattdessen an, den ersten Abtastpunkt entlang der Geraden wie eine Punkt-Probe zu betrachten und einen der im vorigen Abschnitt vorgestellten Algorithmen zu verwenden, um den betreffenden Datenwert zu erhalten. Ausgehend vom ersten gefundenen Interpolationspunkt kann dann eine schnellere Suche nach den weiteren Samplingpunkten durchgeführt werden, da davon auszugehen ist, daß benachbarte Samplingpunkte entlang der Geraden im Objekt nahe beeinander liegen. Deshalb führt hier der von Buning [Buni-89a] vorgeschlagene „Stencil Walk" Algorithmus, der in Kapitel 6 „Integration von Vektorfeldern" (s. Abschnitt 6.5.1, Abb. 6.10) erläutert wurde, schnell zum Ziel.

8.2 Flächen-Proben und Volumen-Proben

Flächen-Proben, d.h. Schnittflächen, stellen eine der effektivsten Techniken zur Volumenvisualisierung dar. In vielen technischen Disziplinen, z.B. dem Maschinenbau, sind die Anwender gewohnt, dreidimensionale Geometrien aus Projektionen und Schnittflächen zu erkennen. Wird bei der Datenvisualisierung eine Schnittfläche so schnell berechnet, daß ein flüssiges Verschieben der Ebene durch das Volumen möglich ist, fällt die mentale Rekonstruktion der Werteverteilung im Volumen nicht schwer.

Eine Schnittfläche innerhalb eines Finit Element Datensatzes kann nun einerseits eine willkürlich orientierte Ebene sein, andererseits kommen in curvilinearen Gittern auch oft Schnittflächen zum Einsatz, die auf ganzzahligen Werten der Berechnungsraum-Koordinaten liegen. In diesem Fall muß gar keine Rechnung ausgeführt werden, es wird einfach ein ganz bestimmter Teil des Gitters dargestellt, so daß hier auch auf leistungsschwachen Graphikworkstations schnell visualisiert werden kann.

Soll eine Schnittebene in einem curvilinearen Gitter beliebig orientiert sein oder innerhalb eines unstrukturierten Gitters berechnet werden, so ist dafür erheblicher Rechenaufwand nötig: Es müssen alle Zellen identifiziert werden, die geschnitten werden und für jede Zelle muß ein Polygon konstruiert werden, daß die Schnittfläche in der betreffenden Zelle repräsentiert. Karlsson [Karl-94] schlägt zur Schnittflächenberechnung das folgende Verfahren vor, das über alle Elemente des Gitters läuft: ·

1. Bestimmung der Schnittpunkte aller Elementkanten mit der Schnittebene. Dazu wird die betreffende Kante parametrisiert und der Parameterwert des Schnittpunktes berechnet. Liegt dieser im Intervall [0, 1] so wird seine Position durch lineare Interpolation der zwei Knotenpositionen bestimmt.
2. Sortieren der Schnittpunkte zu einem konvexen Polygon. Dazu werden die Punkte auf eine der kartesischen Ebenen projiziert, so daß die Aufgabe im Zweidimensionalen (ν, η Koordinaten) ausgeführt werden kann. Ausgehend von dem Punkt mit niedrigstem Wert ν wird der Nachfolger im konvexen Polygon jeweils durch den niedrigsten Winkel α zwischen der Verbindung $\overline{P_{i-1}P_i}$ und der ν-Achse identifiziert.

Im Rahmen dieser Arbeit wurde das folgende, schnellere Verfahren entworfen und in die Visualisierungssysteme ICV und ISVAS implementiert:

1. Positioniere die Schnittebene im Finit Element Gitter
2. Berechne den Normalen-Abstand aller Gitterknoten zur Schnittebene:

   $\Phi = n \bullet x - d$
3. Berechne eine polygonale Niveaufläche im Feld Φ mit $\Phi = 0$.

Abb. 8.4. Schnittebenenberechnung als Anwendung der Algorithmen zur Extraktion polygonaler Niveauflächen

Die in Kapitel 7 vorgestellten Verfahren zur Niveauflächenberechnung, „Marching Cubes" und „Marching Tetrahedra" liefern eine Beschreibung der Niveaufläche durch ein oder mehrere Dreiecksflächen pro Gitterzelle. Wichtig ist dabei, daß die einfachste Art der Niveauflächenberechnung (Zerlegungsgrad 1, Flachschattiert, Tessalierungsgrad 1) gewählt wird, da ja gerade eine planare Fläche entstehen soll. Somit ist diese Art der Schnittebenenberechnung sehr schnell und liefert die Schnittebene innerhalb einer Zelle bereits in Form mehrerer Dreiecksflächen, so daß kein konvexes Polygon mehr aus Schnittpunkten konstuiert werden muß, das anschließend beim Rendering durch die Graphikhardware ohnehin wieder in Dreiecke zerlegt würde.

Zum schnellen Translieren der Schnittebene in Richtung ihrer Normalen entfällt die Berechnung der Normalen-Abstände der Gitterknoten zur Ebene; es wird lediglich eine neue Niveaufläche mit $\Phi \neq 0$ berechnet, wobei Φ dem Abstand von der ursprünglichen Ebenenlage entspricht.

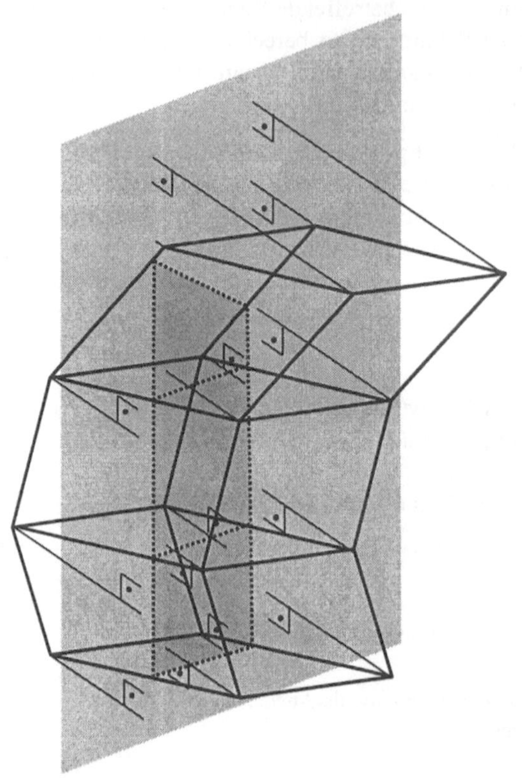

Abb. 8.5. Berechnung der Entfernungen aller Knoten zur Schnittebene

Die Berechnung von *Volumen-Proben* liefert einen Teil des Berechnungsgitters innerhalb und einen Teil außerhalb der Probe. Bei beliebiger Probenform wird also ein „Clipping an allgemeinen dreidimensionalen Polyedern" ausgeführt. Burkert [Burk-93] entwickelte in seiner Dissertation hierfür ein neues, leistungsfähiges Verfahren. In der Praxis der Datenvisualisierung ist ein Probenvolumen aber meist einfach eine (konvexe) „Bounding Box", die dazu dient, das dargestellte Datenvolumen auf den interessanten Anteil zu reduzieren. Dies ist insbesondere bei Umströmungen von Bedeutung, da hier große Bereiche weit weg vom umströmten Körper oft nur deshalb mit berechnet werden, damit die Randbedingungen den Strömungsverlauf nahe der Körperoberfläche nicht verfälschen. Somit reduziert sich das Clipping des Gitters darauf, festzustellen, welche Knoten sich innerhalb und welche sich außerhalb der Bounding Box befinden. Sollen die äußeren Zellflächen des Gitterteils, der innerhalb der Boundig Box liegt, dargestellt werden, so muß erneut festgestellt werden, welche der Zellflächen jetzt äußere Gitterflächen sind. In Kapitel 2.3 „Nicht-reguläre Simulationsgitter" (Abb. 2.3) wurde der entsprechende Algorithmus beschrieben.

8.3 Zusammenfassung und Diskussion der Ergebnisse

Das Data Probing dient bei der Strömungsvisualisierung zur Datenreduktion und zur Konkretisierung der Darstellung. Daneben wird das Punkt-Proben z.B auch bei der Partikelbahnberechnung für das Finden der Integrations-Startpunkte benötigt. Die im Rahmen dieser Arbeit realisierten Probing-Verfahren arbeiten sehr schnell auf nicht-regulären Simulationsgittern, so daß für den Benutzer ein interaktives Erforschen des Datenvolumens mit Punkt-, Linien- und Flächen-Proben möglich ist. Zusammenfassend läßt sich feststellen:

- Beim Data Probing müssen die zwei Teilaufgaben „Finden der die Probenposition umschließenden Gitterzelle" und „Interpolation aus den an den Knoten definierten Daten" bewältigt werden.
- Bei Linien-Proben muß nur der erste Interpolationspunkt durch eine globale Suche gefunden werden. Die weiteren Punkte können ausgehend vom letzten Interpolationsort jeweils durch den „Stencil Walk" Algorithmus schneller gefunden werden.
- Flächen-Proben, d.h. Schnittflächen, können mit den Algorithmen zur Niveauflächenextraktion schnell berechnet und insbesondere schnell in Normalenrichtung durch das Simulationsgitter verschoben werden.
- Volumen-Proben werden besonders bei Daten von „Umströmungssimulationen" zur Reduktion der zu verarbeitenden Datenmenge benötigt. Meist genügt das Clipping des Simulationsgitters an einer konvexen Bounding Box.

9 Direktes Volumenrendern

Strömungsdaten sind nach der in Kapitel 3 vorgestellten Klassifikation Volumendaten. Diese Einordnung ist nicht nur aus Sicht der Computergraphik sinnvoll, sondern auch aus Sicht der Anwendung: Einerseits sind reale, physikalische Strömungen immer räumlich, dreidimensional, d.h. volumetrisch, andererseits erlauben die heute verfügbaren Hochleistungsrechner nicht nur die Simulation zweidimensionaler Modellströmungen, sondern die Berechnung anwendungsnaher, komplexer, dreidimensionaler Strömungskonfigurationen. Aus diesem Grund gewinnen computergraphische Verfahren des Volumenrenderns immer mehr an Bedeutung für die Strömungsvisualisierung. Dazu stehen grundsätzlich zwei Strategien zur Auswahl: Das sog. Direkte Volumenrendern und das Rendern von, aus den Volumendaten extrahierten, polygonalen Objekten mittels konventioneller Scankonvertierung. Letztere Renderingstrategie bietet den Vorteil, daß sie auf vielen Arbeitsplatzrechnern von spezieller Graphikhardware ausgeführt wird.

Beim Direkten Volumenrendern wird ein Bild des Datensatzes generiert, ohne daß abgeleitete (Visualisierungs-)Objekte erzeugt werden müssen. *Das Direkte Volumenrendern erlaubt eine ganzheitliche und doch detaillierte Darstellung eines volumetrischen Datensatzes.* Die Daten innerhalb des Volumens werden dazu auf Farbe und Opazität abgebildet, so daß sowohl semitransparente, als auch opake Abbildungen – auch gemeinsam innerhalb eines Bildes – erzeugt werden können. Dieses, dem direkten Volumenrendern zugrundeliegende Prinzip, legt zunächst nahe, daß nur skalare Daten mit dieser Methode intuitiv verständlich visualisiert werden können. Für Strömungsdaten würde das bedeuten, daß z.B. die Druck- oder die Tempereraturverteilung direkt visualisiert werden könnten, Vektordaten jedoch nur nach der Reduktion auf einen Skalar, z.B. den Geschwindigkeitsbetrag. Allerdings können auch Vektordaten, wie die Richtungsinformation des Geschwindigkeitsfeldes, durch die Animation „volumengerenderter" Bilder [Saka-93a], die Verwendung anisotroper Texturen [CrMa-93] oder die Schattierung von Tangentiallinien [Früh-96] durch direktes Volumenrendern anschaulich visualisiert werden.

Die Entwicklung von Techniken des direkten Volumenrenderns war stark von den Anwendungen, d.h. von den die (Volumen-)Daten generierenden Prozessen, getrieben. Bildgebende Verfahren in der Medizin, wie die Röntgen-Computer-

Tomograhie (CT) und die Magnet-Resonanz-Tomographie (MRI), erzeugen große, dreidimensionale, regulär strukturierte Datensätze (Voxelgitter), die mit konventionellen Methoden der Computergraphik nicht gut visualisiert werden konnten. Viele wissenschaftliche Arbeiten beschäftigten sich seit Mitte der Achtziger Jahre mit der Entwicklung geeigneter neuer Verfahren, beschränkten sich dabei aber oft auf die Behandlung von Daten aus medizinischen Anwendungen und deren spezieller Eigenschaften; siehe [TuTu-84, HöBe-86]. Diese Tendenz zeigt sich auch im Gebrauch des Begriffs *Voxel*[1] als die weithin akzeptierte Bezeichnung für die Primitive eines volumetrischen Datensatzes. Voxel sind aber laut Definition (s. Kapitel 2.3.1) die Primitive regulär strukturierter Gitter, deren Anwendungsgebiet im Wesentlichen auf die medizinische 3D-Bilderzeugung beschränkt ist. Anwendungsunabhängige Ansätze des Direkten Volumenrenderns betrachten die Datenpunkte eines Volumendatensatzes nicht als Voxel, sondern als Knotenpunkte von Zellen [UpKe-88, Levo-88]. Nur mit diesem Ansatz lassen sich auch curvilinear oder unstrukturiert organisierte Daten aus 3D-Strömungssimulationen durch direktes Volumenrendern darstellen.

Strömungssimulationen auf nicht-regulär strukturierten oder unstrukturierten Gittern werden erst seit Beginn der Neunziger Jahre mit sehr großen Elementanzahlen (> 200.000 Elemente) durchgeführt. Davor waren weder die Simulationsprogramme noch die zur Verfügung stehende Numerikhardware leistungsfähig genug. Entsprechend den neuen Anforderungen werden seit 1990 vermehrt auch Methoden des Direkten Volumenrenderns für solche Datenstrukturen realisiert. Insgesamt sind die bisherigen Arbeiten zu diesem Thema aber noch von geringer Anzahl. Die Notwendigkeit der Entwicklung neuer Algorithmen des direkten Volumenrenderns, die nicht nur reguläre Voxelgitter bearbeiten können, ist aber inzwischen (an)erkannt. So schreibt die Arbeitsgruppe „Volume Visualization" des *ONR Workshop on Scientific Visualization,* Juli 1993, Darmstadt[2]:

> *„With the diversity of sources of data comes the diversity of data types. Few algorithms efficiently visualize data sets that are not of the regular Cartesian grid type. Development in this area is particularly urgent, not at least because advances in numerical techniques, such as adaptive gridding, will likely decrease the use of regular Cartesian gridded data."*
>
> *[KHKR-94]*

Das nächste Teilkapitel erläutert kurz die grundlegenden Verfahren des Direkten Volumenrenderns. In den weiteren Abschnitten dieses Kapitels werden dann verschiedene Ansätze des Direkten Volumenrenderns nicht-regulärer Gitter und insbesondere die im Rahmen dieser Arbeit neu entwickelten Lösungen beschrieben.

---

[1] Voxel: Kunstwort aus „Volume Element" in Analogie zum Pixel, dem „Picture Element".

[2] ONR: United States Office of Naval Research

9.1 Verfahren des Direkten Volumenrenderns

Das Direkte Volumenrendern realisiert eine, wie der Begriff andeutet, direkte Abbildung vom dreidimensionalen Volumen auf ein zweidimensionales Bild. Beide Zustände, Volumen und Bild, sind in Simulation und Visualisierung nicht kontinuierlich, sondern diskretisiert: Das Datenvolumen ist durch eine Anzahl von Gitterzellen definiert und das Bild ist ein Rasterbild, bestehend aus einer regulären Matrix von Pixeln. Eine Zelle des Datenvolumens kann nun einen Anteil an mehreren Pixeln des Bildes haben, umgekehrt können mehrere Zellen einen Beitrag zur Farbe eines Pixels leisten. Die zwei prinzipiell möglichen Methoden, die Abbildung auszuführen, unterscheiden sich nun dadurch, über welchen der beiden Zustände die Hauptschleife des Renderingalgorithmus' läuft. Bei den *Projektionsverfahren* läuft diese Schleife über alle Zellen des Volumen und beim *Raycasting* über alle Pixel des Bildes.

Da beim Rendering die Abbildung vom Objekt auf das Bild erfolgt, werden die Projektionsverfahren, bei denen die Bildgenerierung dieser Abbildungsrichtung folgt, auch als „Forward Mapping" bezeichnet. Das Raycasting, bei dem von den einzelnen Pixeln des Bildes ausgegangen wird, wird dementsprechend auch als „Backward Mapping" charakterisiert, da hier die Ausführung des Algorithmus der Abbildungsrichtung entgegengerichtet arbeitet.

9.1.1 Projektionsverfahren

Bei den Projektionsverfahren wird der Objektraum traversiert, und die Gitterzellen werden auf die Bildebene projiziert. Beim *Back-to-Front Algorithmus* (BTF) [Frie-85] wird das Volumen entsprechend dem Blickpunkt vom entferntesten zum nächsten Punkt traversiert, bereits abgebildete fernere Zellen werden von näheren Zellen überschrieben. Der *Front-to-Back Algorithmus* (FTB) [West-89] durchläuft das Volumen in umgekehrter Richtung, wobei kein Pixel mehr als einmal beschrieben wird. In ihrer ursprünglichen Form erlauben beide Algorithmen keine Transparenzen und arbeiten auch nur auf regulären Voxelgittern, wobei jedes Voxel auf genau ein Pixel abgebildet wird, so daß die Auflösung des Bildes der des Voxelgitters entspricht. Daneben kann das Volumen auch lediglich parallel projiziert entlang der Ausrichtung des Gitters betrachtet werden.

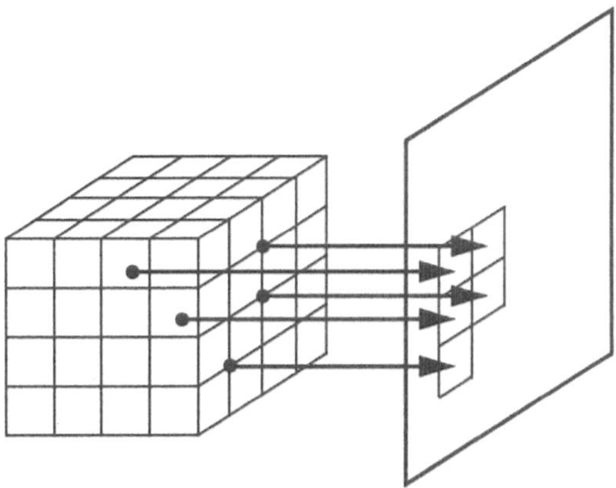

Abb. 9.1. Das Prinzip des Projektionsverfahrens

Die Weiterentwicklung des BTF Algorithmus ist das *Splatting* [West-90]. Beim Splatting können auch nicht-reguläre Gitter bearbeitet und semi-transparente Darstellungen generiert werden [Will-92]. Dazu ist ein Algorithmus erforderlich, der die Zellen entsprechend der Blickrichtung von hinten nach vorne sortiert. In der Schleife über alle Gitterzellen wird der Beitrag der berechneten Zellfarbe und Zellopazität zu einem bestimmten Pixel bestimmt und mit der bisherigen Pixelfarbe und Pixelopazität gemischt.

Splatting nutzt die räumliche Kohärenz der Datenwerte und ist somit schnell, wenn Datensätze mit einer relativ geringen Anzahl von Gitterzellen vorliegen oder wenn die Pixelgröße deutlich kleiner ist als eine projizierte Zelle. Die Darstellung opaker, virtueller Oberflächen innerhalb des Volumens führt beim Splatting allerdings zu Aliasing-Effekten, wenn eine Zelle auf mehrere Pixel projiziert wird. Die Güte einer solchen Darstellung entspricht derjenigen, die bei der Niveauflächen-Darstellung mit dem Cuberille Verfahren (s. Kapitel 7) erreicht werden kann.

9.1.2 Raycasting

Beim Raycasting wird die Bildebene traversiert, und entsprechend der Blickrichtung werden virtuelle Teststrahlen durch das Volumen geschickt. Entlang der Teststrahlen wird entsprechend einer gewählten Transferfunktion der lokale Datenwert auf Farbe und Opazität abgebildet und durch Integration zu einer Pixelfarbe akkumuliert[1]. Krüger [Krüg-91] hat zu diesem Verfahren die physikalische Grundlage, die lineare Transporttheorie, mathematisch formuliert.

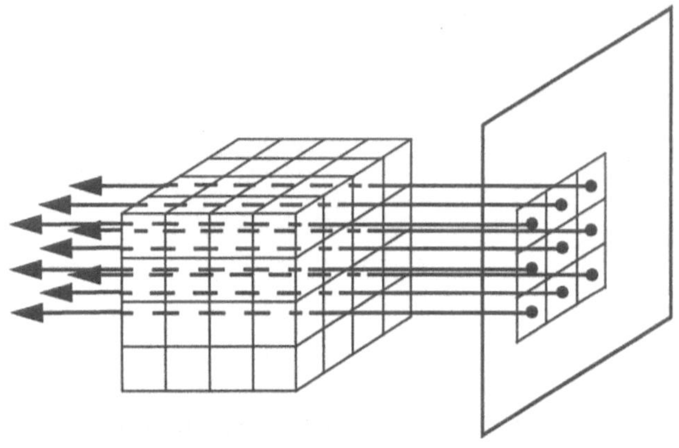

Abb. 9.2. Das Prinzip des Raycasting

Wird eine opake Darstellung gewünscht, so wird beim Raycasting die Strahlverfolgung an einer, durch eine *Segmentation* des Datensatzes bestimmten, virtuellen Oberfläche abgebrochen. Eine Schattierung solcher virtueller Oberflächen kann mittels *Gouraud-* oder *Phong-Schattierung* erfolgen [Gour-71, Bui-75], wobei meist der lokale Gradientenvektor des zu visualisierenden Datenfeldes als Flächennormale der virtuellen Oberfläche betrachtet wird [HöBe-86].

Die Auflösung der beim Raycasting erzeugten Bilder ist nicht an die Auflösung des Datensatzes gekoppelt; auch können nicht-reguläre Gitter bearbeitet werden. Allerdings läßt sich das Raycasting, wie im weiteren noch ausführlich analysiert, für reguläre Voxelgitter optimiert implementieren. Ein Aspekt betrifft die Bestimmung der aktuellen Zelle an einer Probenposition entlang des Strahles: Folgt die Blickrichtung nicht der Struktur des Voxelgitters, müssen die Teststrahlen nicht schräg durch das Voxelgitter verfolgt werden; vielmehr können die Datenwerte eines regulären Voxelgitter inkrementel und somit sehr schnell transformiert werden, so daß eine neue Organisation der Gitterpunkte in Blickrichtung erzeugt wird [Früh-91]. Das Sampling entlang der Gitterausrichtung erlaubt es jeweils nur einen Teil des Datensatzes im Speicher zu halten, so daß kein sehr großer Hauptspeicher zur Verfügung stehen muß; daneben erleichert es die Parallelisierung der Aufgabe, so daß mittels Mehrprozessormaschinen kurze Renderingzeiten erreicht werden.

Bei perspektivischer Projektion kann Raycasting zu Aliasingeffekten führen. Diese Artefakte entstehen durch „Supersampling" in dem vorderen Teil der Blick-

[1] In der Praxis wird die Integration oft durch eine gewichtete Summation von Werten an gleich- oder unterschiedlich weit voneinander entfernten Punkte entlang eines Teststrahls, den Probenpositionen oder auch „Samplingpunkten", realisiert.

pyramide, die durch den Augenpunkt und die vier Eckpunkte des jeweiligen Pixels definiert ist, sowie durch „Subsampling“ im hinteren Teil dieser Pyramide. Dem Effekt kann entgegengewirkt werden, wenn das Sampling nicht an den diskreten Punkten, sondern statistisch gewichtet auf Teilvolumina der Blickpyramide ausgeführt wird [Saka-92].

Das Raycasting weist Ähnlichkeit mit dem Raytracing Verfahren auf. Allerdings erfolgt die Bilderzeugung beim Volumenrendern nicht durch virtuelle Lichtstrahlen und durch die Befolgung der Gesetze der Strahlenoptik, sondern durch mathematische und statistische Methoden der Auswertung eines Datenfeldes; aus diesem Grund wird im Weiteren beim Raycasting von *Teststrahlen* und nicht von Sehstrahlen gesprochen.

Durch Raytracing wird versucht, ein möglichst realistisch aussehendes Bild einer rechnerinternen, vordefinierten Szene zu erzeugen; das Raycasting dagegen dient nicht der Abbildung von definierter Geometrie, sondern der Merkmalsextraktion aus dreidimensional organisierten Daten. Dies kann zwar, wie beschrieben, auch zur Darstellung von Oberflächen führen, jedoch sind diese virtuell und ihr Vorhandensein bzw. ihre Erscheinung abhängig von frei wählbaren Parametern des Raycasting Verfahrens.

9.1.3 Entwicklungstendenzen beim Direkten Volumenrendern

Die Behandlung nicht-regulärer Gitter ist für die Strömungsvisualisierung der wichtigste Aspekt im Gebiet des Direkten Volumenrenderns. Allerdings sind in den letzten Jahren daneben noch andere wichtige Entwicklungen in diesem dynamischen Feld der Computergraphik entstanden. Diese waren auch bei der Realisierung des Direkten Volumenrenderns für die Strömungsvisualisierung zu beachten:

Datenorganisation

Die beim direkten Volumenrendern zu bearbeitenden Datenmengen sind, insbesondere bei Voxelgittern, oft sehr groß, so daß einer optimierten Datenorganisation eine besondere Bedeutung zukommt. Die Organisation der Daten eines regulären Voxelgitters in Form einer *Octree-* oder einer *Pyramidenstruktur* ermöglicht es einerseits, flexibel Renderinggeschwindigkeit gegen Darstellungsqualität zu variieren; andererseits können so große homogene Gebiete ohne Qualitätseinbußen schnell traversiert werden, indem räumliche Kohärenzen ausgenutzt werden.

Die Transformation eines Volumendatensatzes von einer rein geometrischen Darstellung in eine Darstellung im geometrischen Raum *und* im Frequenzraum auf der Basis von *Wavelets* führt in Verbindung mit reversibler Datenkompression zu einer signifikanten Reduktion des benötigten Speicherplatzes. Die Darstellung mittels Wavelets erleichtert die Detektion von Diskontinuitäten in den Daten, wie z.B. virtueller Oberflächen. Es wird erwartet, daß durch Renderer, die direkt auf in den

Frequenzraum transformierten und komprimierten Volumendaten arbeiten, zukünftig kürzere Renderingzeiten möglich werden [KHKR-94].

Medizinische Visualisierung

Das Ziel des Direkten Volumenrenders ist nicht eine beliebige, sondern eine auf die behandelten Daten bezogene, möglichst aussagekräftige Darstellung. Dazu werden im Mappingprozeß einzelnen Datenwerten verschiedene Farben und Opazitäten zugewiesen. Oftmals sollen aber verschiedene räumliche Bereiche, die durchaus gleiche oder ähnliche Datenwerte aufweisen, unterscheidbar abgebildet werden. Diese *Segmentierung* ist insbesondere in der medizinischen Visualisierung bei der Darstellung von Organen und Knochen von Bedeutung. Eine automatische Segmentierung ist jedoch bisher nicht generell möglich. In bestimmten Fällen führen Filterfunktionen und Morphologische Operationen zum Ziel. „Unschlagbar" ist allerdings bisher die – graphisch unterstützte – interaktive Segmentierung durch Experten, d.h. durch Ärzte. Diesen stehen trainiertes Wissen und die mentale Fähigkeit zur Verfügung, komplexe Muster zu erkennen. Dennoch wird in zunehmendem Maße versucht die zeitaufwendige, interaktive Segmentierung durch automatische Verfahren zu ersetzen bzw. zu unterstützen. Dabei werden auch künstliche Neuronale Netze eingesetzt, die eine Texturanalyse ausführen.

Im medizinischen Kontext bestehen auch Bemühungen, Volumendaten mit Wissensbasen zu koppeln. Ziel ist es, über die reine graphische Darstellung hinaus, dem Benutzer wichtige Informationen zu liefern, die ihn z.B. in der Operationsplanung oder in der Lehre und Ausbildung unterstützen [Höhn-94].

Hybrides Rendering

In verschiedenen Anwendungen besteht der Bedarf, Volumendaten zusammen mit Oberflächendaten zu visualisieren, so z.B. wenn Simulationsergebnisse zusammen mit ihrem geometrischen Kontext dargestellt werden sollen. Eine solche Art der Visualisierung ist sinnvoll, wenn die Charakteristik der Simulationsdaten mit Hilfe der umgebenden Geometrie verständlicher werden und insbesondere, wenn die Visualisierung für Laien (d.h. Laien bezüglich Numerik und Computergraphik) erfolgt.

Ein Beispiel dafür ist die Visualisierung der Atemströmung in der menschlichen Nase (s. Kap. 11.1). Die Simulation der Atemströmung wurde auf der Grundlage gemessener physikalischer Randbedingungen mit einem Finit Element Programm durchgeführt. Die Gittergenerierung erfolgte individuell auf der, mit einem Röntgen Computer Tomographen (CT) schichtweise gescannten, Geometrie des Patientenkopfes. Zur Analyse des simulierten Strömungsfeldes durch die Mediziner wurden Partikelbahnen berechnet (s. Kapitel 6) und als Polygonzüge beschrieben. Die Geometrie des Patientenkopfes dagegen lag nach der Interpolation aus den CT-Schichtbildern als regulärer Voxeldatensatz vor. Zur gemeinsamen Darstellung der verschiedenen graphischen Primitive wurde – im Rahmen einer anderen Arbeit – ein Verfahren entwickelt, das auf dem Mischen der Ergebnisse von unabhängigen Darstellungsalgorithmen im Bildspeicher einer Graphikworkstation beruht [Früh-91b]. Man spricht hier vom *Hybriden Rendering*.

Dieser Ansatz wurde auch von einer anderen Arbeitsgruppe verwendet, um Ergebnisse von Strömungssimulationen der Danziger Bucht zu visualisieren. Das ursprünglich curvilineare Gitter der Strömungssimulation wurde dazu voxelisiert und mittels Raycasting gerendert. Die polygonal definierte Geometrie der Bucht wurde konventionell gerendert und die Ergebnisse beider Verfahren gemischt [WHVP-92].

Echtzeit Rendering

Das Erkennen komplexer räumlicher Strukturen wird bei der Darstellung auf einem zweidimensionalen Graphikschirm durch die Rotation der Szene erleichtert. Die *Bewegungsparalaxe* ist neben Beleuchtungs- und Schattierungsmodellen ein in der Computergraphik oft verwendetes Hilfsmittel, den räumlichen Eindruck zu verstärken. Dazu ist jedoch das Generieren mehrerer Bilder pro Sekunde erforderlich. Daher kommt der Beschleunigung der Algorithmen beim Direkten Volumenrendern große Bedeutung zu. Durch den Einsatz von Mehrprozessorsystemen werden derzeit schon Renderingzeiten von wenigen Sekunden pro Bild erreicht; dies jedoch nur in relativ einfacher Darstellungsqualität und bei regulären Voxelgittern mittlerer bis kleiner Dimensionen [Saka-93]. Um den oben beschriebenen Effekt der Bewegungsparallaxe nutzen zu können, ist beim Softwarerendering daher heute noch die Animation von Einzelbilder, die unter verschiedenen Blickwinkeln vorberechnet werden, erforderlich.

Von mehreren Arbeitsgruppen wird Spezialhardware zum Rendern regulärer Voxelgitter entwickelt. Z.B. ermöglicht die Cube-3 Hardware hochqualitatives Raycasting von Datensätzen von 512^3 Voxeln unter beliebigem Blickwinkel und bei perspektivischer Projektion mit mehreren Bildern pro Sekunde [Pfis-93]. Bisher hat allerdings trotz recht optimistischer Prognosen[1], noch kein solches Produkt Marktakzeptanz erreicht.

Echte 3D-Displays auf der Basis von Holographie oder schnell rotierender, halbdurchlässiger Spiegel sind bereits als Prototypen in Forschungslabors realisiert worden. Zwar sind die räumliche Auflösung und die Anzahl der Farben der Darstellungen, neben dem Preis momentan noch inakzeptabel, doch werden solche Geräte, falls sie Marktreife erlangen, die Volumenvisualisierung revolutionieren und insbesondere die bisherigen Renderingalgorithmen verdrängen [KHKR-94].

[1] „... in 10 years, all rendering will be volume rendering." (Jim Kajija, Siggraph '91). Hierzu s.allerdings auch Kapitel 4.2 „Konsequenzen der Voxelisierung".

9.2 Projektion nicht-regulärer Gitter

Das Splatting Verfahren geht in der von Westover beschriebenen Form von regulären Voxelgittern aus. Allerding ist, im Gegensatz zum ursprünglichen BTF Verfahren, die Darstellung des Volumens in beliebiger Projektionsrichtung möglich. Durch das Projizieren von Gitterzellen anstelle von Voxeln können auch nicht-reguläre Volumendaten behandelt werden [ShTu-90].

Die Idee des Splatting ist, im Algorithmus jede Gitterzelle nur einmal zu besuchen; beim Raycasting wird ja eine Zelle u.U. von mehreren Strahlen getroffen und so evtl. mehrmals in unmittelbarer räumlicher Nachbarschaft gesampelt. Dieses Ausnutzen räumlicher Kohärenz führt tatsächlich dann zu Geschwindikeitsvorteilen des Splatting gegenüber dem Raycasting, wenn die Anzahl der Gitterzellen so gering ist, daß eine Zelle auf mehrere (viele) Pixel projiziert wird. In der Praxis kann Splatting mehr oder weniger rechenaufwendig implementiert werden; wie so oft, kann eine hohe Darstellungsgeschwindigkeit auf Kosten der Abbildungsqualität erreicht werden und umgekehrt.

9.2.1 Gouraud Projektion von Zellflächen

In der einfachsten Form des Splatting werden die Zellflächen des Gitters projiziert, ohne daß die Abschwächung der Sichtbarkeit hintenliegender Flächen durch weiter vorne liegende berücksichtigt wird. Daduch ist eine Vorsortierung der Flächen nicht erforderlich! Tragen nun k Flächen zur Pixelfarbe bei und bezeichnet c_i die Farbe und α_i die Transparenz der Fläche i, so errechnet sich die Farbe C_P des betreffenden Pixels durch:

$$C_P = \sum_{i=0}^{k} c_i(1 - \alpha_i) \tag{9.1}$$

Diese Art der Bildmischung, die sog. *alpha-accumulation*, wird von modernen Graphikprozessoren unterstützt, so daß das Verfahren sehr schnell arbeitet. Die Farb- und Transparenzwerte auf den Flächen werden aus den Farb- und Transparenzwerten an den Gitterknoten, ebenfalls hardwareunterstützt, durch Gouraud Interpolation (d.h. linear entlang der Kanten) bestimmt. Die Farbe und die Transparenz eines Gitterknotens können mittels einer beliebigen, vom Benutzer zu wählenden, Transferfunktion aus den Datenwerten berechnet werden. Durch entsprechende Datenstrukturen ist sicherzustellen, daß innenliegende Flächen, die ja jeweils zu zwei Zellen gehören, nur einmal gezeichnet werden.

Ein gravierender Nachteil dieses Verfahrens liegt darin, daß die Dicke der Zellen nicht berücksichtigt wird. So werden kleine Zellen bei der Bildmischung überproportional gewichtet. Allerdings kann dies in bestimmten Fällen durchaus gewünscht sein: Gitter numerischer Strömungssimulationen werden meist bewußt mit örtlich verschiedener Gitterdichte generiert, um zu erwartende hohe Gradienten der Strömungsgrößen konvergent lösen zu können. Oft sind gerade diese Gebiete von besonderem Interesse, so daß die Übergewichtung bei der Darstellung evtl. gar nicht als störend empfunden wird. Es ist jedoch zu beachten, daß eine vom Benutzer gewählte Transparenz für einen bestimmten Datenwert dann keine Bedeutung mehr hat.

Probleme können durch die ungenügende Auflösung des Z-Puffers der Graphikhardware entstehen. Dadurch kann es passieren, daß kleine Zellen, bei denen die Flächen nahe beeinander liegen u.U. gar nicht zum endgültigen Farbwert eines Pixels beitragen. Weiterhin entstehen bei der Projektion unter bestimmten Blickwinkeln deutliche Artefakte im Bild. Diese zeichnen die Gitterstruktur nach und sind darauf zurückzuführen, daß die Flächenkanten, die ja jeweils zu mehreren Flächen des Gitters gehören, mehrmals gezeichnet werden. Auf den Kanten sowie in ihrer unmittelbaren Nähe kommt es wiederum zu Problemen durch die ungenügende Auflösung des Z-Puffers.

9.2.2 Gewichtete Projektion von sortierten Zellflächenteilen

Die mit dem Splatting bestmögliche Darstellungsqualität erreicht man durch zwei Änderungen des bisher beschriebenen Verfahren: Die Beachtung der Abschwächung der Sichtbarkeit hinten liegender Flächen durch weiter vorne liegende sowie die Gewichtung der Beiträge der an der Pixelfarbe beteiligten Zellen entsprechend ihrer Dicke.

Zur verbesserten Bildmischung müssen die zu einem Pixel beitragenden Polygone in abnehmender Entfernung zum Pixel sortiert werden. Williams beschreibt Techniken zum Ordnen von Zellflächen strukturierter und unstrukturierter Gitter, u.a. den MPVO (Meshed Polyhedra Visible Ordering) Algorithmus [Will-92a]. Die Pixelfarbe C_P errechnet sich durch sog. *alpha-blending* aus den k Polygonfarben c_i und -transparenzen α_i:

$$C_P = \sum_{i=0}^{k} c_i(1-\alpha_i) \prod_{j=0}^{i-1} \alpha_j \tag{9.2}$$

Zur korrekten Akkumulation der Pixelfarbe muß die Zelldicke bzgl. der Richtung der Projektion berechnet werden. Diese Dicke ist an den Kanten der Projektion einer Zelle jeweils Null und erreicht ein Maximum irgendwo innerhalb der Hülle der Projektion. Besteht nun das Gitter aus Tetraederzellen, so gibt es nur vier prinzipiell mögliche Lagen einer Zelle (s. Abbildung 9.3).

Das Polygon der zweidimensionalen Tetraederprojektion wird nun evtl. geteilt (Fälle 1., 2. und 3.) und die Zelldicke an dem Schnittpunkt der projizierten Kanten (Fälle 2. und 3.) bzw. an einem der Zellknoten (Fälle 1. und 4.) berechnet.

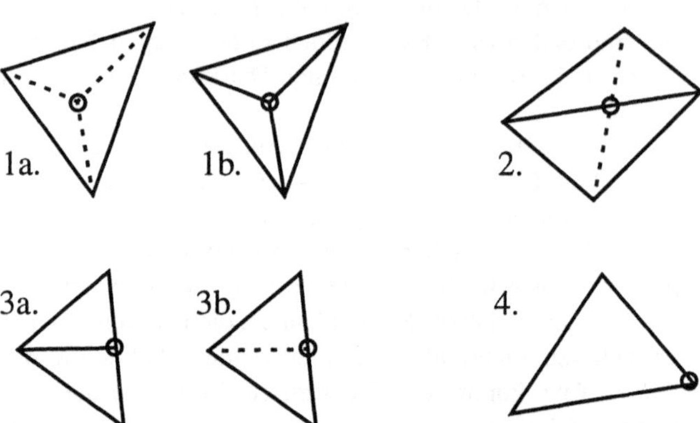

Abb. 9.3. Die vier prinzipiellen Projektionen einer Tetraederzelle nach [Will-92a)]. Der Kreis markiert die Position, für welche die Tetraederdicke in Projektionsrichtung bestimmt wird.

Besteht das Gitter jedoch aus Hexaedern, so ergibt sich eine Vielzahl prinzipiell möglicher Projektionen (s. Abbildung 9.4). Man hat hier die Wahl, ein recht aufwendiges Verfahren zu implementieren, das die beliebigen, zweidimensionalen Hexaederabbildungen in separate Polygone zerlegt und für jeden der Polygoneckpunkte die Dicke zu berechnen [vGWi-93] oder aber im Objektraum jeden Hexaeder in fünf Tetraeder zu zerteilen und diese wie oben beschrieben zu behandeln.

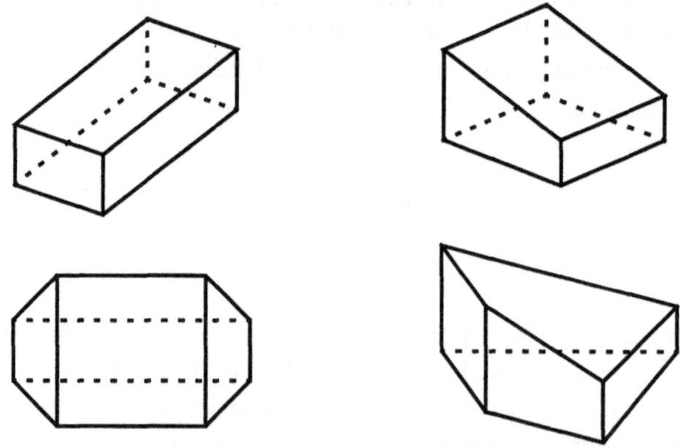

Abb. 9.4. Eine Auswahl möglicher Projektionen einer Hexaederzelle

Bei korrekter Behandlung darf die Farbe zwischen den Eckpunkten der entstandenen Polygone nicht linear interpoliert werden. Geht man von einer homogenen Zelle mit planaren Flächen aus, so variiert zwar die Dicke δ linear, die Farbabschwächung jedoch verhält sich entsprechend $(1 - e^{-\alpha\delta})$. Van Gelder und Wilhelms fanden einen in δ quadratischen Ausdruck für die resultierende Variation der Farbe zwischen den Polygoneckpunkten [vGWi-93]. Die oben beschriebenen Z-Puffer Artefakte lassen sich durch die aufwendigere Bildmischung jedoch nicht vermeiden.

9.2.3 Diskussion

Die folgenden Punkte erscheinen für die Beurteilung des Direkten Volumenrenderns nicht-regulärer Volumendaten durch Projektion von Bedeutung:

- Die hardwareunterstützte Gouraud Projektion ohne die Beachtung der Zelldicke ermöglicht auf modernen Graphikworkstations das Rendern selbst großer Gitter (> 100.000 Elemente) im Sekundenbereich. Eine Optimierung ist bei curvilinearen Gittern durch das Rendern von Dreiecksstreifen anstelle einzelner Polygone leicht möglich.
- Eine akkurate Bildmischung durch „alpha-blending" und das Berechnen und Einbeziehen der individuellen Zelldicke erfordern ein Vorsortieren der Zellflächen sowie aufwendige Berechnungen beim Projezieren jeder einzelnen Zelle. Die in der Literatur berichteten Renderingzeiten liegen im Bereich der mit Raycasting (s. Kapitel 9.3) erreichbaren Zeiten.
- Das Ausnutzen der lokalen Kohärenz, das bei kleinen Datensätzen, bzw. bei großen Zellen, zu einem Geschwindigkeitsvorteil der Projektionsverfahren gegenüber dem Raycasting führt, verliert bei sehr großen Datensätzen an Bedeutung. Allerdings ist die Renderingdauer bei Projektion im Gegensatz zum Raycasting nahezu unabhängig von der Bildgröße.
- Unabhängig von der Methode der Bildmischung entstehen bei der Projektion Artefakte durch die beschränkte Z-Puffer Auflösung und durch die Hardware Scankonvertierung. Eine Reduktion der beschriebenen Probleme erscheint nur möglich, wenn sowohl die Scankonvertierung der Polygone, als auch die Bildmischung mit großer Genauigkeit in Software realisiert werden.
- Opake Darstellung von virtuellen Oberflächen, z.B. von Niveauflächen, in nicht-regulären Volumendaten sind durch das der Projektion zugrundeliegende Prinzip nur schlecht möglich und wurden nach Kenntnis des Autors bisher auch nie gezeigt. Alle veröffentlichten Arbeiten zeigen lediglich semi-transparente, wolkenartige Darstellungen.

9.3 Raycasting nicht-regulärer Gitter

Das Raycasting nicht-regulärer Gitter arbeitet prinzipiell genauso, wie im Fall regulärer Gitter. Allerdings werden Teile des Algorithmus durch die Behandlung der komplexen Gitterstrukturen deutlich aufwendiger. Im Einzelnen sind das:

- Die Identifikation der Zelle, in die ein Strahl zuerst in das Gitter eindringt. Zusätzlich müssen aus dem Gitter austretende Strahlen untersucht werden, ob und wo sie in das evtl. konkave Volumen wiedereintreten.
- Die Identifikation der Zelle, in der die nächste Probenposition entlang eines Teststrahls liegt. Diese Zelle grenzt nicht notwendigerweise direkt an die Zelle der vorherigen Probenposition.
- Die Interpolation der abzubildenden Datenwerte innerhalb der nicht-regulären Zellprimitive. Je nach Zelltyp ist dazu u.U. ein iteratives Verfahren notwendig.

In den folgenden Abschnitten (9.3.1 und 9.3.2) dieses Kapitels werden zunächst die hier genannten Problemfelder, die *Strahlverfolgung* und die *Interpolation*, behandelt. Hierzu werden die Fälle „curvilineare Gitter“ und „unstrukturierte Gitter“ gesondert betrachtet, da im Rahmen dieser Arbeit für beide Gittertypen unterschiedliche, neue Verfahren der Strahlverfolgung entwickelt wurden. Im Weiteren (Abschnitt 9.3.3) wird dann, gemeinsam für curvilineare und unstrukturierte Gitter, auf die *Bildmischung* mit den Teilaufgaben Mapping, Akkumulation der Pixelfarbe, Beleuchtung und Schattierung eingegangen.

9.3.1 Raycasting curvilinearer Gitter

Raycasting basiert, wie erwähnt, auf dem Abtasten des Datensatzes mit Hilfe virtueller Teststrahlen. Betrachtet man die Teststrahlen als Vektorfeld, so ergibt sich eine Analogie zwischen dem Raycasting und der in Kapitel 6 beschriebenen Integration von Bahnlinien. Diese Analogie wurde vom Autor konsequent ausgenutzt, was zur Entwicklung neuer, schnellerer Methoden des Raycasting nicht-regulärer Gitter führte.

Strahlverfolgung im physikalischen Raum

i) Das Identifizieren der Zelle, durch die ein Strahl in das Gitter eindringt

Zur Verfolgung der Teststrahlen durch ein curvilineares Gitter muß zunächst die Zelle bestimmt werden, durch die ein Strahl in das Gitter eindringt. Die einfachste, aber auch langsamste Methode ist, jede äußere Zellfläche des Gitters mit dem Strahl zu schneiden und zu untersuchen, ob der Schnittpunkt innerhalb des Flächenpolygons liegt; diejenige Fläche, welche den von der virtuellen Bildebene aus nächsten Schnittpunkt enthält, ist die durch die der Strahl zuerst in das Gitter eindringt.

Ein Verfahren, in solchen Fällen die aufwendige Suche über alle äußeren Zellflächen zu vermeiden ist die Vorsortierung dieser Flächen in ein reguläres dreidimensionales Raster, das über die Boundingbox des curvilinearen Gitters gelegt wird. Der Verlauf eines Strahles innerhalb des regulären Rasters kann mittels eines 3D-Bresenham Algorithmus relativ schnell bestimmt werden. Die Suche nach Schnittpunkten kann dann auf diejenigen äußeren Zellflächen beschränkt werden, die sich in dem betreffenden Rasterwürfel befinden, für den ein Schnittpunkt durch den Bresenham Algorithmus festgestellt wurde. Dadurch ist auch bereits vor der Verfolgung des Strahls bekannt, ob und durch welche Zelle ein Strahl evtl. wieder in das Gitter eintritt.

Unter Ausnutzung des schnellen polygonalen Hardwarerenderings moderner Graphikworkstations kann ein noch wesentlich schnelleres Verfahren realisiert werden, das auf dem sog. *item-buffering* basiert [Wegh-84]. Hierbei werden die äußeren Zellflächen des Gitters farbkodiert gezeichnet. Die Farbe des Polygons richtet sich dabei nach dem Index der dazugehörigen Zelle. Man kann z.B. i, j, k auf die Rot-, Grün-, bzw. Blau-Komponente des *rgb*-Farbmodells abbilden.

Zunächst werden alle Pixel des Bildes mit der reservierten Hintergrundfarbe Schwarz (0, 0, 0) belegt. Danach werden alle äußeren Zellflächen des curvilinearen Gitters als einfarbige Polygone, entsprechend dem Index ihrer Zelle, mit eingeschaltetem Z-Puffer, gezeichnet. Anschließend wird in einer Schleife über alle Pixel des Bildes durch Lesen der Pixelfarbe bestimmt, auf welche Gitterzelle ein Strahl zuerst trifft. Wird die Hintergrundfarbe gelesen, so braucht an dieser Stelle kein Teststrahl verfolgt zu werden.

Um festzustellen, ob und wo ein aus einem konkaven Objekt ausgetretener Strahl evtl. wieder in das Gitter eintritt, wird nach der Verfolgung aller Pixelstrahlen das Volumen nochmals farbkodiert gerendert; diesmal jedoch nur diejenigen äußeren Flächen des Gitters, durch die noch kein Strahl ein- oder ausgetreten ist. Wird dabei für ein Pixel, dessen Opazität bei der Akkumulation noch nicht Eins erreicht hat, eine andere Farbe als die Hintergrundfarbe festgestellt, so wird der Strahl in der entsprechenden Zelle weiterverfolgt.

ii) Die Identifikation der Zelle des nächsten Samplingpunkts und Interpolation der Datenwerte an den Probenpositionen

Das Bestimmen derjenigen Zelle, in der sich eine nachfolgende Probenposition befindet ist bei nicht-regulären Gittern recht aufwendig. Diese Zelle muß ja nicht notwendigerweise direkt an die Zelle der vorherigen Probenposition angrenzen. Allerdings ist bei curvilinearen Gittern die Nachbarschaftsbeziehung implizit gegeben, so daß die Suche ausgehend von der vorherigen Probenposition von einer Zelle zur anderen durchgeführt werden kann. Das Problem ist das gleiche, wie bei der Integration von Partikelbahnen in einem Vektorfeld. Der in Kapitel 6.5.1 vorgestellte Algorithmus kann auch hier angewandt werden. Geht man von einer vorherigen Probenposition x_i aus, so gestaltet sich die Suche nach der Zelle der nächsten Probenposition x_{i+1} wie nachfolgend beschrieben. Die Berechnung der lokalen Koordinate ξ ermöglicht dabei die parametrische Interpolation (s. Kapitel 5.2) der Datenwerte an der Probenposition.

1. Bestimme die lokale Koordinate $\xi_i = \boldsymbol{J}^{-1}(\boldsymbol{x}_i) \cdot \boldsymbol{x}_i$.
2. $\Delta\boldsymbol{x}$ ist die Entfernung der Probenpositionen:

   $$\Delta\boldsymbol{x} = \boldsymbol{x}_{i+1} - \boldsymbol{x}_i \ ,$$

   x ist die vorherige Probenposition: $\boldsymbol{x} = \boldsymbol{x}_i$.
3. Transformiere den Vektor $\Delta\boldsymbol{x}$ in den Berechnungsraum

   $$\Delta\xi = \boldsymbol{J}^{-1}(\boldsymbol{x}) \cdot \Delta\boldsymbol{x}.$$
4. Bestimme die neue lokale Koordinate $\xi = \xi_i + \Delta\xi$.

5a. Falls $\xi \notin [-1, 1]$:

   Wechsle zur entsprechenden Nachbarzelle.

   Bestimme einen neuen Zielvektor mit dem Schwerpunkt der neuen Zelle $\Delta\boldsymbol{x} = \boldsymbol{x}_{i+1} - \boldsymbol{x}_s$

   Weiter bei Schritt 3 mit $\boldsymbol{x} = \boldsymbol{x}_s$

5b. Falls $\xi \in [-1, 1]$:

   Transformiere ξ in den physikalischen Raum

   $$\boldsymbol{x} = \sum_{i=1}^{n} N_i(\xi) \cdot \boldsymbol{x}_i.$$

6a. Falls $\boldsymbol{x}_{i+1} - \boldsymbol{x} > \varepsilon$:

   Bestimme neuen Zielvektor $\Delta\boldsymbol{x} = \boldsymbol{x}_{i+1} - \boldsymbol{x}$

   Weiter bei Schritt 3.

6b. Falls $\boldsymbol{x}_{i+1} - \boldsymbol{x} \leq \varepsilon$:

   ξ ist die gesuchte neue lokale Koordinate ξ_{i+1} in der aktuellen Zelle.

Abb. 9.5. Raycasting Algorithmus für nicht-reguläre Gitter

Mit diesem Verfahren steht die Zelle und die lokale Koordinate der neuen Probenposition innerhalb dieser Zelle fest. Da curvilineare Gitter jedoch aus Hexaedern bestehen, ist die erforderliche Invertierung der Formfunktionen nur iterativ lösbar (s. Kap. 5.4) und das Verfahren somit sehr langsam.

Allgemein stellt sich beim Raycasten nicht-regulärer Gitter die Frage, ob ein Abtasten des Datenfeldes mit konstanter Schrittweite sinnvoll ist, da eine konstante Schrittweite zu Supersampling innerhalb großer Zellen und zu Subsampling in Bereichen kleiner Gitterzellen führt. Es bietet sich an, die Datenauswertung jeweils am Schnittpunkt des Strahls mit den Zellflächen durchzuführen[1]. Berechnet man vom gegebenen Eintrittspunkt des Strahls in einer Zelle mit Hilfe der Strahlrichtung den Austrittspunkt, so müssen alle Hexaederflächen (außer der durch den der Strahl in die Zelle eintritt) auf einen möglichen Schnittpunkt mit dem Strahl getestet werden. Dadurch ist zwar direkt bekannt, in welcher Zelle der Strahl fortgesetzt wird, jedoch ist das Verfahren anfällig, wenn ein Gitterpunkt oder eine Zellkante direkt getroffen oder, wenn der Strahl genau auf einer Zellfläche entlangführt. Desweiteren ist die Interpolation des Datenwertes innerhalb einer Zellfläche nicht einfacher als die Interpolation im Zellinneren; in beiden Fällen ist eine parametrische Interpolation notwendig.

Aus dem hier dargelegten wird deutlich, welch enormer Rechenaufwand mit der Strahlverfolgung innerhalb des physikalischen Raumes eines curvilinearen Gitters verbunden ist. Ramamoorthy et al. beschreiben eine Realisierung des Raycastingverfahrens auf dieser Grundlage [RaWi-92]. Von den Autoren werden Renderingzeiten von ca. 3300 CPU Sekunden[2] für ein 500x500 Pixel großes Bild des Bluntfin Datensatz [Hung-85] genannt.

Strahlverfolgung im Berechnungsraum

Die rechenaufwendige Strahlverfolgung und Datenabtastung innerhalb eines curvilinearen Gitters machen das Raycasting in der beschriebenen Form sehr langsam und damit für den tatsächlichen Einsatz in einem interaktiven Visualisierungssystem nahezu unbrauchbar. Allerdings kann der Rechenaufwand enorm reduziert werden, wenn die Strahlverfolgung im Berechnungsraum eines curvilinearen Gitters geschieht. Dieses Prinzip ermöglicht Renderingzeiten in der selben Größenordnung, wie sie für regulär strukturierte Gitter benötigt werden [Früh-94b].

Das vom Autor entwickelte, neue Konzept des Raycasting curvilinearer Gitter beruht auf der Tatsache, daß durch Sampling im Berechnungsraum das selbe Bild berechnet werden kann, wie durch Abtasten der Datenwerte im physikalischen Raum. Abbildung 9.6 zeigt schematisch Abtaststrahlen R_p im physikalischen Raum eines curvilinearen Gitters. Wie in Kapitel 5.4 beschrieben, ist es möglich, für jeden beliebigen Punkt im physikalischen Raum eine eindeutige Abbildung in den Berechnungsraum zu finden. Dementsprechend können auch die Taststrahlen, stellt man sie sich als verbundene, gerade Linien von Punkten vor, eindeutig in den Berechnungsraum transformiert werden.

Die rechte Seite der Abbildung zeigt die transformierten Taststrahlen R_c. Hier wird deutlich, daß im Berechnungsraum die zwei Probleme der Strahlverfolgung in nicht-regulären Gittern einfach gelöst werden können: Die Zellidentifikation an einer Probenposition ist durch den ganzzahligen Anteil der C-Space Koordinate ξ

---

[1] Es ist zu beachten, daß nicht-äquidistante Probenpositionen bei der Akkumulation der Pixelfarbe (s. Kapitel 9.3.3) berücksichtigt werden müssen.

[2] Sun-4/110, 32 MB Hauptspeicher

implizit gegeben. Zusätzlich ermöglicht die reguläre Struktur des Berechnungsraums das Datenabtasten durch trilineare Interpolation.

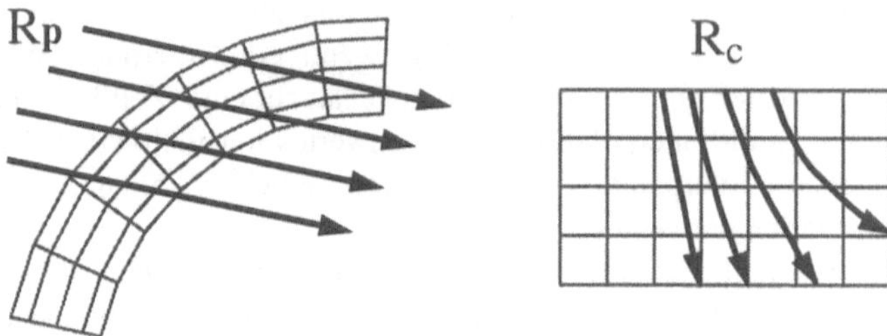

Abb. 9.6. Die Transformation der Taststrahlen vom physikalischen Raum in den Berechnungsraum erleichtert die Zellidentifikation und die lokale Interpolation an den Probenpositionen

Allerdings ist eine Transformation einzelner Punkte entlang der Strahlen R_p sehr aufwendig und letztlich identisch mit der im vorigen Abschnitt beschriebenen Strahlverfolgung im physikalischen Raum ist: Sie erfordert nämlich die Identifikation der Zelle eines jeden zu transformierenden Punktes sowie die lokale Transformation, die im Falle des aus Hexaedern bestehenden, curvilinearen Gitters eine iterative Lösung z.B. durch das Newton-Raphson Verfahren nötig macht.

Die Transformation der Strahlen in den Berechnungsraum ist wesentlich schneller durchzuführen, wenn man sich lokale Kohärenzen zu Nutze macht: Aus der theoretisch unendlichen Anzahl möglicher Taststrahlen im physikalischen Raum werden dafür diejenigen ausgewählt, die genau durch die Knoten des Gitters verlaufen. Nun werden sie dort als Vektoren konstanter Länge interpretiert, deren Richtung durch den Blickwinkel und die gewählte Perspektive bestimmt ist.

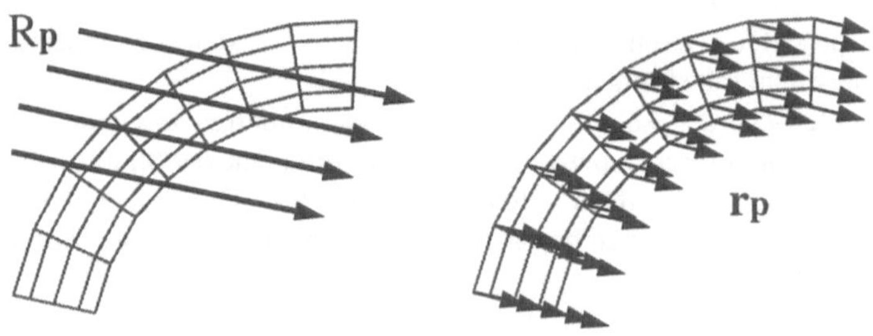

Abb. 9.7. Die Taststrahlen R_p werden als Vektoren r_p an den Gitterknoten interpretiert.

Der Vorteil dieses Vorgehens liegt darin, daß die isoparametrische Formulierung der Hexaederzellen die Transformation der Vektoren r_p in den Berechnungsraum mittels der selben Transformationsvorschrifft erlaubt, wie die Transformation der lokalen Koordinaten. Analog zur Transformation eines an den Gitterknoten definierten Geschwindigkeitsfeldes (Gl. 6.27) werden die Vektoren r_p folgendermaßen in den Berechnungsraum transformiert:

$$\boldsymbol{r}_c(\xi) = \boldsymbol{J}^{-1}(\boldsymbol{x}) \cdot \boldsymbol{r}_p(\boldsymbol{x}). \tag{9.3}$$

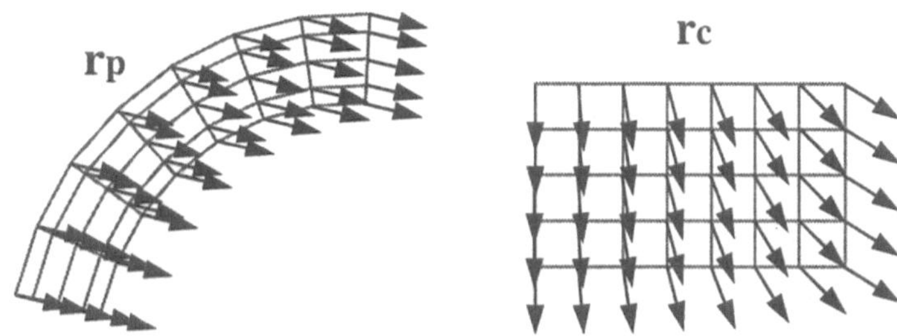

Abb. 9.8. Die Vektoren r_p werden in den Berechnungsraum transformiert. Die Richtung und Länge der Vektoren r_c ist durch die lokale Jacobi Matrix und somit durch die lokale Ausrichtung und Verzerrung des Gitters bestimmt.

Die Jacobi Matrix $\boldsymbol{J}$ kann an inneren Gitterknoten mittels zentraler Differenzen berechnet werden[1]:

$$\boldsymbol{J} = \left[\frac{\partial \boldsymbol{x}}{\partial \xi}\right] \approx \left[\frac{\Delta \boldsymbol{x}}{\Delta \xi}\right] = \frac{1}{2} \cdot \begin{bmatrix} \boldsymbol{x}_{i+1,j,k} - \boldsymbol{x}_{i-1,j,k} \\ \boldsymbol{x}_{i,j+1,k} - \boldsymbol{x}_{i,j-1,k} \\ \boldsymbol{x}_{i,j,k+1} - \boldsymbol{x}_{i,j,k-1} \end{bmatrix}^T \tag{9.4}$$

An äußeren Gitterknoten erfolgt die Approximation durch Vorwärts- bzw. Rückwärtsdifferenzen. Die Tangentialkurven des Vektorfelds $\boldsymbol{r}_c$ entsprechen nun den Teststrahlen $\boldsymbol{R}_c$ im Berechnungsraum. Es gilt:

---

[1] Eine genauere Strahlverfolgung im Berechnungsraum ist möglich, wenn ein Vektor für jeden Knoten jedes Elements, d.h. 8 mal für innere Knoten berechnet wird. Dazu muß die Jacobimatrix jeweils mittels Vorwärts- oder Rückwärtsdifferenzen bestimmt werden (s. auch Kap. 7.2.1). An dieser Stelle ist also eine Abwägung zwischen Abbildungsqualität und Speicherbedarf möglich.

$$\frac{d\xi}{dt} = r_c(\xi) \tag{9.5}$$

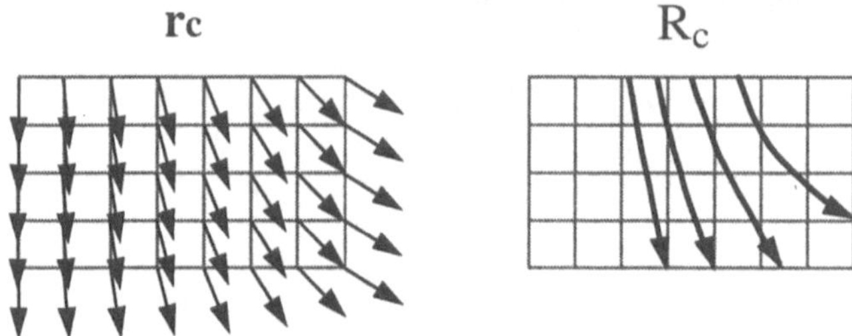

Abb. 9.9. Die Teststrahlen R_c im Berechnungsraum sind die Stromlinien des Vektorfelds r_c

Nachdem die Transformation in einer Schleife über alle Knoten des Gitters ausgeführt ist, kann daher ein einzelner Teststrahl durch schrittweise Integration innerhalb des Vektorfelds r_c bestimmt werden.

$$\xi_{i+1} = \xi_i + \int_{t_i}^{t_{i+1}} r_c(\xi_{i+1})dt \tag{9.6}$$

Die Integration kann, analog zur Berchnung von Partikelbahnen, mit einem der in Kapitel 5 vorgestellten Verfahren realisiert werden. Die Integrationsschrittweite ist dabei umgekehrt proportional zum lokalen Vektor r_c zu variieren, um eine, der Gitterdichte angepaßte, Abtastung zu gewährleisten.

Es wurde untersucht, inwieweit bei der numerischen Integration der Verlauf der Taststrahlen im Berechnungsraum einer Geraden im physikalischen Raum entspricht. Eine zu starke Abweichung von der Geraden würde eine Verzerrung der Abbildung bedeuten, die die Qualität der Darstellung mindert. Dazu wurde für jeden Strahl der effektive Austrittsort in den physikalischen Raum zurück transformiert und die Abweichung von der idealen Geraden (über die Lauflänge akkumuliert) berechnet. Die Messungen wurden bei bei verschiedenen Datensätzen und unter verschiedenen Blickrichtungen für verschiedenene Integrationsverfahren durchgeführt. Die folgende Tabelle (Abb. 9.10) zeigt eine dieser Auswertungen.

Es wurde hier ein Datensatz mit einer sehr starken Verzerrung des Gitters ausgewählt. Ferner wurde die Blickrichtung so eingestellt, daß der Strahlverlauf im Berechnungsraum möglichst gekrümmt verlief. Die Werte dokumentieren dementsprechend den schlechtesten der gemessenen Fälle. Zu beachten ist, daß die Strahlabweichung die Akkumulation aller Transformations-, Integrations- und Interpolationsfehler bei der Strahlverfolgung darstellt.

Die Beurteilung von Qualitätskennzahl und Rechenaufwand zeigt, daß die Konfigurationen (RK2 / 0.25) und (RK4 / 0.5) in etwa eine gleich hohe Güte bei der Strahlverfolgung erreichen. Dabei ist der Rechenaufwand jedoch beim Verfahren vierter Ordnung (Schrittweite 0.5) mit 2.86 geringer gegenüber einem Wert von 3.41 beim RK2 (Schrittweite 0.25). *Das RK4 mit zwei Integrationschritten pro Gitterelement repräsentiert somit die beste, getestete Konfiguration bei der Strahlverfolgung im Berechnungsraum.* Es stellt sich (theoretisch) die Frage, ob ein Integrationsverfahren noch höherer Ordnung u.U. eine noch besseres Verhältnis von Strahlverfolgungs-Qualität zu Rechenaufwand aufweist (s.a. Kapitel 6.4.3). Dies ist jedoch für das Raycasting irrelevant, da bei einer größeren Schrittweite das zu visualisierende Datenfeld nicht mehr entsprechend dem Niquist Kriterium abgetastet würde, so daß die Abbildungsqualität sinken würde.

Integrations-verfahren Schrittweite	Strahl-Deviations-Klassen (K_i)	Prozentualer Anteil (n_{Ki})	Qualitätskenn-zahl: $Q = -\sum n_{Ki} \cdot i$	Normierte Rechendauer
RK2 / 1.0			**-71,22**	**1,0**
	K_0: 0-1 Grad	45.48		
	K_1: 1-2 Grad	42.47		
	K_2: 2-3 Grad	7.75		
	K_3: 3-4 Grad	4.03		
	K_4:4-5 Grad	0.29		
RK2 / 0.5			**-11,82**	**1,82**
	K_0: 0-1 Grad^0	89,81		
	K_1: 1-2 Grad	9,18		
	K_2: 2-3 Grad	1,01		
RK2 / 0.25			**-0,14**	**3,41**
	K_0: 0-1 Grad	99,86		
	K_1: 1-2 Grad	0,14		
RK4 / 1.0			**-16,20**	**1,59**
	K_0: 0-1 Grad	84,51		
	K_1:1-2 Grad	14,78		
	K_2: 2-3 Grad	0,71		
RK4 / 0.5			**-0,29**	**2,86**
	K_0: 0-1 Grad	99,71		
	K_1: 1-2 Grad	0,29		
RK4 / 0.25			**0,00**	**5,32**
	K_0:0-1 Grad	100,0		

Abb. 9.10. Qualität vs. Rechenaufwand bei verschiedenen Integrationsverfahren und Schrittweiten.

Im Gegensatz zum Raycasting im physikalischen Raum wird bei der Strahlverfolgung im Berechnungsraum also eine erste Schleife über alle Knoten des Gitters ausgeführt, die gefolgt wird von der traditionellen Schleife über alle Pixel des Bildes.

1. Für alle Knoten des Gitters

   Berechne und speichere den C-Space Vektor r_c

2. Für alle Pixel des Bildes

   Verfolge den Teststrahl im C-Space

Abb. 9.11. Zwei-Teilung des Algorithmus zum Raycasting im Berechnungsraum

Die Akkumulation der Pixelfarbe und Pixelopazität (s. Kapitel 9.3.3) erfolgt während der Integration der Teststrahlen im Berechnungsraum. Es ist zu beachten, daß im Gegensatz zur Partikelverfolgung innerhalb eines Geschwindigkeitsfeldes die Position einer Probe beim Raycasting nicht zurück in den physikalischen Raum transformiert werden muß. Wird für ein neues Bild die Blickrichtung und die Perspektivart bei veränderten Mappingparametern beibehalten, so entfällt die Neu-Berechnung des Vektorfelds r_c.

Zum Start der Integration durch den Berechnungsraum muß die C-Space Koordinate des Punktes bekannt sein, an dem ein Strahl in das Gitter eindringt. Hierfür wurde die im vorigen Kapitel beschriebene Methode der Farbkodierung weiterentwickelt:
Nachdem durch die erste Projektion aller äußeren Zellflächen des curvilinearen Gitters die Zelle selbst identifiziert ist, kann durch eine zweite Projektion mittels Gouraud Farbinterpolation die lokale C-Space Koordinate direkt bestimmt werden. Dazu werden den Eckpunkten der *äußeren* Zellflächen entsprechend dem folgenden Schema Farbwerte zugewiesen.

Lokale Knotennummer	Globale C-Space Koordinate ξ,η,ζ	*rgb* Farbe im ersten Bild	*rgb* Farbe im zweiten Bild
1	i, j, k	i, j, k	0, 0, 0
2	i+1, j, k	i, j, k	255, 0, 0
3	i, j+1, k	i, j, k	0, 255, 0
4	i+1, j+1, k	i, j, k	255, 255, 0
5	i, j, k+1	i, j, k	0, 0, 255
6	i+1, j, k+1	i, j, k	255, 0, 255
7	i, j+1, k+1	i, j, k	0, 255, 255
8	i+1, j+1, k+1	i, j, k	255, 255, 255

Abb. 9.12. Falschfarbendarstellung der äußeren Gitterflächen zur Identifikation der lokalen Koordinaten eines Strahl-Startpunktes

Die Hardware moderner Graphikworkstations ermöglicht die schnelle Gouraud Interpolation der Knotenfarben. Durch die lineare Interpolation auf den Kanten werden dabei die Farben innerhalb der Flächen quadratisch interpoliert. Dies entspricht genau der Interpolationsgüte der trilinearen Interpolation bzw. der parametrischen Interpolation in einem 8-Knoten Hexaeder. Die Pixelfarben rgb_1 und rgb_2 werden jeweils registriert; für die globale C-Space Koordinate eines Punkts auf der äußeren Fläche des curvilinearen Gitters folgt somit:

$$\begin{aligned} \xi &= r_1 + r_2/255 \\ \eta &= g_1 + g_2/255 \\ \zeta &= b_1 + b_2/255 \end{aligned} \tag{9.7}$$

Mit dem so gewonnenen Startvektor kann nun ein Teststrahl schrittweise durch das curvilineare Gitter verfolgt werden. Das Sampling im regulär strukturierten Berechnungsraum erfolgt durch trilineare Interpolation entsprechend Gleichung 5.2.

9.3.2 Raycasting unstrukturierter Gitter

Die numerische Simulation von Strömungen auf unstrukturierten Gittern gewinnt durch die automatische Gittergenerierung, z.B. durch die Advancing Front Methode oder durch Delaunay Triangulierung, zunehmend an Bedeutung. Diese Verfahren erzeugen Gitter aus linear-interpolierenden 4-Knoten Tetraedern. Das Raycasting solcher Gitter wird im folgenden beschrieben; im Fall, daß unstrukturierte Gitter andere Zellprimitive, wie z.B. Prismen, enthalten, können diese in Te-traeder zerlegt werden (s. Kapitel 7).

Im folgenden Abschnitt wird zunächst auf die Strahlverfolgung durch den physikalischen Raum eines Tetraedergitters eingegangen. Danach wird die vom Autor entwickelte Strahlverfolgung im Berechnungsraum vorgestellt, die eine deutliche Reduzierung des Rechenaufwands mit sich bringt.

Strahlverfolgung im physikalischen Raum eines unstrukturierten Gitters

Die Identifikation derjenigen Zelle, durch die ein Teststrahl zuerst in das Gitter eindringt, kann bei unstrukturierten Gittern prinzipiell mit den selben Verfahren realisiert werden, wie im vorigen Kapitel für die curvilinearen Gitter beschrieben. Auch bei unstrukturierten Gittern bietet sich das hardwareunterstützt Rendern der farbkodierten Außenflächen des Gitters an. Allerdings sind die Elemente hier nicht über *ijk* Indizes adressierbar, sondern über ihre Nummer in der Elementliste. Verwendet man das *rgb* Farbsystem bei 8 Bit Farbtiefe zur Kodierung der Elemente, so können beim Lesen der Pixelfarben 256^3 Elemente unterschieden werden.

Entsprechend ihrer zugehörigen Elementnummer *n* wird eine äußere Fläche mit folgenden *rgb* Farben gerendert:

$$\begin{aligned} r &= int(n/256^2) \\ g &= int((n - r \cdot 256^2)/256) \cdot \\ b &= n - r \cdot 256^2 - g \cdot 256 \end{aligned} \tag{9.8}$$

Die Nummer des Elements, das auf ein Pixel mit der Farbe *rgb* projiziert wird, ist dann:

$$n = r \cdot 256^2 + g \cdot 256 + b \tag{9.9}$$

Entlang des Strahls müssen nun die Tetraeder identifiziert werden, in denen die Probenpositionen liegen. Zur Vereinfachung der Suche schlägt Garrity [Garr-90] vor, dazu jeweils den Austrittspunkt des Strahls aus einer Zelle zu bestimmen, um so – unter Verwendung einer in einem Vorverarbeitungsschritt erstellten Nachbarschaftsliste (s. Kapitel 3.2.1) – diejenige Zelle zu identifizieren, in der sich der Strahl fortsetzt. Die Schnittpunkte mit den Zellflächen dienen gleichzeitig als Probenpositionen, so daß ein Subsampling von Bereichen kleiner Gitterzellen verhindert wird.

Als potentielle Austrittsflächen kommen alle Flächen des Tetraederelements in Frage, außer derjenigen, durch die der Strahl in die Zelle eintrat. Man bestimmt die Fläche, durch die der Strahl wirklich die Zelle verläßt folgendermaßen: Ausgehend vom bekannten Eintrittspunkt, wird durch Schneiden des Strahls mit den Ebenen der drei in Frage kommenden Flächen jeweils der Parameter α entlang des Strahls bis zum Schnittpunkt berechnet. Die Austrittsfläche ist diejenige, deren Schnittpunkt dem Eintrittspunkt in Strahlrichtung am nächsten liegt, d.h. die mit dem kleinsten positiven Wert α (s. Abbildung 9.13; die Skizze zeigt das Prinzip am Beispiel eines 2D-Dreieckselements).

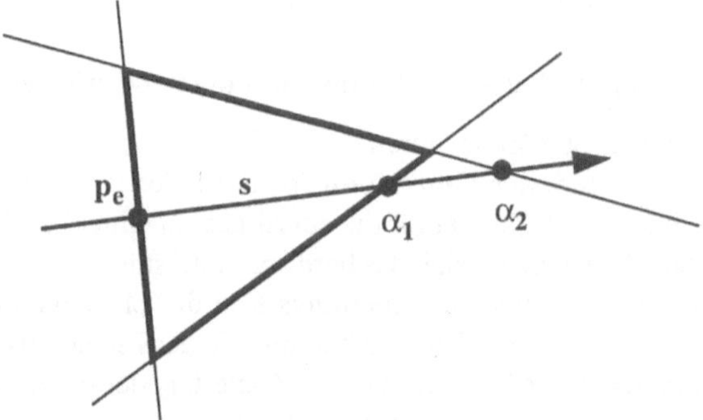

Abb. 9.13. Durch Schneiden des Strahls mit den Ebenen aller Zellflächen wird die Austrittsfläche bestimmt.

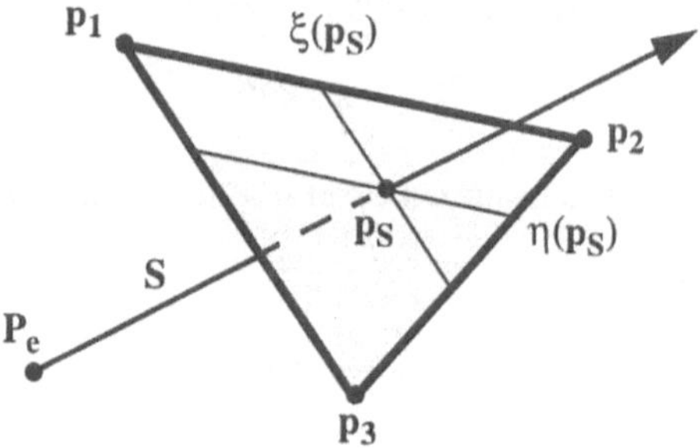

Abb. 9.14. Schneiden des Strahls mit der Austrittsfläche des Tetraeders

Mit den Bezeichnungen in Abbildung 9.14 gilt für die Entfernung vom Eintrittspunkt $\boldsymbol{p}_e$ bis zum Schnittpunkt des Strahls mit der Ebene einer Tetraederfläche $\boldsymbol{p}_s$:

$$\alpha = \frac{(p_1 - p_e) \cdot ((p_2 - p_1) \times (p_3 - p_1))}{S \cdot ((p_2 - p_1) \times (p_3 - p_1))} \tag{9.10}$$

Zur Interpolation der Datenwerte am Schnittpunkt $p_s = \alpha \cdot S$, der Probenposition, müssen die lokalen Koordinaten ξ, η des Schnittpunkts bezüglich der Dreiecksfläche berechnet werden. Auch diese Operation kann durch Vektorprodukte realisiert werden:

$$\xi = \frac{(p_e - p_1) \cdot ((p_3 - p_1) \times S)}{(p_2 - p_1) \cdot ((p_3 - p_1) \times S)} \quad , \tag{9.11}$$

$$\eta = \frac{(p_e - p_1) \cdot ((p_2 - p_1) \times S)}{(p_3 - p_1) \cdot ((p_2 - p_1) \times S)} \quad . \tag{9.12}$$

Damit ist an den Probenpositionen eine parametrische Interpolation der an den Knoten der Austrittsfläche definierten Datenwerte $v(p_i)$ möglich. Mit den Formfunktionen eines „linear interpolierenden Dreieckselements" gilt:

$$v(p_s) = (1 - \xi - \eta) \cdot v(p_1) + \xi \cdot v(p_2) + \eta \cdot v(p_3) \tag{9.13}$$

Mit Hilfe der hier vorgestellten Gleichungen können die Teststrahlen durch ein unstrukturiertes Tetraedergitter verfolgt und die zu visualisierenden Datenwerte entlang des Strahls abgetastet werden. Obwohl die Behandlung von Tetraederelementen aufgrund ihrer linearen Formfunktionen einfacher ist als die von Hexaedern, ist das Verfahren mit einem nicht-unerheblichen Aufwand zur Bestimmung der Probenpositionen und deren lokalen Koordinaten bezüglich der Austrittsfläche behaftet.

Strahlverfolgung im Berechnungsraum eines unstrukturierten Gitters

Die reguläre Struktur des Berechnungsraums erleichtert, wie gezeigt, die Verfolgung der Teststrahlen beim Raycasting curvilinearer Gitter erheblich. Im Falle unstrukturierter Gitter wurde am Beispiel der Partikelbahnberechnung (s. Kapitel 6) deutlich, daß die Rechenoperationen durch die Transformation des Vektorfelds in den lokalen Berechnungsraum jedes einzelnen Elements entlang der Partikelbahn ebenfalls deutlich vereinfacht werden können. Für das Raycasting ist dieses Prinzip noch verlockender, da die Bahnen der Teststrahlen im Gegensatz zu Partikelbahnen nicht in den physikalischen Raum zurücktransformiert werden müssen.

Das Interpolieren an den Probenpositionen erfordert bei der Strahlverfolgung im physikalischen Raum jeweils die Transformation in die lokalen Koordinaten der Austrittsfläche des Strahls aus einer Zelle. Bei der Strahlverfolgung im Berechnungsraum liegen die Probenpositionen dagegen direkt in den lokalen Koordinaten der Zellen vor, so daß eine Transformation nicht erforderlich ist. Daneben ist die Bestimmung des Schnittpunkts des Strahls mit der Austrittsfläche im Berechnungsraum wesentlich einfacher als im physikalischen Raum.

Aufgrund der Tatsache, daß beim Raycasting die Zellen des Gitters jeweils meist von mehreren Teststrahlen durchquert werden und dadurch innerhalb einer einzelnen Zelle u.U. viele Proben liegen, kann durch Ausnutzen lokaler Kohärenzen der Berechnungsaufwand stark reduziert werden. Bei curvilinearen Gittern wurde dazu das Feld der Taststrahlen an den Knotenpunkten in den globalen Berechnungsraum transformiert und bei der Verfolgung der einzelnen Strahlen zur trilinearen Interpolation innerhalb der Zellen genutzt. Bei unstrukturierten Gittern gibt es keinen globalen Berechnungsraum; allerdings haben Tetraedergitter den Vorteil, daß die Transformation von Teststrahlen unabhängig vom Ort innerhalb einer Zelle ist, so daß in einem Vorverarbeitungsschritt mit einer Schleife über alle Zellen des Gitters das Blickrichtungsfeld in die lokalen Berechnungsräume der Zellen transformiert werden kann.

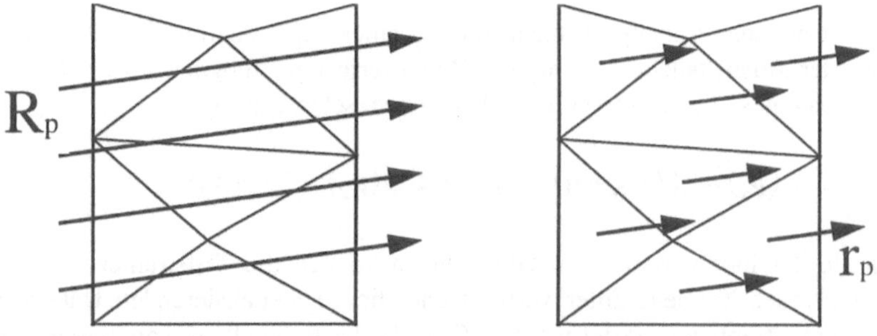

Abb. 9.15. Die Strahlen $\mathbf{R}_p$ werden als Vektorfeld $\mathbf{r}_p$ mit je einem Vektor pro Element interpretiert.

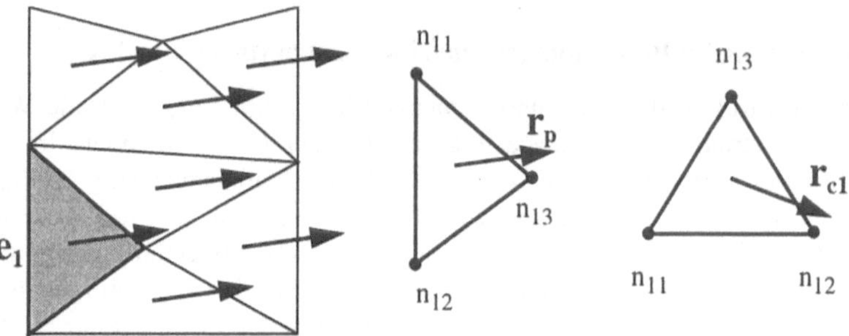

Abb. 9.16. Für jedes Element wird der Blickrichtungsvektor $\mathbf{r}_p$ in den lokalen Berechnungsraum transformiert.

Die Transformation in den lokalen Berechnungsraum erfolgt mit der Inversen der Jacobimatrix $\boldsymbol{J}$. Diese enthält die partiellen Ableitungen der physikalische Koordinaten x, y, z nach den drei unabhängigen lokalen Koordinaten ξ, η, ζ. Aufgrund der linearen Formfunktionen des Tetraeders sind die lokalen Ableitungen innerhalb einer Zelle konstant. Bei der Verfolgung der einzelnen Strahlen braucht der lokale Blickrichtungsvektor deshalb nicht mehr interpoliert werden.

$$\boldsymbol{r}_c = \boldsymbol{J}^{-1} \cdot \boldsymbol{r}_p \tag{9.14}$$

Mit den Gleichungen 5.23, 5.29 und 5.32 folgt:

$$\boldsymbol{r}_c = \begin{bmatrix} r_{c\xi} \\ r_{c\eta} \\ r_{c\zeta} \end{bmatrix} = \begin{bmatrix} x_{n1} - x_{n4} & x_{n2} - x_{n4} & x_{n3} - x_{n4} \\ y_{n1} - y_{n4} & y_{n2} - y_{n4} & y_{n3} - y_{n4} \\ z_{n1} - z_{n4} & z_{n2} - z_{n4} & x_{n3} - z_{n4} \end{bmatrix} \cdot \begin{bmatrix} r_{px} \\ r_{py} \\ r_{pz} \end{bmatrix} . \tag{9.15}$$

Hierbei sind $\boldsymbol{x}_{ni}$ die Knotenkoordinaten des jeweiligen Tetraederelements. Wie die baryzetrischen Koordinaten des Tetraeders selbst, besitzt auch der Blickrichtungsvektor eine vierte, abhängige Komponente:

$$r_{c\delta} = -r_{c\xi} - r_{c\eta} - r_{c\zeta} . \tag{9.16}$$

Die lokalen Koordinaten des Austrittspunkts $\boldsymbol{p}_a$ lassen sich bei gegebenem Eintrittspunkt $\boldsymbol{p}_e$ und Blickrichtungsvektor $\boldsymbol{r}_c$ im Berechnungsraum einfacher bestimmen als im physikalischen Raum. Aufgrund der linearen Formfunktion verläuft ein Strahl auch im lokalen Berechnungsraum eines Tetraeders gerade![1] Es gilt daher:

$$\boldsymbol{p}_a = \boldsymbol{p}_e + \alpha \cdot \boldsymbol{r}_c . \tag{9.17}$$

Als Austrittsflächen des Strahls kommen wieder alle Tetraederflächen außer der Eintrittsfläche in Frage. Für die vier Tetraederflächen gilt per Definition:

$$f_1\colon\ 0 = \xi \qquad f_2\colon\ 0 = \eta \qquad f_3\colon\ 0 = \zeta \qquad f_4\colon\ 0 = (1 - \xi - \eta - \zeta) .$$

Somit folgt für die vier Lösungen von α:

---

[1] Bei den Hexaederelementen des curvilinearen Gitters war das nicht der Fall, weshalb die Bahn dort durch schrittweise Integration berechnet werden mußte.

$$
\begin{aligned}
\alpha_1 &= -\frac{p_{e\xi}}{r_{c\xi}} \\
\alpha_2 &= -\frac{p_{e\eta}}{r_{c\eta}} \\
\alpha_3 &= -\frac{p_{e\zeta}}{r_{c\zeta}} \\
\alpha_4 &= -\frac{1 - p_{e\xi} - p_{e\eta} - p_{e\zeta}}{-r_{c\xi} - r_{c\eta} - r_{c\zeta}}
\end{aligned}
\qquad (9.18)
$$

Der Austrittspunkt aus dem – im Berechnungsraum regulären – Tetraeder ist wieder derjenige mit dem kleinsten, positiven Wert α (s. Abbildung 9.17).

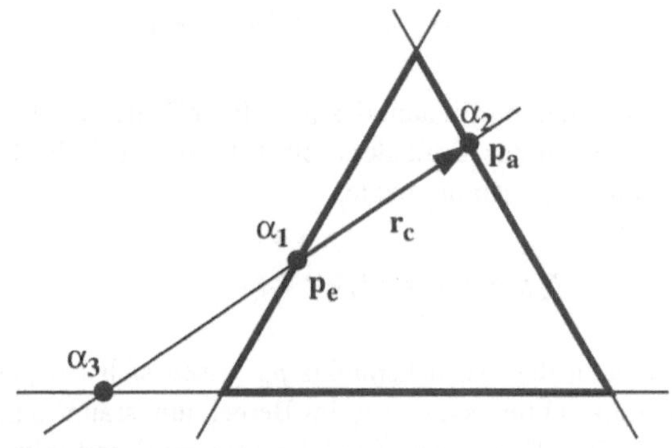

Abb. 9.17. Berechnung des Austrittspunkts eines Strahls im Berechnungsraum einer Zelle des unstrukturierten Gitters (Die Skizze zeigt das Prinzip am Beispiel eines 2D-Dreieckselements)

Mit Gleichung 9.17 liegen danach sofort die lokalen Koordinaten des Austrittspunkts vor. Die parametrische Interpolation der, an den Knoten der Austrittsfläche definierten, Datenwerte $v(p_i)$ am Austrittspunkt erfolgt mit der bekannten Formfunktion des 4-Knoten Tetraeders:

$$
v(p_a) = v(p_1) \cdot p_{a\xi} + v(p_2) \cdot p_{a\eta} + v(p_3) \cdot p_{a\zeta} + v(p_4) \cdot 1 - p_{a\xi} - p_{a\eta} - p_{a\zeta} \qquad (9.19)
$$

Die lokalen Koordinaten des Austrittpunkts können in lokale Koordinaten des Eintrittspunkts in der Nachbarzelle überführt werden, in der sich der Strahl fortsetzt; allerdings muß dafür die Orientierung der beiden Zellen zueinander beachtet werden. Es existieren 64 verschiedene, prinzipielle Orientierungen zweier benachbarter Tetraeder zueinander; Abbildung 9.18 zeigt eine davon:

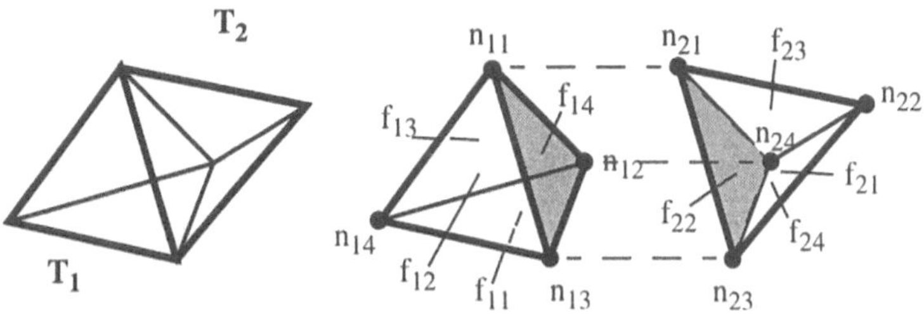

Abb. 9.18. Zwei benachbarte Tetraeder mit ihren lokalen Knoten- und Flächennummerierungen.

Im dargestellten Beispiel liegen die Tetraederflächen f_{14} und f_{22} aneinander, und zwar in der Orientierung, daß die Knotenpaarungen n_{11}/n_{21}, n_{12}/n_{24} und n_{13}/n_{23} bestehen. Mit den Definitionen:

$$\xi(f_{i1}) = 0 \qquad \eta(f_{i2}) = 0 \qquad \zeta(f_{i3}) = 0 \qquad \delta(f_{i4}) = 0$$

folgt für die Umwandlung der lokalen Koordinaten beim Übergang von T_1 zu T_2 in diesem Beispiel:

$$\xi_2 = \xi_1 \qquad \eta_2 = \delta_1 = 0 \qquad \zeta_2 = \zeta_1 \qquad \delta_2 = \eta_1 .$$

Es ist sinnvoll, die Orientierungen der Tetraeder zueinander schon beim Aufstellen der Nachbarschaftsliste mit zu bestimmen, so daß beim Verfolgen der Strahlen durch das Tetraedergitter für die Umwandlung der lokalen Koordinaten kein Aufwand entsteht.

Sollen die Teststrahlen im Berechnungsraum verfolgt werden, so müssen die lokalen Koordinaten des Eintrittspunkts eines Strahls in das Gitter bekannt sein. Wie im Fall der curvilinearen Gitter kann dazu die Methode der Farbkodierung der äußeren Gitterflächen erweitert werden. Die Elementnummer wird, wie im vorigen Kapitel beschrieben, bestimmt; zur Berechnung der lokalen Koordinate werden die äußeren Flächen des Gitters ein zweites mal farbkodiert gerendert. Dabei werden die drei unabhängigen lokalen Koordinaten ξ, η, ζ auf *r*, *g* und *b* abgebildet:

Lokale Knotennummer	Lokale C-Space Koordinate ξ, η, ζ	*rgb* Farbe im zweiten Bild
1	1, 0, 0	255, 0, 0
2	0, 1, 0	0, 255, 0
3	0, 0, 1	0, 0, 255
4	0, 0, 0	0, 0, 0

Abb. 9.19. Falschfarbendarstellung zur Identifikation eines Strahl-Startpunktes beim Raycasting im Berechnungsraum unstrukturierter Tetraedergitter

Durch die lineare Interpolation der Farben auf den Flächenkanten kann die lokale Koordinate ξ des Eintrittspunkts des Strahls direkt aus der *rgb* Farbe des entsprechenden Pixels bestimmt werden:

$$\begin{aligned} \xi &= r/255 \\ \eta &= g/255 . \\ \zeta &= b/255 \end{aligned} \qquad (9.20)$$

9.3.3 Bildmischung

Mapping auf Farbe und Opazität

Raycasting ermöglicht die Abbildung skalarer Größen auf Farbe und Opazitiät. Dadurch sind semi-transparente, opake und gemischte semi-transparent/opake Darstellungen möglich. Z.B. ermöglicht die Abbildung eines Datenwertes auf einen Opazitätswert gleich *Eins* die Visualisierung von virtuellen Oberflächen innerhalb des Datenvolumens, d.h. von Niveauflächen.

Die Abbildung auf Farbe kann prinzipiell mit einer beliebigen Transferfunktion geschehen; es haben sich aber bestimmte Farbtabellen für den menschlichen Betrachter als besonders intuitiv erwiesen. Insbesondere wird meist nicht das ansonsten in der Computergraphik oft verwendete RGB-Farbmodell benutzt, sondern das *HLS-Modell* (hue, lightness, saturation; d.h. Farbton, Helligkeit, Sättigung). Das HLS-Modell bildet jedoch im Gegensatz zum RGB-Modell keinen orthogonalen Raum; von den drei Komponenten sollte beim Mapping nur der Farbton variiert werden, da bei niedriger Sättigung kein Farbton und bei niedriger Helligkeit weder Farbton noch Sättigung zu erkennen sind. Außerdem wird die Helligkeit in der 3D-Computergraphik für die Schattierung, d.h. zur Darstellung räumlicher Tiefe, verwendet und steht deshalb nicht zur Variation beim Mapping zur Verfügung. Die Abbildung 9.20 zeigt eine typische Farbskala zum Mappen von Werten v im HLS-Modell sowie die entsprechende RGB Farbskala.

Beim Raycasting steht als zusätzlicher Freiheitsgrad die Opazität zur Verfügung. Die im Volumen, d.h. auf dem Simulationsgitter, definierten Daten werden als Medium mit einer bestimmten Lichtdurchlässigkeit betrachtet. In ihrer Auswirkung auf das entstehende Bild entspricht die Opazität der Farbsättigung, da die dem Medium an einer bestimmten Position innerhalb des Volumens zugewiesene Farbe entsprechend der an dieser Stelle vergebenen Opazität in die Pixelfarbe eingeht. Andererseits werden durch eine hohe lokale Opazität weiter hinten liegende Bereiche des Volumens verdeckt, d.h. deren Anteil an der akkumulierten Pixelfarbe verringert. Eine lokale Opazität von „Eins" bedeutet die Lichtundurchlässigkeit an dieser Stelle und kann so zur Darstellung von Niveauflächen im Simulationsbereich benutzt werden[1]. Erreicht ein Teststrahl beim Raycasting eine Probenposition mit einer lokalen Opazität von Eins, so wird die Strahlverfolgung an dieser Stelle abgebrochen und eine Schattierungsberechnung (s.u.) zur besseren räumlichen Darstellung der Niveaufläche durchgeführt.

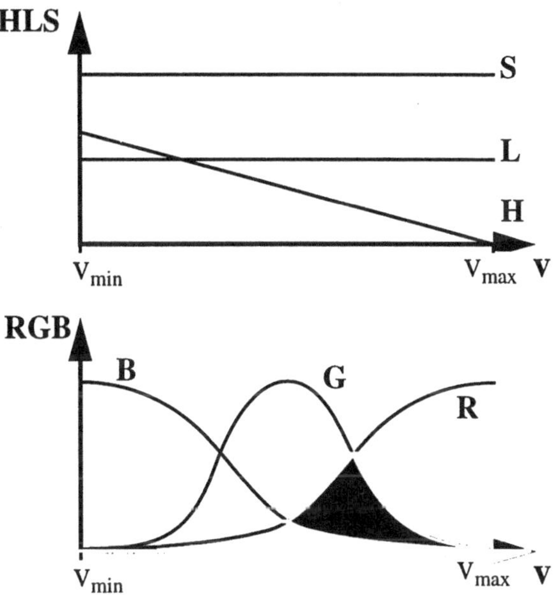

Abb. 9.20. Typische Farbskala zur Abbildung skalarer Werte: Hue [240, 0], Lightness const. = 0.5, Saturation const. = 1.0

[1] Die Opazität kann auch an ein anderes Datenfeld gebunden sein als die Farbe, so daß z.B. eine opake Niveaufläche im Temperaturfeld mit einer semi-transparenten, farbigen Darstellung der Dichteverteilung kombiniert wird.

Zur flexiblen Analyse unbekannter Datenmengen müssen die Transferfunktionen für Farbe und Opazität interaktiv variiert werden können. In diesem Zusammenhang hat sich die graphische Darstellung der einzelnen Transferfunktionen als lineare oder kubische Splinekurven, deren Stützstellen interaktiv manipuliert werden, bewährt. Dadurch lassen sich auch „Treppenfunktionen" sowie periodische „Null-Eins Funktionen" realisieren durch die insbesondere Gradientenverläufe und, wie erwähnt, Niveauflächen dargestellt werden können. Aus den Splinefunktionen werden „Look-Up" Tabellen mit 256 Einträgen erstellt, so daß Farb- und Opazitätswerte während der Strahlverfolgung nicht ständig aus den Splines berechnet werden müssen. Der „Look-Up" Tabellenindex *idx* eines an einer Probe interpolierten (normierten) Datenwertes v_n [0, 1] berechnet sich dann einfach durch:

$$idx = (int)(v_n \cdot 255) \tag{9.21}$$

Zur Unterstützung beim Einstellen der Transferfunktionen ist die gleichzeitige Darstellung eines *Daten-Histogramms* sinnvoll. So können die Transferfunktionen passend zur Charakteristik eines bestimmten Datenfelds definiert werden. Ein Speichern der Splinefunktionen zusammen mit dem Datenfeld ermöglicht die Reproduzierbarkeit generierter Darstellungen.

Materialmodell für semi-transparente Darstellungen

Durch das Mapping wird den Werten eines Datenfeldes Farbe und Opazität zugewiesen. Das Datenfeld wird entlang der Teststrahlen an diskreten Stellen, den Probenpositionen, abgetastet. Es ist nun zu definieren, wie die Pixelfarbe eines Strahls aus den Farben und Opazitäten der Proben berechnet wird. Insbesondere ist zu beachten, daß die Probenpositionen u.U. nicht äquidistant entlang des Strahls verteilt sind, wenn das Datenfeld entsprechend der Gitterdichte abgetastet wird.

Im hier verwendeten Modell wird angenommen, daß sich zwischen den Proben – und somit im gesamten Volumen – ein semi-transparentes Medium befindet, das (ambientes) Licht ausstrahlt, von hinten kommendes Licht teilweise durchläßt, aber auch von hinten kommendes Licht sowie das selbst abgegebene Licht teilweise absorbiert. Dieses Modell baut auf anderen Modellen zum Rendern semi-transparenter Medien auf [KavH-84, Sabe-88] und wurde von Wilhelms und van Gelder für Projektionsverfahren formuliert [WivG-91]. Danach verhalten sich *Opazität O* und *Farbintensität L* entlang des Teststrahls entsprechend:

$$O(s) = 1 - e^{-\Omega(s) \cdot s} \tag{9.22}$$

$$L(s) = \frac{\lambda(s)}{\Omega(s)} \cdot O(s) \quad . \tag{9.23}$$

Hierbei ist s der Laufparameter entlang des Strahls. Ω bezeichnet die *spezifische Opazität* des Mediums und λ die *spezifische Intensität* des vom Medium emittierten Lichts.

Will man nun Farbe und Opazität des Wegstücks zwischen zwei Probenpositionen bestimmen, d.h. über ein Wegstück $d = |p_2 - p_1|$ integrieren, so kann man dazu ein homogenes Medium zwischen den Punkten voraussetzen und dazu Farbe und Opazität der Proben mitteln. Ferner kann man im einfachsten Fall $(1 - e^{-\Omega s})$ durch $min(1,\Omega s)$ approximieren. Dadurch folgt für Opazität O_d und Farbintensität L_d des Strahlstücks:

$$O_d = min(1, (\Omega_a \cdot d)) \tag{9.24}$$

mit $\Omega_a = 1/2 \cdot (\Omega(p_1) + \Omega(p_2))$ und für $\Omega_a \cdot d < 1$:

$$L_d = \lambda_a \cdot d \tag{9.25}$$

mit $\lambda_a = 1/2 \cdot (\lambda(p_1) + \lambda(p_2))$.

Es ist zu beachten, daß auf diese Weise ein homogenes Datenfeld unterschiedlich abgebildet wird, je nachdem wieviele Proben verwendet werden; allerdings ist dieses Verfahren schnell, da keine Exponentialfunktion berechnet werden muß und die Unterschiede sind bei realen Datensätzen visuell praktisch nicht feststellbar. Eine bessere Approximation der Integration ist möglich, wenn man ein homogenes Medium zwischen den Probenpositionen voraussetzt, jedoch die geschlossene Lösung der Gleichungen 9.22 und 9.23 verwendet. Es folgt:

$$O_d = 1 - e^{-\Omega_a \cdot d} \tag{9.26}$$

$$L_d = \frac{\lambda_a}{\Omega_a} \cdot O_d. \tag{9.27}$$

Setzt man kein homogenes Medium voraus, so muß numerisch integriert werden, da keine geschlossene Lösung möglich ist. Dies bedeutet, daß das Datenfeld zwischen den Probenpositionen nochmals an äquidistanten Punkten ausgewertet wird und dazwischen wiederum ein homogenes Medium angenommen wird; somit läuft die numerische Integration auf ein Verringern des Samplingabstands heraus. Da jedoch, wie erwähnt, in praktischen Anwendungen beim Raycasting bereits das Auswerten der Exponentialfunktion keine visuell feststellbare Änderung bewirkt, kann die rechnerisch schnellere Linearisierung verwendet werden.

Akkumulation der Pixelfarbe

Im vorigen Abschnitt wurde beschrieben, wie Farbe und Opazität eines Teststrahlabschnitts zwischen zwei Proben berechnet werden. Diese Werte müssen nun zu einer Pixelfarbe akkumuliert werden. Porter und Duff haben das Verfahren, das schon bei den Projektionsverfahren (Kapitel 9.2) verwendet wurde, zur Berechnung eines Bildpunktes aus einer Liste von Farb- und Transparenzwerten formuliert [Port-84]. Die Pixelfarbe C_P errechnet sich danach durch sog. *alpha-blending* aus den k Segmentfarben c_i und -transparenzen α_i:

$$C_P = \sum_{i=0}^{k} c_i(1-\alpha_i) \prod_{j=0}^{i-1} \alpha_j \qquad (9.2)$$

Verwendet man anstelle von Transparenzwerten, wie in unserer Implementierung Opazitätswerte $O = 1 - \alpha$, so ergibt sich der folgende Algorithmus zur Akkumulation der Pixelfarbe während der Strahlverfolgung:

$$C_{i+1} = (1 - O_i) \cdot C_d + C_i \qquad (9.28)$$

$$O_{i+1} = (1 - O_i) \cdot O_d + O_i . \qquad (9.29)$$

Hierbei ist $O_0 = 0$. Verläßt der Strahl das Volumen, so wird noch die Hintergrundfarbe $C_d = C_K$ mit der Hintergrundopazität $O_d = O_k = 1$ dazugemischt.

Visualisierung von Niveauflächen durch Raycasting

Das oben vorgestellte Materialmodell sieht vor, daß ambientes Licht vom Medium selbst abgegeben wird. Die mit diesem Beleuchtungsmodell erzeugten Bilder bieten keine Information über die räumliche Verteilung der Daten in der Bildtiefe[1]. Die Terminierung der Strahlverfolgung an virtuellen Oberflächen und deren Schattierung bietet die Möglichkeit, einen solchen Tiefeneindruck auch in statischen Bildern zu erzeugen. Dadurch können semi-transparente Darstellungen, die einen Überblick über die gesammte Werteverteilung im Simulationsgitter geben, mit opaken Niveauflächen von interessanten Datenwerten kombiniert werden. Ambientes Licht ist jedoch zur Beleuchtung der Niveauflächen nicht geeignet; zur Schattierungsberechnung muß mindestens eine gerichtete Lichtquelle definiert werden.

Die Schattierung nach dem Gouraud Verfahren [Gour-71] oder auch die Phong-Beleuchtung [BuiT-75] erfordert die Berechnung der lokalen Oberflächennormale. Die virtuellen Oberflächen liegen beim Raycasting jedoch nicht als Polygonnetz vor, so daß keine expliziten Flächennormalen bekannt sind. Es läßt sich jedoch zei-

[1] Ein räumlicher Eindruck kann hier nur durch eine Animationssequenz vermittelt werden, bei der der Blickrichtungsvektor stetig variiert wird (s. Kap. 9.3.4).

gen, daß der Gradientenvektor $\nabla\Phi$ einer skalaren Funktion Φ immer senkrecht auf einer Niveaufläche steht und somit parallel zum Normalenvektor dieser Fläche liegt (s. Kapitel 7). Zur Schattierung von Niveauflächen, die bei Raycasting gefunden wurden, ist also eine Gradientenberechnung notwendig. Diese kann und sollte unabhängig vom Raycasting durchgeführt werden, da das Gradientenfeld eines Simulationsergebnisses ja alleine schon sinnvolle Zusatzinformationen zur Analyse eines Datensatzes beinhaltet. Berechnet man also das Gradientenfeld in einem Vorverarbeitungsschritt an den Knoten, bzw. für die Elemente des Simulationsgitters, so kann der Gradientenvektor an einer beliebigen Position während des Raycasting schnell durch lokale Interpolation bestimmt werden[1].

Während der Strahlverfolgung ist es unwahrscheinlich, daß eine Probenposition *genau* auf die Niveaufläche trifft; vielmehr wird i.allg. an einer Position x_{i-1} der kritische Funktionswert Φ_S noch unterschritten und an der nächsten Probenposition x_i schon überschritten sein (oder umgekehrt). Es sollte jedoch für eine korrekte Bildmischung sowohl die Farbe als auch der Gradientenvektor möglichst direkt am Schnittpunkt mit der Niveaufläche berechnet werden. Dazu wird ein linearer Verlauf von Φ zwischen den Probenpositionen angenommen[2] und die exakte Position x_S auf der Niveaufläche folgendermaßen berechnet:

$$x_S = x_{i-1} + \left(\frac{\Phi_S - \Phi_{i-1}}{\Phi_i - \Phi_{i-1}} \cdot (x_i - x_{i-1})\right). \tag{9.30}$$

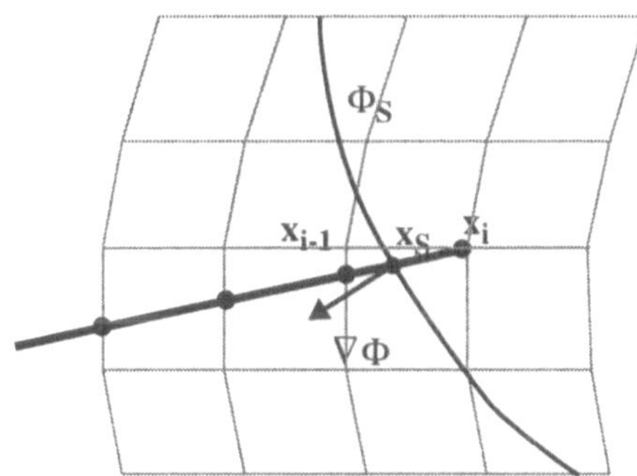

Abb. 9.21. Bestimmung der exakten Probenposition auf einer Niveaufläche

[1] Es ist zu beachten, daß für eine korrekte Beleuchtungsrechnung der C_0 stetigen Niveauflächen u.U. jeweils ein Gradient pro Knoten pro Element (d.h. acht mal pro innerem Knoten eines curvilinearen Gitters) durch Vorwärts- bzw. Rückwärtsdifferenzen vorberechnet werden muß (s. Kap. 7.2.1).

[2] Dies kann eine Vereinfachung bedeuten, da z.B. in 8-Knoten Hexaedern der Funktionsverlauf im Inneren eines Elements cubisch ist.

Es hat sich als sinnvoll erwiesen, die registrierten Niveauflächennormalen zusammen mit den akkumulierten Pixelfarben zu speichern. Dies ermöglicht nach Abbarbeiten des Raycastingalgorithmus eine Variation der Beleuchtung. Dazu wird die Position der gerichteten Lichtquelle(n) interaktiv, z.B. durch eine virtuelle Steuerkugel, verändert. Für eine neue Schattierung ist dann nur noch eine Schleife über alle Pixel des Bildes, notwendig, so daß bei gleichbleibendem Blickwinkel und gleichbleibenden Mappingparametern eine anders beleuchtete Szene in Echtzeit berechnet werden kann.

9.3.4 Previewing und Animation

Die Bild-Berechnungszeit beim Raycasting hängt von mehreren Parametern ab (s. Kapitel 9.3.5); sie kann jedoch grundsätzlich – inbesondere im Vergleich mit dem hardwareunterstützten polygonalen Rendering – als „lang“ bezeichnet werden. Durch den Einsatz leistungsfähiger Mehrprozessor-Maschinen ist das Raycasting zwar innerhalb eines interaktiven Visualisierungssystems praktikabel, die „in Software“ erzielbaren Renderingzeiten erlauben jedoch auch hier keine Visualisierung mit mehreren Bildern pro Sekunde (s. Kapitel 10.2.1). Andererseits hängt die Aussagekraft der erstellten Bilder, d.h. die Qualität der Visualisierung, für den Anwender beim Raycasting von der auf den individuellen Datensatz und auf das momentane Visualisierungsziel abgestimmten Parametrisierung des Verfahrens ab. Eingestellt werden müssen neben dem Blickwinkel insbesondere die Mapping-Transferfunktionen und die Parameter der Strahl-Integration. Erfahrungsgemäß müssen daher mehrere Bilder mit unterschiedlichen Parametern berechnet werden, um eine erfolgreiche Visualisierung zu erreichen. Aus diesem Grunde kommt einem *Pre-Viewing* eine besondere Bedeutung für den praktischen Einsatz des Raycasting bei der interaktiven Strömungsvisualisierung zu.

Da, wie erwähnt, die Bildberechnungsdauer beim Raycasting linear mit der Anzahl der Teststrahlen zunimmt, ist diese Anzahl bei dem realisierten Raycasting Modul des Visualisierungssystems ICV (s. Kap. 11.4) frei wählbar; sie wird über die Auflösung des Bildes geregelt, da jeweils ein Strahl pro Pixel berechnet wird. Bei kleineren Bildern (ca. 100–200 Pixel Kantenlänge) werden meist Renderingzeiten im Bereich von einer Sekunde erreicht. Zur Überprüfung des Visualisierungsergebnisses ist jedoch ein nur „Briefmarken-großes“ Bild wenig geeignet. Aus diesem Grunde wurde die Möglichkeit implementiert, das berechnete Bild frei zu skalieren. Hierbei wird keine Vervielfältigung einzelner Pixel vorgenommen, vielmehr wird das berechntete Bild als 2D-Gitter interpretiert, in dem bilinear interpoliert wird. So kann die Güte der Wahl der Renderingparameter schnell überprüft werden; wenn dann der Benutzer mit den Eistellungen zufrieden ist, wird ein hochaufgelöstes Bild mit entsprechend längerer Berechnungsdauer generiert.

Ein weiteres Hilfsmittel zum erfolgreichen Einsatz des Raycasting in der Praxis ist das implementierte *Animationswerkzeug*. Wie erläutert, vermitteln einzelne, semi-transparente Darstellungen der Datenverteilung im Simulationsgitter keine

Information über die Werteverteilung in der Blickrichtung. Das in Abschnitt 9.3.3.4 beschriebene Verfahren zur Visualisierung opaker Niveauflächen zusammen mit der semi-transparenten Darstellung kann diese Information (beschränkt auf das Gebiet der Nievaufläche) vermitteln. Es wurde nun zusätzlich ein Animationswerkzeug realisiert, daß die Animation mehrerer, unter verschiedenen Blickwinkeln vorberechneter Bilder, ermöglicht. Parametrisiert werden kann dabei eine Rotationsachse, der Winkel um den der Blickpunkt um die Rotationsachse geschwenkt wird sowie die Anzahl der Bilder, mit denen dieser Schwenk aufgelöst werden soll. Durch die Animationen ist selbst beim rein semi-transparenten Raycasting die räumliche Datenverteilung gut zu analysieren. Als weitere Funktionalität wurde die Animation der Opazitäts-Mapping-Transferfunktion realisiert. So kann z.B. der Schwellwert einer opaken Niveaufläche über die Animation kontinuierlich verschoben werden, wodurch eine besonders deutliche Vermittlung der 3D-Datenverteilung möglich ist.

9.3.5 Effizienz und Genauigkeit beim Raycasting

Zur Beurteilung der Effizienz des Raycasting muß die Leistungsfähigkeit dieses Verfahrens zunächst prinzipiell mit anderen Techniken der Volumenvisualisierung verglichen werden: Direktes Volumenrendern ist die einzige Strategie, mit der die holistische Darstellung einer Werteverteilung im 3D-Raum (mit 2D-Displays) zu erzeugen ist; *zugleich* kann nur beim Raycasting detailiert die Lage einzelner, besonders interessanter Daten-Niveaus dargestellt werden. Raycasting ermöglicht dabei eine fast beliebig hohe Qualität der Darstellung durch die freie Wahl der Abtastdichte im Raum. Diese Visualisierungstechnik wird jedoch, im Gegensatz zum Slicing oder der Extraktion polygonaler Niveauflächen, nicht von gängiger Hardware unterstützt, so daß ein interaktives Navigieren des Benutzers durch den Datenraum hier nicht möglich ist. Der Leistungsfähigkeit des Raycasting steht primär der große Rechenaufwand gegenüber – Parallelisierung, Pre-Viewing und Animation ermöglichen jedoch den effizienten Einsatz in der Praxis.

Im Rahmen dieser Arbeit wurde jedoch nicht nur das Raycasting nicht-regulärer Gitter als Verfahren entwickelt und implementiert; es wurden auch Untersuchungen der Effizienz und der Genauigkeit der realisierten Algorithmen durchgeführt (s. auch Abb. 9.10). Dazu wurden jeweils die Qualität der Abbildung und die dafür aufzuwendenden Kosten analysiert. Der Rechenaufwand ist beim Raycasting primär eine Funktion der Anzahl der Abtastpunkte im Volumen, die durch die Anzahl der Taststrahlen sowie die Anzahl der Abtastpunkte entlang der Strahlen bestimmt wird. Hält man diese Werte konstant, so verbleiben die folgenden Faktoren, die die Qualität und den Berechnungsaufwand bestimmen:

- Die Art der Transformation der Taststrahlen vom physikalischen Raum in den Berechnungsraum.

- Das Integrationsverfahren zur Verfolgung der Strahlen im Berechnungsraum (vgl. auch Kap. 6.4.3).
- Das Interpolationsverfahren beim Datensampling (vgl. auch Kap. 5).
- Das Materialmodell.
- Das Beleuchtungsmodell.

Die Qualität und Kosten des Verfahrens sind einerseits immer von der Komplexität der einzelnen, in den vorigen Kapiteln ausführlich behandelten Verfahren und Modelle abhängig; andererseits bestimmt letztlich die Komplexität des zu visualisierenden Datensatzes, welche Qualität jeweils zu wählen ist, damit eine aussagekräftige Visualisierung möglich wird. So muß z.B. bei einer großen Varianz eines Datenwertes im Raum, dichter abgetastet werden, als wenn dieses Datum nahezu konstant ist. Ferner ist es schließlich der sehr *individuelle Eindruck des Anwenders*, der entscheidet, inwieweit eine Darstellung ihm die gewünschte Information bei der Analyse eines Datensatzes liefert.

Dennoch wurden umfangreiche quantitative Auswertungen von Parameter-Variationen beim Raycasting vorgenommen. Ziel war dabei, objektiv zu untersuchen, *wie stark* jeweils die Kosten bei einer Erhöhung der Qualität zunehmen. Es wurden dazu die Berechnungsdauer für die aktuelle Bilderzeugung gemessen und auf eine willkürlich gewählte, niedrigste Qualität bezogen[1]. Die Vor-Berechnungen, die nicht für jedes neue Bild notwendig sind (Gradientenberechnung und Transformation der Blickrichtungsvektoren), wurden dabei nicht in die Berechnungsdauer mit eingerechnet. Folgende Parameter wurden variiert bzw. blieben konstant:

- *Anzahl der Strahlen:* Bei Variation der Strahlanzahl wurde der Bildauschnitt nicht verändert, so daß das Verhältnis der Strahlen, die gar nicht das Gitter trafen, zur Gesamtzahl der Strahlen (ca. 20%) konstant blieb.
- *Integrationsverfahren:* Entsprechend der Beurteilung von Qualität und Kosten der Integrationsverfahren (Kap. 9.3.1) wurde das Runge-Kutta Verfahren vierter Ordnung mit der entsprechenden Anzahl Auswertungen des Vektorfeldes $\boldsymbol{R}_c$ pro Integrationsschritt eingesetzt.
- *Schrittweite:* Es wurde eine adaptive Schrittweitensteuerung eingesetzt, so daß entsprechend der lokalen Elementdicke in Strahlrichtung immer zwei Integrationschritte pro Gitterzelle ausgeführt wurden.
- *Interpolation:* Es wurde immer trilinear in den (im Berechnungsraum regulären) Hexaederzellen des curvilinearen Gitters interpoliert.

---

[1] Absolute Berechnungsdauern, die ja insbesondere von der verwendeten Hardware abhängen, wurden ebenfalls gemessen. Die Ergebnisse dazu werden in Kapitel 10.2 „Parallelisierung rechenaufwendiger Visualisierungstechniken" beschrieben.

- *Mapping-Transferfunktion:* Sie wurde konstant gehalten. Da die Strahlverfolgung abgebrochen wird, wenn die Restopazität unter eine Schwelle ε sinkt, beeinflußt die Transferfunktion die Berechnung erheblich. Es wurde eine solche Transferfunktion gewählt, die gewährleistete, daß sämtliche Strahlen verfolgt wurden, bis sie das Gitter verlassen hatten.

- *Materialmodell:* Es wurde das „homogene Materialmodell“ von Wilhelms und van Gelder (s. Kap. 9.3.3.2) verwendet, mit der Farbintensität als Exponentialfunktion der Materialdicke bzw. mit der Liniearisierung der Exponentialfunktion.

- *Beleuchtungsmodell:* Die Visualisierung von Niveauflächen, die Phong-schattiert werden (s. Kap. 9.3.3.4) erhöht den Berechnungsaufwand gegenüber einer lediglich ambient beleuchteten, semi-transparenten Darstellung. Allerdings wird an opaken Niveauflächen die Strahlverfolgung abgebrochen, so daß der Berechnungsaufwand wiederum sinkt. Das Vorhandensein, die Ausdehnung und die Position einer Niveaufläche ist jedoch vom speziellen Datensatz und vom gewählten Schwellwert abhängig, so daß die betreffenden Kosten nur als Anhaltspunkt zu sehen sind. Bei der gewählten Konstellation betrug der Anteil der Strahlen, die auf eine opake Niveaufläche trafen ca. 50 bzw. 70% bezogen auf die Strahlen, die insgesamt durch das Gitter verliefen.

Anzahl der Strahlen	Material-modell (HMM)	Beleuchtungs-modell	Kosten
100 x 150	linear	ambient	1,0
200 x 300	linear	ambient	4,0
400 x 600	linear	ambient	16,1
400 x 600	exponentiell	ambient	18,4
400 x 600	linear	Phong (50%)	14,8
400 x 600	linear	Phong (70%)	11,2
400 x 600	exponentiell	Phong (50%)	16,9
400 x 600	exponentiell	Phong (70%)	12,3

Abb. 9.22. Vergleich der Kosten bei verschiedenen Qualitätsstufen des Raycasting im Berechnungsraum

Wie zu erwarten, geht die Anzahl der Strahlen nahezu linear in die Kosten ein; die Praxis zeigt jedoch, daß der (subjektive) Qualitätsgewinn nur bei opaken Niveauflächen die steigenden Kosten rechtfertigt. Bei semi-transparenten Darstellungen bringt eine Erhöhung der Strahldichte ab einer, sowohl Datensatz- als auch Benutzer abhängigen Höhe keine Qualitätssteigerung mehr. Als Konsequenz wurde die Interpolation im Bildraum implementiert, so daß große Bilder mit einer Strahldichte von weniger als einem Strahl pro Pixel und entsprechend schnell generiert werden können.

Die Verwendung des exponentiellen Materialmodells ermöglicht gegenüber der Linearisierung keine visuell erkennbare Steigerung des Informationsgehaltes der Darstellung; eine optimierte Wahl der Mapping-Transferfunktionen beeinflußt den Informationsgehalt in wesendlich stärkerem Maße. Allerdings führt das exponentielle Materialmodel gegenüber der Linearisierung auch nur zu einer mäßigen Erhöhung des Rechenaufwandes.

Wie bereits bei der Vorstellung des Verfahrens erwähnt, ermöglicht das kombiniert semi-transparent/opake Raycasting eine Darstellungsqualität, die rein semitransparenten Darstellungen weit überlegen ist. Interessant ist, daß der erhöhte Aufwand zur Schattierung der Niveauflächen durch das Abbrechen der Strahlverfolgung – beim hier gewählten Schwellwert – mehr als wettgemacht wird, so daß sich je nach der Lage und der Ausdehnung der Niveaufläche(n) eine mehr oder weniger starke Reduktion des Gesamt-Rechenaufwandes ergibt.

9.3.6 Zusammenfassung und Diskussion der Ergebnisse

Die Entwicklung, Realisierung und Untersuchung des Raycasting auf nicht-regulären Gittern bildete einen Schwerpunkt dieser Arbeit. Das bisherige Fehlen schneller Algorithmen auf diesem Gebiet stellte eine interessante Herausforderung dar. Eine weitere Motivation zur Arbeit an diesem Thema begründet die Tatsache, daß das direkte Volumenrendern wegen der Möglichkeit zur holistischen Darstellung des Datenvolumens sowie wegen seiner besonderen Eignung zur Visualisierung sehr großer Datenmengen zunehmend an Bedeutung für die Strömungsvisualisierung gewinnen wird. Nicht zuletzt die Fortschritte in der Leistungsfähigkeit der Visualisierungshardware werden den Einsatz auch solcher rechenaufwendiger Verfahren immer weiter erleichtern. Neben den oben dargestellten quantitativen Aussagen ergeben sich die folgenden qualitativen Ergebnisse:

- Das Direkte Volumenrendern stellt eine sinnvolle Ergänzung zu den anderen Volumen-Visualisierungstechniken dar. Es bietet spezifische Vorteile, die jedoch mit einem hohen Rechenaufwand erkauft werden müssen.
- Die Darstellungsqualität leidet bei Projektion am prinzipiellen Mangel, nur semi-transparente Darstellungen generieren zu können. Ohne einen hohen algorithmischen Aufwand werden zudem deutliche Hardwareartefakte generiert.

- Raycasting erlaubt wegen der Möglichkeit zum opaken Rendern prinzipiell eine wesentlich höhere Darstellungsqualität als Projektion.
- Bei der Realisierung des Raycasting durch Strahlverfolgung im physikalischen Raum ist bei korrekter Interpolation – insbesondere im Falle von Hexaedergittern – ein extrem großer Rechenaufwand nötig, der das Verfahren sehr langsam macht.
- Die im Rahmen dieser Arbeit entwickelte Strahlverfolgung im Berechnungsraum ermöglicht einen deutlichen, prinzipiellen Geschwindigkeitsgewinn gegenüber der Strahlverfolgung im physikalischen Raum.
- Der immer noch bestehende, nominelle Nachteil des Raycasting gegenüber der Projektion bzgl. der Renderinggeschwindigkeit konnte durch eine Reduktion der Strahldichte mit anschließender Interpolation im Bildraum nahezu eliminiert werden.
- Das Raycasting wurde (zunächst) als Modul des Visualisierungssystem ICV implementiert. Zusammen mit der flexiblen Benutzungsoberfläche zur Konfiguration ist ein sehr leistungsfähiges Visualisierungswerkzeug entstanden, das dem Benutzer eine breite Pallette verschiedener Visualisierungsqualitäten eröffnet.
- Durch die Messung der Strahlabweichung wurde der Nachweis erbracht, daß die Strahlverfolgung im Berechnungsraum sehr exakt arbeitet. Das Runge-Kutta Verfahren vierter Ordnung mit zwei Integrationsschritten pro Gitterzelle erzielt das beste Verhältnis von Rechenaufwand zu Strahlverfolgungs-Qualität.
- Es wurden Kostenvergleiche der verschiedenen Qualitätsstufen bzgl. der Aspekte Strahldichte, Materialmodell und Beleuchtungsmodell durchgeführt, so daß die mit einer Steigerung des algorithmischen Aufwands einhergehenden Verlängerungen der Rechenzeiten abgeschätzt werden können. Prinzipiell ist der für eine erfolgreiche Visualisierung notwendige Aufwand datensatz- und benutzerspezifisch.
- Die Parallellisierung des Raycasting-Algorithmus (s. Kap. 10.2) sowie die Implementierung von Pre-Viewing- und Animationswerkzeugen verbesserte die Leistungsfähigkeit und Einsatzmöglichkeiten des Verfahrens in der Praxis.

10 Interaktion und Interaktivität bei der Strömungsvisualisierung

In diesem Kapitel werden Aspekte der Interaktion und der Interaktivität bei der Strömungsvisualisierung behandelt. Eine effiziente Benutzerinteraktion mit dreidimensionalen Daten erfordert gute *Strategien zur dreidimensionalen Interaktion* mit den an jedem Arbeitsplatzrechner verfügbaren, zweidimensionalen Geräten Maus, zur Eingabe, und Rastergraphikschirm, zur Ausgabe. Im Kapitel 10.1 wird diese Problematik näher beleuchtet und die im Rahmen dieser Arbeit entwickelte Navigations- und Interaktionsumgebung STAGE vorgestellt.

Kapitel 10.2 ist einem weiteren, wichtigen Aspekt der effizienten, interaktiven Datenvisualisierung, der *Beschleunigung der Visualisierungsalgorithmen durch Parallelisierung*, gewidmet. Rechenaufwendige Visualisierungstechniken können durch eine Parallelisierung der Berechnungen stark profitieren, u.U. machen Mehrprozessorsysteme den sinnvollen Einsatz einer Visualisierungstechnik überhaupt erst möglich. Es wurden Parallelisierungsstrategien für Mehrprozessorsysteme und für Rechner-Cluster in Netzwerken untersucht und eine Software Architektur implementiert. Die Effizienz der realisierten Lösungen wurde anhand der Aufgaben „Raycasting curvilinearer Gitter" und „Niveauflächenextraktion in unstrukturierten Gittern" nachgewiesen.

10.1 Interaktion und Navigation

Durch Visualisierungssysteme werden komplexe numerische Daten in eine graphische Darstellungsform, die unseren mentalen Fähigkeiten besser angepaßt ist, transformiert. Dabei wird der Informationsgehalt der Daten gefiltert, und interessante Charakteristika werden dargestellt. Ursprünglich war dieser Prozeß als „Einbahnstraße" von Daten nach Bildern organisiert (s. Kap. 3). Primär die Leistungssteigerung der Graphik-Hardware erlaubt heute die Einbeziehung des Anwenders als aktiven, interagierenden Teil der Datenanalyse. Der Anwender ist heute in der Lage, direkt mit den Simulationsdaten in ihrem Definitionsraum zu interagieren, so daß selbst in großen Datensätzen der exakte numerische Wert, der sich hinter einem farbigen Pixel des Graphikschirms verbirgt, erfragt werden kann; man spricht hierbei von „direkter Benutzerinteraktion mit den Daten". Grundsätzlich können drei Arten der Benutzerinteraktion unterschieden werden: *Interaktion zur Konfigurierung des Visualisierungssystems* bzw. zur Parametrisierung der Visualisierungsalgorithmen, *Interaktion zur Manipulation des Blickpunktes* und die erwähnte *Interaktion mit den Daten*, auch „semantische Interaktion" genannt.

Zur Konfigurierung des Visualisierungssystems und seiner Algorithmen besitzen heutige Visualisierungssysteme mausgesteuerte, graphische Benutzungsoberflächen (*graphical user-interfaces, GUIs*), die aus Dialogbausteinen, wie Tasten, Menüs, Schieberegler usw., aufgebaut sind. Die Benutzungsoberfläche ist in der Regel mit einem 3D-Graphik-Fenster kombiniert, in dem die Daten entsprechend der Benutzereingaben dargestellt werden.

Strömungsdaten sind, wie die meisten wissenschaftlichen Daten, i.allg. dreidimensional und oftmals zeitabhängig. Der Raum, in dem der Benutzer bei der wissenschaftlich-technischen Visualisierung navigieren und interagieren muß, ist daher dreidimensional und nicht, wie in anderen interaktiven Anwendungen, wie z.B. der Textverarbeitung, ein zweidimensionaler „desk-top". Für die dreidimensionale Eingabe wurden neue Geräte, wie Raumkugel (spaceball), Datenhandschuh (dataglove) u.a. entwickelt, die eine intuitive Navigation und Interaktion in 3D ermöglichen [Felg-94]. Auf der Ausgabe-Seite können die Beschränkungen der zweidimensionalen Graphikschirme – ebenfalls in Verbindung mit spezieller Hardware, wie kopfgebundenen Darstellungssystemen (head-mounted displays, HMDs) – durch stereoskopisches Rendering überwunden werden. Allerdings wurden die genannten Geräte bisher erst in wenigen Anwendungen zur wissenschaftlich-technischen Visualisierung eingesetzt [BrLe-92, AFGH+-94]. Ein Grund dafür ist, neben anderen Aspekten, wie Anschaffungskosten, Exaktheit und Störanfälligkeit, die Tatsache, daß solche Ein- und Ausgabegeräte nicht einfach mit den konventionellen „point and click" GUIs zu kombinieren sind. Zur Konfiguration des Visualisierungssystems müssen dann andere, komplexe Lösungen, wie virtuelle 3D-Menüs oder Spracheingabe realisiert werden.

Durch geeignete Algorithmen ist auch mit der konventionellen Maus, die heute an jedem Arbeitsplatzrechner vorhanden ist, eine effiziente räumliche Eingabe möglich [NiOl-87, ChMS-88, Karl-94, Früh-95a]. Zur Manipulation der Kameraposition, d.h. des Betrachter-Blickpunktes, auf die Szene wird vielfach der sog. *virtuelle Trackball* implementiert. Der virtuelle Trackball simuliert eine Kugel, die die dargestellte Szene einschließt. Der Benutzer kann nun diese Kugel durch „Anklikken und Ziehen" mit der Maus um eine beliebig orientierte, durch den Szenenmittelpunkt führende Achse rotieren. Translation in der Bildschirmebene bzw. normal dazu, sowie Skalierung lassen sich direkt an Maustasten koppeln, so daß mit dem, an sich zweidimensionalen, Eingabegerät Maus drei logische Geräte mit sieben Freiheitsgraden realisiert werden können.

10.1.1 Semantische Interaktion

Die direkte Benutzerinteraktion mit den Daten ermöglicht die Identifizierung räumlicher Bereiche, um dort Informationen zu gewinnen bzw. darzustellen. Ziel der Interaktion kann es sein, eine detaillierte Darstellung eines im Moment besonders interessierenden Datenbereichs zu erhalten, z.B., indem eine Schnittebene interaktiv verschoben wird. Oftmals soll auch der exakte numerische Datenwert, der sich z.B. hinter einer Falschfarbendarstellung verbirgt, oder die Nummer eines bestimmten Gitterknotens erfragt werden. Diese semantische Interaktion wird mit Hilfe von Proben realisiert, die vom Benutzer durch den Definitionsraum der Daten gesteuert werden.

Auf die verschiedenen Arten von Proben, sowie die Algorithmen, mit denen die Datenwerte an der Probenposition schnell berechnet werden können, wurde in Kapitel 8 bereits näher eingegangen; an dieser Stelle sollen Mechanismen zur inuitiven und exakten Steuerung der Proben betrachtet werden. Zur Steuerung der Proben kann die Interaktion im Bildraum oder im Objektraum realisiert werden. Erfolgt die Interaktion im Bildraum, so müssen die Rendering- und Displaytransformationen invertiert werden, um die Position der Probe im Objektraum zu bestimmen; diese Rücktransformationen sind jedoch nicht in jedem Fall eindeutig bestimmbar [FeSc-92]. Bei der Interaktion im Objektraum wird die Probe direkt im, i.allg. dreidimensionalen, Objektraum navigiert. Dabei ist ein schnelles Rendering der Szene, bzw. selektives Rendering des Cursors [Karl-94], besonders wichtig; denn nur wenn die angezeigte Position der Probe relativ zu anderen Visualisierungsobjekten schnell aktualisiert wird, kann der Benutzer die Probe sicher an die gewünschte Position steuern.

Um das Ziel der sicheren Navigation zu erreichen, muß außerdem die Konsistenz zwischen Eingabe und System-Reaktion gewährleistet sein. Ein gutes Beispiel für diese Konsistenz stellt der oben beschriebene virtuelle Trackball dar: Eine Rotation der virtuellen Kugel entspricht in ihren Auswirkungen auf die Rotationslage einer 2D-Probe (Schnittebene) genau der intuitiven Vorstellung des Benutzers. Für die Translation einer Punktprobe bedeutet dies, daß ein Bewegen des Eingabegerätes Maus nach rechts auch zu einer Bewegung der Probe im Datenraum nach rechts führen sollte; eine Bewegung der Maus nach vorne (d.h. der 2D-Mauscursor bewegt sich auf dem Graphikschirm nach oben) sollte wahlweise den 3D-Cursor in der Szene nach oben oder vom Betrachter weg, entsprechend einem „Schieben", bewegen. Dieses WYWIWYG-Prinzip (what you want is what you get) ist eine fast selbstverständliche Forderung an die Navigation in 3D; wie in den weiteren Abschnitten dieses Kapitels ausgeführt, ist dieses Ziel jedoch mit der Forderung nach einer numerisch exakten Positionierung nicht leicht in Einklang zu bringen ist.

10.1.2 Räumliche Orientierung

Verschiedene Techniken wurden entwickelt, damit die Form gerenderter, dreidimensionaler Objekte trotz des zweidimensionalen Graphikschirms vom Benutzer erkannt wird: „hidden line" und „hidden surface" Rendering, perspektivische Projektion, Schattierung und stereoskopisches Rendering. Im Zusammenhang mit der wissenschaftlich-technischen Visualisierung muß festgehalten werden, daß die Form der simulierten Geometrie meist dem Anwender sehr geläufig ist, so daß hier oft eine Drahtgitterdarstellung völlig ausreichend ist; die Form einer Niveaufläche einer berechneten Größe kennt der Anwender jedoch nicht. Auch ist oftmals, so z.B. bei „Freie-Oberflächen-Strömungen", die Form des Simulationsgitters selbst Gegenstand der Simulation, so daß die o.g., komplexeren Rendering Techniken auch in der Datenvisualisierung ihre Berechtigung haben. In allen Fällen, in denen Falschfarben zur Repräsentation von Datenwerten eingesetzt werden, ist jedoch Vorsicht beim Einsatz von Schattierung und Reflexion zur Unterstützung der Formerkennung angebracht; beide Techniken verändern die den einzelnen Datenwerten zugewiesenen Farben, so daß die Datenanalyse u.U. erschwert wird.

Beim Probing interessiert die aktuelle Position der Probe relativ zum Simulationsgitter. Untersuchungen mit statistisch ausgewerteten Testreihen zeigten, daß für solche Positionierungsaufgaben *Objektschatten auf orthogonal angeordneten Referenzflächen*, z.B. einem virtuellen Boden und mehreren virtuelle Seitenwänden, am besten geeignet sind. Durch Objektschatten wird eine dreidimensionale Positionieraufgabe in mehrere zweidimensionale Positionierungen zerlegt, so daß auch bei einfachsten Renderingqualitäten exakt positioniert werden kann. Bei anderen „Tiefen-Metaphern", wie *perspektivischer Verzerrung*, *stereoskopischem Rendering*, *Rotation* der Szene mit entsprechender Bewegungsparallaxe oder der *Tiefen-Schattierung (depth cueing)* konnten die Testpersonen die Positionieraufgaben bedeutend schlechter erfüllen [WaFG-92].

2D-Projektionen sind in 3D-CAD Systemen die gebräuchlichste Methode zur Benutzerinteraktion mit den Daten. Der Benutzer arbeitet dabei in zwei (oder drei) orthographischen Projektionen gleichzeitig; oftmals wird auch eine zusätzliche isotropische Projektion als visuelles Echo angeboten. Allerdings ist das wiederholte Wechseln der Eingabe zwischen verschiedenen Graphikfenstern nicht besonders komfortabel. Alternativ steht meist lediglich die direkte numerische Eingabe von 3D-Koordinaten zur Verfügung.

10.1.3 Exakte räumliche Navigation bei der Datenvisualisierung

Zur exakten, und dennoch intuitiven, räumlichen Positionierung von Proben in 3D-Simulationsdaten wurde im Rahmen dieser Arbeit die Interaktionsumgebung STAGE entwickelt und als Teil der Benutzungsschnittstelle des Visualisierungssystems ICV (s. Kap. 11.4) implementiert [Früh-95a].

In STAGE wird das Simulationsgitter von einer sechsseitigen Bühne, wie von einem Schuhkarton, umgeben. Der Blick auf das Gitter wird aus jeder Richtung durch sog. „backface-culling“ freigehalten. Dazu werden die Normalenvektoren der Bühnenflächen, die in *x/y*, *x/z* oder *y/z-Ebenen* liegen, als zum Gitter hin, d.h. ins Innere des „Schuhkartons“ gerichtet, definiert. Bei einer Rotation der Szene entscheidet das System – falls sie dafür ausgelegt ist, erledigt dies die Rendering-Hardware – für jedes zu rendernde Bild, welche der Bühnenseiten dargestellt werden müssen. Bei Parallelprojektion sind somit maximal drei, bei Fluchtpunktperspektive maximal fünf Bühnenseiten gleichzeitig sichtbar. Auf die sichtbaren Bühnenseiten wird jeweils eine orthographische Projektion des Simulationsgitters (d.h. ein Schatten) gezeichnet.

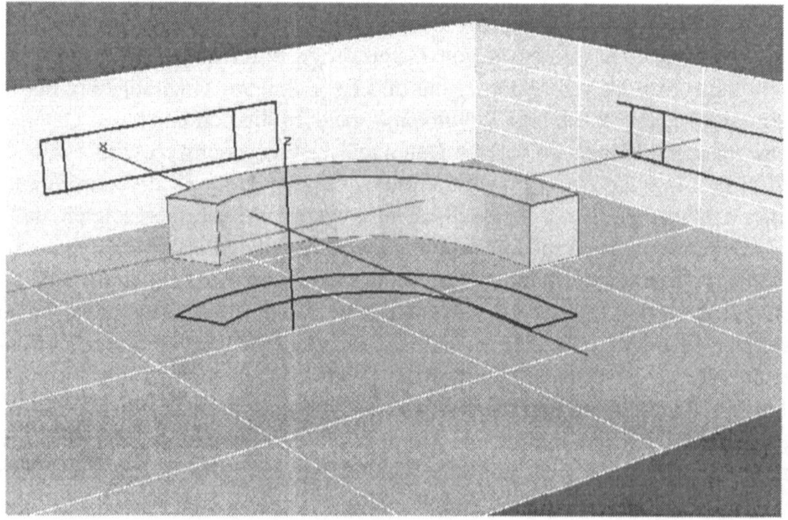

Abb. 10.1. Die STAGE Interaktionsumgebung mit drei sichtbaren Bühnenseiten, dem 3D-Cursor, dem Simulationsgitter (einem Krümmer) und den Gitterprojektionen auf die sichtbaren Bühnenseiten.

Innerhalb der Bühne befindet sich neben dem Simulationsgitter und allen evtl. generierten Visualisierungsobjekten, wie Partikeln oder Niveauflächen, ein 3D-Cursor. Zur Positionierung einer 0D-Probe hat der Cursor die Form eines dreidimensionalen Fadenkreuzes (crosshair). Die drei Achsen des Cursors zeigen in die kartesischen Richtungen und reichen in positive und negative Achsenrichtung jeweils bis zur Bühnenfläche. Eine 1D-Probe wird durch eine gerade Linie repräsentiert, die in ihrer Länge dem geladenen Simulationsgitter angepaßt ist. Im Falle einer 2D-Probe repräsentiert ein Drahtgitter-Quadrat, das in seinen räumlichen Abmessungen ebenfalls den Abmessungen des Simulationsgitters angepaßt ist, den Cursor. Zur exakten Positionierung einer Probe innerhalb des Simulationsgitters wird dieses Quadrat nicht opak gerendert, damit das Simulationsgitter nicht verdeckt wird.

Steuerung einer 0D-Probe

Die Positionierung des 3D-Cursors wird vom Benutzer gesteuert, indem er die Bewegung der Achsenenden relativ zu den Projektionen des Gitters verfolgt[1]. Da die Aufmerksamkeit des Benutzers immer nur auf eine Projektion gerichtet sein kann, muß auch die Bewegung des 3D-Cursors entsprechend entkoppelt sein. D.h. der Cursor bewegt sich immer planparallel zu einer der Bühnenflächen, in einer, von zwei kartesischen Achsen aufgespannten Ebene. Tatsächlich führt jede andere Navigationsart zur Steuerung einer 0D-Probe im 3D-Raum mit der Maus zu unbefriedigenden Ergebnissen.

Es stellt sich nun die Frage, wie die Bewegungen der 2D-Maus, bzw. die Bewegungen des 2D-Mauscursors auf dem Rasterdisplay, auf die Bewegung des 3D-Cursors zu mappen sind. Dazu ist es sinnvoll, zu betrachten, welche Transformationen bei der Verwendung der verschiedenen Proben benötigt werden. Eine 0D-Probe muß lediglich transferiert werden. Die erforderliche Entkopplung der Translationsbewegungen bzgl. der kartesischen Richtungen kann nun durch geeignete Algorithmen automatisch erfolgen; Nielson und Olson entwarfen eine Navigationsumgebung, bei der eine 2D-Mausbewegung automatisch in eine 3D-Bewegung bezüglich jeweils nur einer kartesischen Achse umgesetzt wird [NiOl-92]. Dazu wird der Vektor der 2D-Mauscursorbewegung in der Bildschirmebene mit den Projektionen der kartesischen Achsen verglichen und diejenige Achsenrichtung ausgewählt, die der 2D-Mauscursorbewegung am ähnlichsten ist. Durch diese Realisierung werden mindestens drei sequentielle Mausbewegungen benötigt, um die 0D-Probe an eine beliebige Position im 3D-Raum zu steuern. Tatsächlich ist jedoch meist ein mehrfaches Nach-Justieren einer Koordinate notwendig, da man sich der gewünschten Position nicht direkt nähern kann.

In STAGE wurde deshalb eine andere Lösung gewählt: Hier kann die 0D-Probe entweder in einer durch zwei kartesische Achsen aufgespannten Ebene bewegt werden oder normal dazu. Die Auswahl der beiden Modi wird vom Benutzer durch Gedrückthalten der linken bzw. der mittleren Maustaste getroffen. Die Auswahl, in welcher Ebene bzw. normal zu welcher Ebene – *x/y*, *x/z* oder *y/z* – jeweils gesteuert wird, wird dagegen automatisch vom System getroffen. Es wird diejenige Ebene gewählt, die bei gegebenem Betrachterblickpunkt „am meisten“ dem Betrachter zugewandt ist (s. Abb. 10.2). Bei der Bewegung in der Ebene erfolgt eine direkte Abbildung von horizontaler (vertikaler) 2D-Mauscursorbewegung auf eine horizontale (vertikale) 3D-Cursorbewegung bzgl. der betreffenden kartesischen Ebene. Die beiden Positionierungs-Bewegungen sind insofern entkoppelt, sie finden jedoch, im Gegensatz zum Verfahren von Nielsen und Olsen, gleichzeitig statt. Zwei der drei Koordinaten der gewünschten Position werden somit in jedem Fall mit nur einer Mausbewegung erreicht.

---

[1] Die Positionierung ist somit im technischen Sinne eine „Regelung“ und keine „Steuerung“.

Bei der Bewegung normal zu der Ebene (mittlere Maustaste gedrückt) wird lediglich die vertikale 2D-Mauscursorbewegung im Graphikfenster betrachtet. Eine Bewegung des Mauscursors nach oben resultiert dabei in einer Bewegung des 3D-Cursors vom Betrachter weg. Diese Metapher entspricht dem intuitiven „Wegschieben“ bzw., bei der Bewegung des Mauscursors nach unten, dem „Heranziehen“ der 0D-Probe (s. auch Abbildung 10.4).

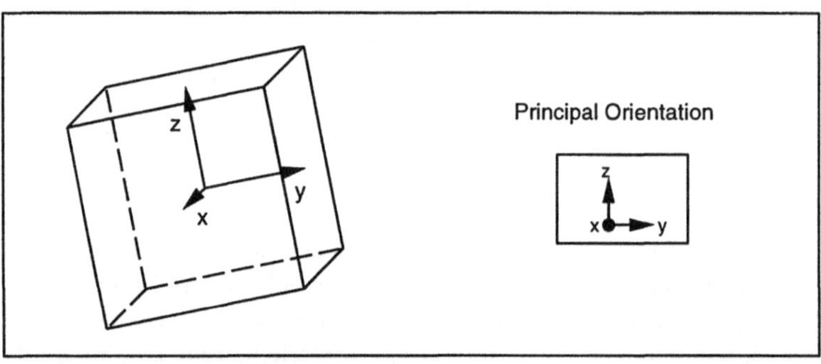

Abb. 10.2. Die aktuelle Orientierung des 3D-Datensatzes relativ zum Betrachter wird in eine von 24 Klassen eingeteilt.

Zur Implementierung müssen nun die möglichen Orientierungen der Szene bzgl. der Kameraposition klassifiziert werden. Stellt man das Weltkoordinatensystem vom Betrachterblickpunkt aus gesehen dar, so können sechs Achsenrichtungen (+x, +y, +z, -x, -y, -z) auf den Betrachter zeigen. Da davon gleichzeitig bis zu drei Achsenrichtungen Komponenten zur Kamera haben, wird diejenige Achsenrichtung gewählt, die am meisten zum Betrachter zeigt. Für jede der sechs Klassen gibt es vier Unterklassen. Diese unterscheiden die Rotation der Szene um die, zur Kamera zeigende Achse. Dementsprechend wird eine beliebige Orientierung der 3D-Szene bzgl. des Betrachters in eine von 24 Klassen eingeteilt[1]. Dabei treten Abweichungen der aktuellen Orientierung von der „Prinzipiellen Orientierung“ einer Klasse von maximal 45 Grad bzgl. der Rotationswinkel auf. Abbildung 10.3 zeigt, wie die 2D-Mauscursorbewegungen jeweils auf die Probentranslationen abgebildet werden.

[1] Zur algorithmischen Unterscheidung der Klassen müssen lediglich die Elemente der Objekt-Rotationsmatrix [FvdFH-92] verglichen werden!

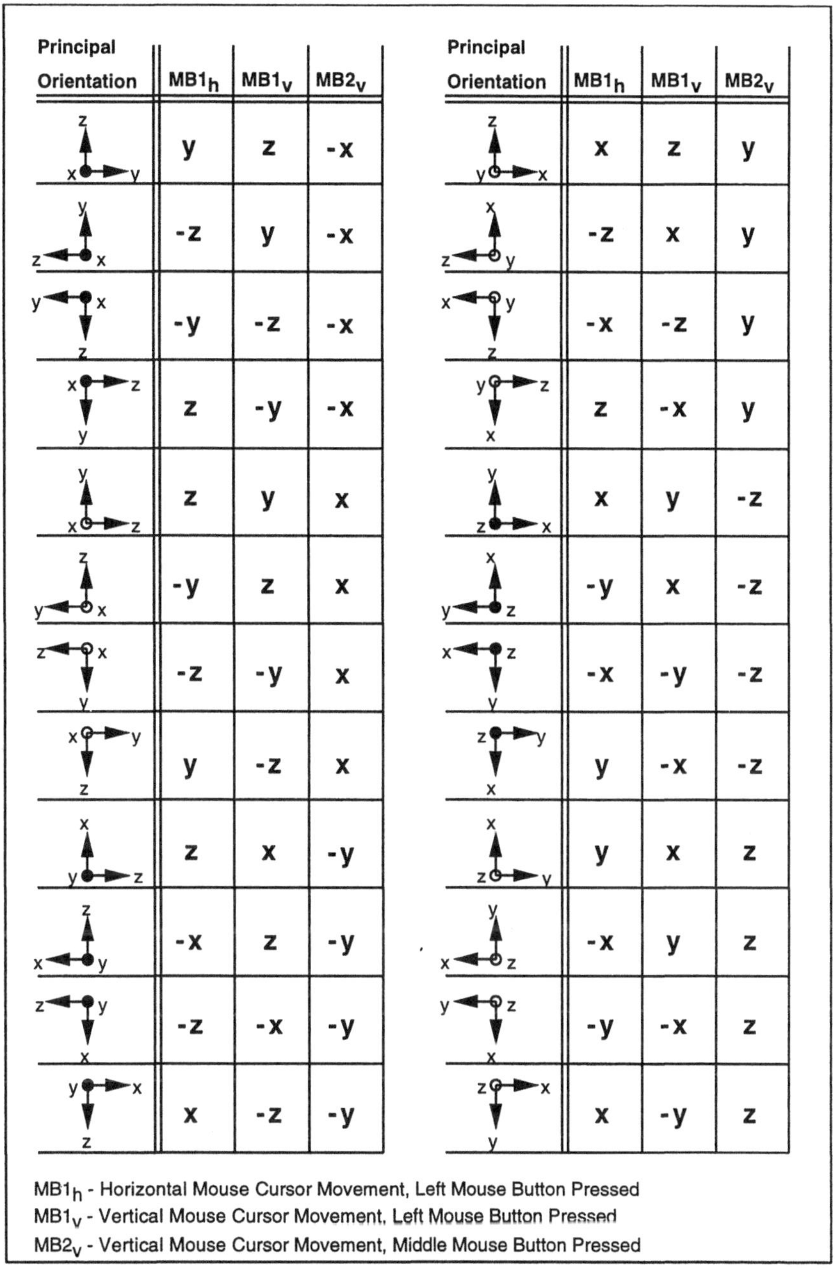

Principal Orientation	$MB1_h$	$MB1_v$	$MB2_v$	Principal Orientation	$MB1_h$	$MB1_v$	$MB2_v$
z / x y	y	z	-x	z / y x	x	z	y
y / z x	-z	y	-x	x / z y	-z	x	y
y x / z	-y	-z	-x	x y / z	-x	-z	y
x z / y	z	-y	-x	y z / x	z	-x	y
y / x z	z	y	x	y / z x	x	y	-z
z / y x	-y	z	x	x / y z	-y	x	-z
z x / y	-z	-y	x	x z / y	-x	-y	-z
x y / z	y	-z	x	z y / x	y	-x	-z
x / y z	z	x	-y	x / z y	y	x	z
z / x y	-x	z	-y	y / x z	-x	y	z
z y / x	-z	-x	-y	y z / x	-y	-x	z
y x / z	x	-z	-y	z x / y	x	-y	z

$MB1_h$ - Horizontal Mouse Cursor Movement, Left Mouse Button Pressed
$MB1_v$ - Vertical Mouse Cursor Movement, Left Mouse Button Pressed
$MB2_v$ - Vertical Mouse Cursor Movement, Middle Mouse Button Pressed

Abb. 10.3. Die Abbildung der 2D-Mauscursorbewegung auf die Translation einer 0D-Probe in Abhängigkeit von der „Prinzipiellen Orientierung" des Datensatzes.

Abbildung 10.4 illustriert die Vorgehensweise beim Positionieren einer 0D-Probe in STAGE: Trotz der perspektivischen Projektion in diesem Beispiel, ist die Lage der Probe relativ zum dargestellten Testobjekt eindeutig. Es soll nun die Probe von einer beliebigen Position innerhalb der Bühne zum hervorragenden Eck des Testobjektes bewegt werden. Bei der momentanen Orientierung des Objektes zum Betrachter manipuliert dieser bei gedrückter linker Maustaste zunächst den 3D-Cursor in einer *x/z-Ebene*. Dazu wird die *y-Achse* des Cursors relativ zum Objektschatten auf der Rückwand der Bühne beobachtet. Entsprechend der Objektorientierung wird die horizontale 2D-Mauscursorbewegung im Graphikfenster auf eine Bewegung des 3D-Cursors nach $+x$ und eine vertikale Mauscursorbewegung auf eine 3D-Bewegung nach $-z$ abgebildet. Nachdem die *x/z-Position* eingestellt ist, (Bild oben) wird bei gedrückter mittlerer Maustaste nur noch die *y-Position* der Probe eingestellt; dabei bleiben *x-* und *z-Position* konstant. Die Kontrolle der Bewegung erfolgt durch Betrachten der *x-* bzw. der *z-Achse* relativ zum linken bzw. unteren Schatten des Objektes. Für eine solche Positionierung kann es notwendig sein, zunächst die Kameraposition zu ändern. Dazu wurde in STAGE im „Probing-Modus" die „virtual trackball"-Funktionalität zur Rotation der gesamten Szene relativ zum Betrachter an die rechte Maustaste gebunden.

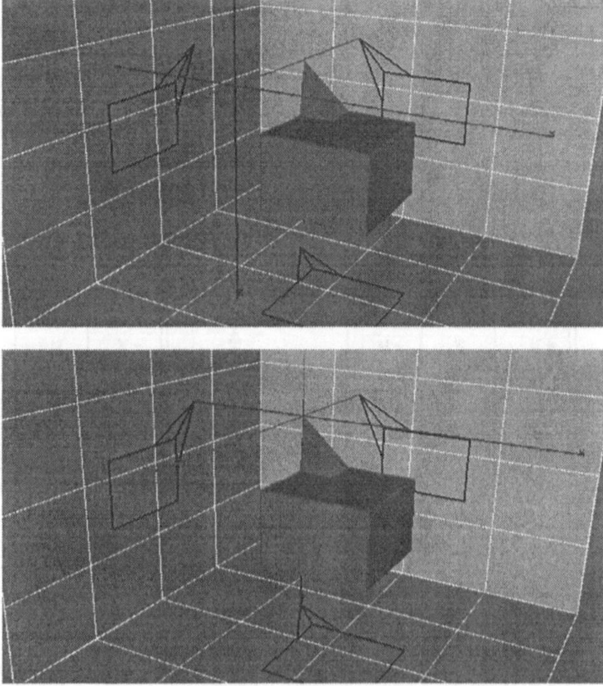

Abb. 10.4. Die implementierten Navigationsverfahren erlauben eine intuitive und gleichzeitig exakte Positionierung von Proben im 3D Raum.

Steuerung einer 1D-Probe

Eine 1D-Probe ist eine Gerade, die im 3D-Raum transferiert und rotiert werden kann. Die Translation kann genauso implementiert werden, wie bei der 0D-Probe beschrieben. Für die Rotation der Probe relativ zum Simulationsgitter kann die „virtual trackball"-Funktionalität an eine Maustaste bzw. eine Kombination von Maustasten gekoppelt werden. Dieser Ansatz ist jedoch insofern problematisch, als der virtuelle Trackball eine Rotation um eine beliebige Achse realisiert. Oft dient jedoch eine 1D-Probe zur Generierung eines 2D-Graphs, in dem der Verlauf eines Datums entlang der Geraden im Raum dargestellt werden soll. Dabei ist die exakte Positionierung von Anfangs- und Endpunkt der Geraden besonders wichtig. Dies läßt sich erreichen, wenn eine 1D-Probe durch zwei 0D-Proben konstruiert wird, die separat, wie oben beschrieben, positioniert werden; allerdings ist so keine Transformation der 1D-Probe als Ganzes möglich.

Ein anderer Ansatz wurde in STAGE realisiert. Hier ist die Funktionalität des virtuellen Trackballs so modifiziert, daß eine 1D-Probe nicht um eine beliebige, durch Anfangs- und Endpunkt der Benutzerinteraktion im Graphikfenster spezifizierte Achse, sondern nur um eine der drei kartesischen Achsen rotiert wird. Die Auswahl, um welche Achse jeweils rotiert wird, trifft das System automatisch, ähnlich dem oben beschriebenen Mechanismus bei der Translation: Ist die Bewegung des 2D-Mauscursors im Graphikfenster überwiegend horizontal, so wird um die bzgl. des Betrachterblickpunktes „am vertikalsten" orientierte Achse rotiert. Ist die Mauscursorbewegung dagegen überwiegend vertikal, so wird um diejenige horizontal orientierte Achse rotiert, die nicht zur Kamera zeigt. Eine Skalierung der 1D-Probe ist in STAGE nicht vorgesehen. Gezeichnet wird eine gerade Strecke, deren Ausdehnung den räumlichen Abmessungen des jeweils geladenen Simulationsgitters angepaßt ist. Im Visualisierungssystem ICV (s. Kap. 11.4) wird dann das eigentliche Probing entlang der so spezifizierten Geraden für den Abschnitt ausgeführt, der sich innerhalb der Clipping-Box befindet.

Steuerung einer 2D-Probe

Eine 2D-Probe ist eine Schnittebene durch einen 3D-Datensatz. Die Probe sollte somit transferiert und rotiert werden können. Bei der Rotation sind in STAGE die einzelnen Freiheitsgrade, wie bei 1D-Proben, einzeln ansteuerbar, da in der Praxis oft genau spezifizierte Lagen der Schnittebenen gefordert werden. Eine Translation der Schnittebene tangential zu ihrer Definitionsebene ist nicht vorgesehen; es wird immer die Schnittfläche durch das innerhalb der Clipping-Box befindliche Gitter berechnet. Die Translation normal zur aktuellen Rotationslage ist jedoch in jedem Fall notwendig – wie bereits in Kapitel 8 erläutert, stehen Algorithmen zur Verfügung, die speziell geeignet sind, weitere, planparallele Schnittebenen zu berechnen, nachdem einmal eine Rotationslage festgelegt ist. Aus diesem Grunde ist in STAGE die Translation der Ebene normal zur Definitionslage möglich; diese Transformation ist bei der Steuerung der 2D-Probe an die mittlere Maustaste gekoppelt.

Als zusätzliche Orientierungshilfe bei der Positionierung einer Schnittebene kann die Schnittfläche selbst dienen, wenn der implementierte Algorithmus zur Berechnung dieser Fläche entsprechend schnell arbeitet (s. Kap. 8). Anderenfalls sollte das Cursor-Quadrat während der Positionierung semi-transparent gerendert werden.

3D-Navigation mit der Maus als Eingabegerät

Steuerung von/durch	Maustaste 1	Maustaste 2	Maustaste 3
Kamera	Translation der Kameraposition tangential zur Bildschirmebene	Translation der Kameraposition normal zur Bildschirmebene[a]	Rotation der Kameraposition um eine beliebige Achse über virtuellen Trackball
0D-Probe	Translation der Probe tangential zu der kartesischen Ebene, die „am meisten" dem Betrachter zugewandt ist.	Translation der Probe normal zu der kartesischen Ebene, die „am meisten" dem Betrachter zugewandt ist.	Rotation der Kameraposition um eine beliebige Achse über virtuellen Trackball..
1D-Probe	Translation der Probe tangential zu der kartesischen Ebene, die „am meisten" dem Betrachter zugewandt ist.	Translation der Probe normal zu der kartesischen Ebene, die „am meisten" dem Betrachter zugewandt ist.	Rotation der Probe um eine der kartesischen Achsen über „modifizierten virtuellen Trackball".
2D-Probe	Keine Transformation von Probe oder Kamera.	Translation der Probe normal zur aktuellen Rotationsebene der Probe.	Rotation der Probe um eine der kartesischen Achsen über „modifizierten virtuellen Trackball".

a. bzw. Zooming bei Parallelprojektion

Abb. 10.5. Die Interaktions- und Navigationsstrategie des STAGE Systems

Zur erfolgreichen semantischen Interaktion in 3D-Datensätzen sind, wie erwähnt, Transformationen der Kameraposition sowie Transformationen der verschiedenen Proben relativ zur Szene notwendig. Durch ein optisches Hervorheben bzw. eine Statusanzeige wird in STAGE das momentan gewählte Interaktions-Objekt (die Proben bzw. die Kamera) angezeigt. Die Auswahl, welches der Objekte gerade angesprochen werden soll, trifft der Benutzer über eine Menüleiste am Graphikfenster. Die in den vorigen Abschnitten erläuterten Interaktionssstrategien mit der Maus als Eingabegerät werden hier (s. vorige Seite, Abb. 10.5) noch einmal tabellarisch zusammengefaßt.

10.2 Parallelisierung rechenaufwendiger Visualisierungstechniken

Soll ein komplexer Datensatz interaktiv analysiert werden, so muß nicht nur eine effiziente Interaktion möglich und das Rendering schnell sein (letzteres ist bei den heute angebotenen Graphikworkstations mit hardwareunterstütztem, polygonalem Rendering vor allem eine Frage des Preises) – vielmehr müssen auch die Visualisierungsalgorithmen, wie z.B. Slicing, möglichst schnell arbeiten: Beim Slicing ist nur dann eine mentale Rekonstruktion des Datenraumes möglich, wenn die Schnittebene ruckfrei durch das Volumen bewegt werden kann.

Der erhöhten Rechenleistung durch mehrere Prozessoren stehen der Aufwand zur Prozeßkommunikation und oftmals auch zum Datentransfer gegenüber. Aufgrund dessen, besitzen Turnkey-Systeme immer einen gewissen Vorteil bzgl. der Visualisierungsperformance auf Ein-Prozessor Maschinen gegenüber den Application Buildern. Diese wiederum sind für den Einsatz auf Multi-Prozessor Maschinen geradezu prädestiniert, da bei solchen Visualisierungssystemen die einzelnen Module jeweils eigene Prozesse starten, die dann direkt vom Betriebssystem auf die Prozessoren verteilt werden können.

Im Rahmen dieser Arbeit wurden Parallelisierungsstrategien für Mehrprozessorsysteme und für Rechner-Cluster in Netzwerken untersucht. Ziel war nicht die Implementierung eines verteilt arbeitenden Application Builder, sondern die generelle Beschleunigung der rechenaufwendigen Visualisierungstechniken, um Antwortzeiten auf Benutzerinteraktionen zu verkürzen und so einen möglichst hohen Interaktionsgrad des Systems zu erreichen.

Es ist nun sicher nicht sinnvoll, jede Aufgabe in einem Visualisierungssystem zu parallelisieren. Welche Berechnung verteilt werden sollte, hängt von der aktuellen Aufgabe, von der Datensatzgröße sowie von der Leistungsfähigkeit der lokalen Workstation, evtl. verfügbarer weiterer Rechner sowie der Kapazität des Netzwerkes ab. Nach den im Rahmen der durchgeführten Arbeiten gemachten Erfahrungen sollte bei den folgenden Visualisierungsaufgaben eine Parallelisierung wegen des prinzipiell hohen Rechenaufwandes ins Auge gefaßt werden.

- Die Berechnung von Gradientenfeldern in unstrukturierten Gittern.
- Die Niveauflächenberechnung.
- Die Berechnung beliebig orientierter Schnittebenen.

– Das Raycasting.

Andere „parallelisierungswürdige" Aufgaben, die jedoch im Rahmen dieser Arbeit nicht näher untersucht wurden, sind z.B.:

– Die Simulation massebehafteter Partikel in einem berechneten Strömungsfeld.

– Sog. „control and steering" Anwendungen:
  - Die Integration von numerischer Simulation und Visualisierung.
  - Die Integration von Visualisierung und der Gitteranpassung an die Berechnungsergebnisse (*adaptive grid refinement*).

10.3 Parallelisierung auf „Multi Processor Shared Memory" Systemen

Soll eine Anwendung parallelisiert werden, so muß eine effiziente Inter-Prozeßkommunikation realisiert werden. Dabei können zwei Arten der Prozeßkommunikation unterschieden werden: Die Kommunikation zwischen Prozessen auf demselben Rechner – auch „Host" genannt – sowie die Kommunikation zwischen Prozessen auf verschiedenen Hosts. Prinzipiell kann für beide Arten die Kommunikation über das „internet protocol" (IP) realisiert werden. Eine schnellere Kommunikation ist jedoch auf Multi-Prozessor Maschinen mit gemeinsamen physikalischen Hauptspeicher (engl. shared memory) möglich. Die meisten Mehrprozessor Maschinen – auch die im Rahmen dieser Arbeit verfügbaren – besitzen eine solche Architektur, so daß die „shared memory" Kommunikation zur Parallelisierung auf Mehrprozessor Maschinen verwendet wurde.

Ist eine Visualisierungsaufgabe für die Bearbeitung durch mehrere Prozessoren vorgesehen, so bestehen zwei grundsätzliche Möglichkeiten, eine kürzere Berechnungsdauer, als mit nur einem Prozessor zu erreichen: Erstens, das sog. *Pipelining*, bei dem die Berechnungsaufgabe in mehrere, nacheinander abzuarbeitende Teile aufgespalten wird, die jeweils einem Prozessor zugeordnet werden. Die zu bearbeitenden Daten werden dann ebenfalls geteilt und Stück für Stück durch diese Pipeline geschleust. Zweitens, die eigentliche *Parallelisierung*. Hierbei werden die Daten ebenfalls in mehrere Teile geteilt, die entsprechende Aufgabe jedoch jeweils vollständig auf den einzelnen Prozessoren – parallel – bearbeitet. Eine effiziente Parallelisierung ist so jedoch nur zu erreichen, wenn möglichst wenig gegenseitige Abhängigkeiten zwischen den Daten bestehen.

Bei Rechnern mit gemeinsam genutztem Hauptspeicher erfolgt der Zugriff der einzelnen Prozessoren auf die Daten über einen Bus, der insbesondere bei einer größeren Anzahl von Prozessen einen Engpaß darstellt. Aus diesem Grunde werden den Prozessoren jeweils lokale Zwischenspeicher (caches) zugeordnet. Die

Parallelisierung bestehender Programme auf „shared memory" Systemen ist besonders einfach zu realisieren, da keine explizite Verteilung der Daten auf verschiedene Hauptspeicher vorgenommen werden muß. Allerdings kann auch hier eine Optimierung erzielt werden, wenn die Daten so organisiert werden, daß durch gute Ausnutzung der Caches ein möglichst geringer Zugriff über den Bus nötig ist.

Gemeinsame Datenbereiche sichern bei einem gemeinsamen Hauptspeicher die schnellstmögliche Kommunikation zwischen den Prozessen. Es werden dabei jedoch Werkzeuge benötigt, die den Zugriff der Prozesse auf die Daten regeln. Eine *Semaphore* ist eine Variable, die von jedem der Prozesse inkrementiert werden kann. Während des Zugriffs eines Prozesses auf die Semaphore ist diese für andere Prozesse gesperrt. Semaphoren ermöglichen so, effizient die Aufteilung einer Berechnungsaufgabe in mehrere, unabhängig von einander bearbeitbare Teile.

Realisierung und Anwendung

Beim *Raycasting nicht regulärer Volumendaten* (Kapitel 9.3) werden sehr viele Strahlen durch ein Datenvolumen verfolgt, wobei die einzelnen Strahlen vollkommen unabhängig voneinander berechnet werden können. Allerdings ist die Berechnungszeit zur Akkumulation der Pixelfarben durchaus über das gesamte Bild sehr verschieden. Desweiteren ist nicht vorherzusagen, welche Strahlen durch welche Gitterzellen verlaufen werden. Für die Parallelisierung dieser Anwendung ist also ein „shared memory" System mit gemeinsam genutzten Datenbereichen die ideale Umgebung. Aus diesem Grunde wurde das Raycasting Modul des Visualisierungssystems ICV (s. Kap. 11.4) für „shared memory" Architekturen parallelisiert. Allerdings ist eine Optimierung der Datenspeicherung (Datenstrukturen) auf die Größe des Caches, im Gegensatz zum Raycasting regulärer Voxelvolumina, nicht möglich, so daß letztlich nicht die Cache-Größe, sondern primär die Kapazität des Bus entscheidend für die Effizienz der Parallelisierung ist.

Es wurde eine *automatische Lastbalancierung* realisiert, indem die Anzahl der zu bearbeitenden Strahlen nicht vorher gleichmäßig auf die zur Verfügung stehenden Prozessoren aufgeteilt wird, sondern diese selbst ein neues Paket von Arbeit anfordern, sobald sie das vorige bearbeitet haben. Über eine Semaphore, die über die Anzahl der insgesamt zu bearbeitenden Strahlen inkrementiert wird, werden die Arbeitspakete reserviert. Diese sollten nicht zu groß gewählt werden, damit für die meiste Zeit alle Prozessoren noch nicht-reservierte Arbeit vorfinden – eine zu kleine Teilung kann andererseits zu unnötigen Wartezeiten führen, wenn ein Prozeß neue Arbeit anfordert, die Semaphore aber gerade gesperrt ist.

Ergebnisse

Auf zwei „shared memory" Rechnern wurde die Anzahl der parallelen Prozesse beim Raycasting variiert und und der „speed-up" gemessen. Die dargestellten Werte wurden jeweils aus mehreren Rechenläufen gemittelt. Es wurde der „Blunt-Fin" Datensatz (s. Kapitel 4.2) mit den folgenden Parametern[1] visualsiert:

Integration: RK4
Schrittweite: 0,5
Materialmodell: HMM-lin
Beleuchtungsmodell: ambient

Konfiguration 1:

SGI 380 VGX 8 x R3000 RISC Prozessor, 30 MHz
Hauptspeicher: 256 MByte
Primary Cache: 64 KByte
Secondary Cache: 256 KByte

Prozesse	1	2	3	4	5	6	7	8
Speed-Up	-	1,99	2,93	3,90	4,80	5,78	6,64	7,34

Abb. 10.6. Speed-Up beim Raycasting auf einem 8 Prozessor „shared memory“ Computer

Konfiguration 2:

SGI Onyx RE2: 4 x R4400 RISC Prozessor, 200 MHz
Hauptspeicher: 512 MByte
Primary Cache: 16 KByte
Secondary Cache: 4 KByte

Ein Vergleich der absoluten Rechendauern zwischen den beiden Konfigurationen ist nicht sinnvoll, da wegen der interaktiven Positionierung des Datensatzes nicht sichergestellt werden konnte, daß jeweils genau dieselbe Anzahl Strahlen das Gitter trifft. Bei der Konfiguration 2 wurden jeweils 200x300 Strahlen berechnet, wobei ca. 80% davon durch das Simulationsgitter verliefen. Anhand der Abbildung 9.22 sind die hier dargestellten absoluten Rechendauern auf andere Parametereinstellungen umrechenbar.

Prozesse	1	2	3	4
CPU-Zeit (sec.)	19,25	9,67	6,48	4,86
Speed-Up	-	1,99	2,97	3,96

Abb. 10.7. Absolute Bildberechnungsdauer und Speed-Up beim Raycasting auf einem 4 Prozessor-„shared memory“ Computer

[1] Zur näheren Erläuterung der Parameter s. Kapitel 9.3.5

10.3.1 Parallelisierung in Netzwerken

Technisch-wissenschaftliche Berechnungen werden heute oft nicht auf einem einzelnen, alleinstehenden Computer durchgeführt. Vielmehr sind fast alle Rechner in ein lokales Netzwerk (local area network, LAN) integriert, in dem es u.a. Graphik-Workstations und Compute-Server gibt, daneben Rechner, die sowohl über eine Hochleistungs-Graphikhardware als auch über eine sehr große numerische Rechenleistung verfügen, sog. Super Graphik-Workstations (s. Abb. 10.8). Außerdem besteht heute von nahezu jedem Rechner aus die Möglichkeit, über ein nationales oder internationales Netzwerk (wide area network, WAN) für rechenintensive Aufgaben auf Höchstleistungsrechner – Vektorrechner oder „massiv-parallele“ Rechner – zuzugreifen. Die Verteilung rechenintensiver Algorithmen auf Höchstleistungsrechner über ein WAN wird jedoch in der Praxis bei der interaktiven Visualisierung durch die, meist auf diesen Rechnern praktizierte Warteschlangen-Verarbeitung (batch-queueing), verhindert. Außerdem steigt mit dem Ausbau der WAN-Kapazitäten (Stichwort: Daten-Autobahn) und der Höchstleistungsrechner (leider) auch die Menge der Nutzer, so daß ohne eine Beschränkung der Zugriffsrechte auf wenige Benutzer eine interaktive Visualisierung von Strömungsdaten über WANs heute nicht möglich ist [Grav-93].

Werkzeuge zur verteilten Berechnung

Anders sieht es in lokalen Netzwerken aus: Oftmals stehen sehr leistungsfähige lokale Netzwerke (z.B. FDDI oder Ultranet) sowie Cluster von Workstations und/oder Compute-Servern zur Verfügung. Wichtig für die effiziente Nutzung eines solchen Rechnerverbundes ist ein gemeinsames Betriebssystem, weshalb sich auch bei den Compute-Servern das Unix-Betriebssystem immer mehr durchsetzt. Das Standard-Netzwerkprotokoll für Unix basierte LANs und WANs ist das „internet protocol“ (IP). Auf diesem Protokoll basieren eine Reihe höherer Protokolle für unterschiedliche Aufgaben, wie das bekannte „file transfer protocol“ (FTP). Für die verteilte Berechnung stehen das „transfer control protocol“ (TCP) und das „user datagram protocol“ (UDP) zur Verfügung. Beide Protokolle haben ihre Vor- und Nachteile. Der Vorteil des TCP liegt in der Garantie, daß alle von einem Knoten zu einem anderen versandten Daten auch tatsächlich dort ankommen; das UDP erlaubt dagegen das Versenden von Daten an mehrere Adressaten (sog. broadcasting).

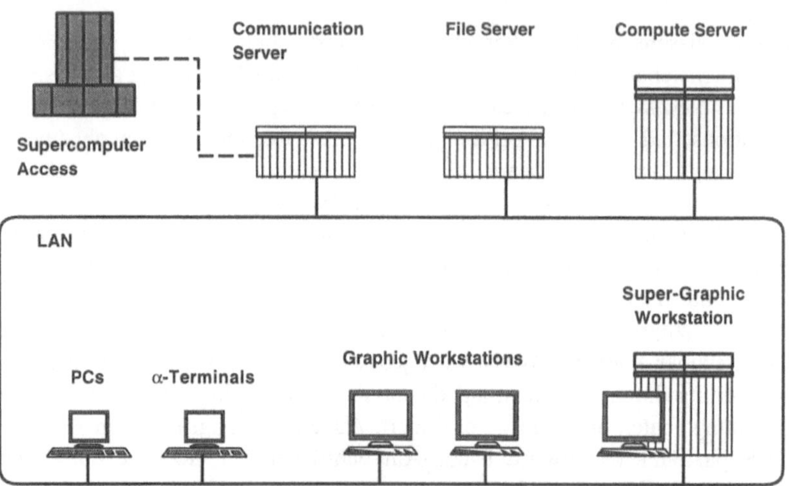

Abb. 10.8. Eine typische Rechnerumgebung für technisch-wissenschaftliche Anwendungen

Für die Kommunikation von Prozessen auf verschiedenen Hosts („client" und „server") steht das „remote procedure call" (RPC) Protokoll auf der Basis des TCP/IP oder des UDP/IP als Quasi-Standard auf Unix Rechnern zur Verfügung. Ein „remote procedure call" arbeitet ähnlich einem normalen Prozeduraufruf innerhalb eines Anwendungsprogramms, es müssen jedoch alle Prozedurparameter zu einem Argument (einem „struct" in C) zusammengefaßt werden. Der Datentransfer wird im RPC Protokoll über ein standardisiertes, binäres Format (external data representation, XDR) realisiert, da nicht davon ausgegangen werden kann, daß alle Hosts die gleiche interne Datenrepräsentation verwenden. Desweiteren bietet RPC eine C-ähnliche Sprache (RPC language) für die Prozessteuerung, die von einem Pre-Compiler in die benötigten C-Prozeduren zur Datenkonversion sowie in die Prozeduren zum Aufruf des Server-Prozesses durch den Client-Prozess umgesetzt wird.

Prozeß-Architektur zur verteilten Visualisierung

Die im Rahmen dieser Arbeit entworfene Prozeß-Architektur zur verteilten Berechnung in der Visualisierung [Ells-94] ist für heterogene LANs und/oder WANs geeignet und unterstützt dabei effizient sowohl Ein- als auch Mehrprozessor Maschinen. Im Falle von Mehrprozessor Systemen wird ein gemeinsamer physikalischer oder gemeinsamer virtueller Hauptspeicher vorausgesetzt. Die Berechnungsaufgabe muß dabei in mehrere unabhängige Komponeneten teilbar sein, die entsprechend dem „single instruction / multiple data" (SIMD) Paradigma ausgeführt werden. Die Prozeßarchitektur ist folgendermaßen charakterisiert:

- Es gibt zwei Klassen von Prozessen: *Worker* und *Supervisor*. Erstere führen die Arbeit aus, wobei sie durch letztere kontrolliert werden.
- Die Prozesse kommunizieren durch asynchrones, explizites Versenden von Nachrichten.
- Die Berechnung wird bedarfsgerecht verteilt, d.h. die Arbeit wird den Workern auf Anforderung zugeteilt.
- Die Verteilung ist der Netzwerkkapazität und den Prozessorleistungen angepaßt und ist dem Benutzer gegenüber transparent.

Die Bezeichnung der Prozeßkategorien ist an ihre jeweilige Aufgabe angelehnt. Master und Server haben Kontroll- bzw. Überwachungsaufgaben; die Worker führen die Berechnungen aus (s. Abb. 10.9).

- **Master**: Der (Haupt-) Prozeß des Visualisierungssystems bzw. der Berechnungsaufgabe. Meist läuft dieser Prozeß auf der Visualisierungs-Workstation, die daher als *Master-Workstation* bezeichnet wird.
- **Server**: Der verantwortliche Prozeß auf einem weiteren Rechner (*Compute Server*) im LAN bzw. WAN. Er bietet dem Master Rechenleistung an und kontrolliert die lokalen Worker.
- **Worker**: Prozesse, die die eigentlichen Berechnungen durchführen. Jedem Worker ist ein Supervisor, der Master oder ein Server, zugeordnet, der ihn mit Arbeit versorgt und sich um die Weiterleitung der Berechnungsergebnisse kümmert.

Zur Kommunikation unter den Prozessen werden Nachrichten verschickt (*message passing*). Eine Kontrolle der effektiv verschickten Datenmengen pro Zeiteinheit ermöglicht nämlich eine, an die aktuelle Server- und Netzwerkkapazität angepaßte Verteilung. Insbesondere in WANs, die meist langsamer als das LAN sind, kommt der Übertragungsdauer der Daten eine große Bedeutung zu. Für das *message passing* wird das RPC Protokoll auf der Basis einer TCP/IP Verbindung verwendet. Benötigt eine Nachricht keine Antwort – z.B. bei der Übertragung der Berechnungsergebnisse, deren Vollständigkeit durch das TCP gesichert ist – so wird das sog. „batched RPC“ genutzt, was meist zu einer Verringerung der Kommunikationszeiten führt.

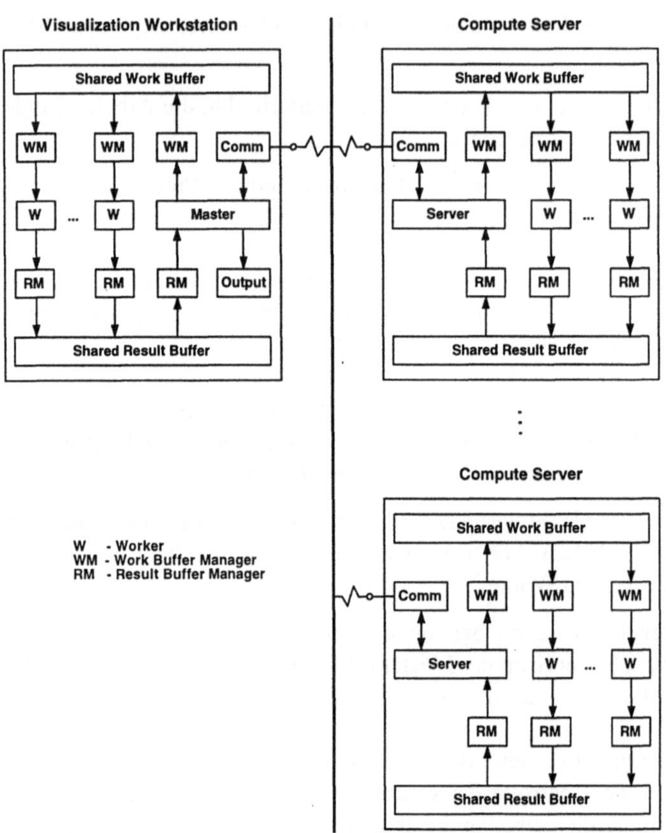

Abb. 10.9. Die Prozeß Architektur für die verteilte Visualisierung

Zur Verteilung der Arbeit stehen grundsätzlich zwei Strategien zur Auswahl. Erstens: Der Master kann die Arbeit auf die Worker verteilen und die Ergebnisse nach der Berechnung sammeln. Zweitens: Die Worker fordern, sobald sie frei sind, neue Arbeit an und schicken nach getaner Arbeit die Ergebnisse asynchron an den Master zurück. Bei beiden Strategien ist darauf zu achten, daß die Belastung auf die einzelnen Worker gleich verteilt wird, um eine möglichst große Leistungssteigerung zu erhalten. Der erste beschriebene Ansatz ist daher besonders gut geeignet, wenn von vornherein abzusehen ist, daß die einzelnen Arbeitspakete gleich aufwendig sind; daneben sollten für diese Strategie die Transportzeiten der Daten möglichst konstant sein.

In der Praxis eines lokalen Netzwerkes, in dem viele Benutzer arbeiten, ist es jedoch schwer vorherzusagen, wie lange der Datentransfer benötigen wird. Aus diesem Grunde wurde der zweite Ansatz gewählt, der ein *automatisches Load Balancing* impliziert. Wartezeiten der einzelnen Worker werden dadurch vermieden, daß jeder Server über einen Doppel-Puffer verfügt, so daß neue Daten vom Master angefordert werden können, bevor die lokalen Worker ohne Arbeit sind.

Für eine *adaptive Verteilung innerhalb eines Netzwerkes* spielen verschiedene Parameter eine Rolle: Statische Parameter, wie die nominalen Prozessorleistungen und Netzwerkkapazitäten der beteiligten Komponenten; dynamische Parameter, d.h. die aktuellen Belastungen der Prozessoren und Netzsegmente durch andere Benutzer; anwendungsspezifische Parameter, wie die Komplexität der Berechnung sowie Datengrößen und Datentypen. Letztlich zählt aber nur die Zeit, die insgesamt von einem Server zur Erledigung eines, an ihn übergebenen Arbeitspakets benötigt wurde. Daher werden die o.g. Parameter nicht einzeln gemessen, sondern zu einem einzigen „power factor" zusammengefaßt. Gemessen werden die Berechnungsdauern auf dem Master und den Servern sowie die Transportzeiten der Daten zwischen dem Master und den Servern. Der „power factor" wird dann durch die Anzahl von Arbeitseinheiten bestimmt, die pro Zeiteinheit bearbeitet wurden. Bei der Verteilung der Arbeit in einem heterogenen Netzwerk dürfen die Arbeitspakete jeweils nicht zu klein sein, da dies zu einem Kommunikations-Overhead führen würde. Daher wird der „power factor" zur Bestimmung der Paketgröße für die einzelnen Server herangezogen, so daß voraussichtlich alle Server ihre Arbeit zur gleichen Zeit mit dem Master beendet haben werden.

Es läßt sich natürlich nur bedingt von einem vorigen „power factor" auf die zukünftige Leistungsfähigkeit eines Servers schließen; meist ändert diese sich jedoch nicht allzu schnell, da meist viele Benutzer gleichzeitig einen Server beanspruchen. Bei einer starken Schwankung der Leistungsfähigkeit eines Servers – gemessen an der Standardabweichung des „power factor" – wird der Server als „unzuverlässig" bewertet und ihm bei der nächsten Berechnung weniger oder gar keine Arbeit übertragen.

Alternative Ansätze

Die beschriebene Prozeßarchitektur wurde zur optimalen Nutzung der Ressourcen in einem heterogenen Rechnerverbund entworfen. Sie zeichnet sich insbesondere durch die adaptive Verteilung sowie durch die unterschiedliche Strategie der Prozeßkommunikation auf Mehrprozessorsystemen bzw. zwischen Rechnern in einem Netzwerk (explizites „message passing" über Unix TCP/IP Sockets) aus. Verschiedene andere Ansätze wurden z.T. schon in kommerziellen Systemen realisiert.

PVM (parallel virtual machine) z.B. basiert ebenfalls auf explizitem *„message passing"*, wobei allerdings in der derzeitigen Version 3 von PVM selbst auf Mehrprozessor Systemen die Prozeßkommunikation über Sockets, anstelle der wesentlich schnelleren „shared memory" Kommunikation, realisiert wird.

Andere Systeme basieren auf dem sog. „virtual shared memory". Im Kontext verteilter Systeme wird damit der gemeinsame Zugriff aller Prozessoren auf einen Speicherbereich bezeichnet. In Realität muß dies allerdings nicht der Fall sein, wenn das Programm auf verschiedenen Rechnern in einem Netzwerk läuft. In diesem Fall werden Daten „auf Anfrage" zwischen den einzelnen Servern verschickt. Ein solches Softwaresystem ist z.B. *Linda.* Ein auf dem „virtual shared memory" Prinzip arbeitender Parallelrechner ist der KSR1 (Kendal Square Research), bei dem besondere „Kommunikationsprozessoren" den notwendigen Datentransfer über extrem schnelle Verbindungen zwischen den „Rechenprozessoren" steuern.

Realisierung und Anwendung

Als Anwendung für die verteilte Visualisierung in einem heterogenen Netzwerk wurde die *Extraktion polygonaler Niveauflächen in unstrukturierten Finit Element Gittern* untersucht. Dabei liegen die rechenintensiven Teile in der Bestimmung neuer Punkte innerhalb des Datenvolumens (Zerlegung der Elemente in Primitive), in der Extraktion der Dreiecke sowie in der Interpolation von Koordinaten, Gradienten und Ergebnisdaten an den Eckpunkten der Dreiecksflächen. Werden höherwertige Flächen verwendet, so kommt die ebenfalls sehr aufwendige Tessalierung der Dreiecksflächen dazu.

Es wurde beschlossen, die Verteilung der Daten auf Anfrage und nicht in einem Vorverarbeitungsschritt vorzunehmen. Eine Vor-Verteilung führt zwar während der Berechnung zu kürzeren Kontrollmeldungen und Datentransportzeiten, sobald aber einer, der an der Darstellung beteiligten Datensätze gewechselt wird, folgen jeweils lange Initialisierungszeiten. Daneben wird die Speicherung des kompletten 3D-Modells auf allen Servern notwendig, was bei größeren Datensätzen Server mit kleinerem Hauptspeicher ausschließt bzw. die anderen Benutzer im Rechnerverbund stark behindert.

Zur Berechnung werden die folgenden Prozesse gestartet: Auf der Master-Workstation führt der Supervisor-Prozeß den *Master-Algorithmus* aus; auf jedem Compute-Server führt der Supervisor Prozeß den *Server-Algorithmus* aus; alle Berechnungsarbeit wird im *Worker Algorithmus* des Worker Prozeß ausgeführt, der auf der Master-Workstation und jedem Compute-Server läuft. Das Berechnungsverfahren ist bedarfsorientiert, d.h. die Worker Prozesse arbeiten Daten aus dem Arbeits-Puffer ab und benachrichtigen ihren Supervisor – den Master-Prozeß oder einen Server-Prozeß – wenn sie keine Arbeit mehr vorfinden. Um den Kommunikationsaufwand zu reduzieren, sammelt jeder Worker die Ergebnisse bis zu einer gewissen Paketgröße, bevor er den Supervisor benachrichtigt. Ebenso, schickt ein Server die Berechnungsergebnisse jeweils in Paketen an den Master zurück.

Verschiedene Parameter bestimmen, wie der gesamte Berechnungsauwand am effektivsten auf die Server verteilt wird. Sobald ein Worker ohne Arbeit ist, muß entschieden werden, ob und wieviel Arbeit (Daten) an den Worker geschickt wird. Dabei kann am Anfang der Berechnung nahezu jedem Worker Arbeit zugewiesen werden; wenn jedoch die Berechnung fast beendet ist, kann es sinnvoller sein, die verbliebene Arbeit dem Worker-Algorithmus auf der Master-Workstation zu belassen. Um diese Entscheidung treffen zu können, ist eine „a priori" Abschätzung des Arbeitsaufwandes sowie der Leistungsfähigkeit von Master und Servern notwendig.

Im Falle der Niveauflächenkonstruktion ist die Abschätzung des Rechenaufwands jedoch schwierig, da schon eine kleine Veränderung des Schwellwertes u.U. zu einer großen Änderung des Berechnungsaufwandes führt. Allerdings ist der Berechnungsaufwand jeweils proportional zu der Anzahl von Elementen, die bei gegebenem Schwellwert von einer Niveaufläche geteilt werden. Aus diesem Grunde kann eine Aufwandsabschätzung gut mit Hilfe eines Daten-Histogramms über alle Gitterknoten vorgenommen werden, das vor der ersten Niveauflächenberechnung angelegt wird.

Die Performanz eines Servers im vorangegangen Arbeitsabschnitt wird anhand der Anzahl der pro Zeiteinheit bearbeiteten Finiten Elemente bestimmt. Zur Bestimmung des „power factor“, der dem Server beim nächsten Schritt zugewiesen wird, wird jedoch neben der letzten Performanz auch der Mittelwert aller bisherigen Performanzen sowie die Standardabweichung herangezogen. Die Aufteilung der Arbeit erfolgt entsprechend dem Verhältnis von individueller Performanz zur Gesamtzperformanz aller Server. Hat nun ein Server alle ihm zugedachte Arbeit erledigt, so wird eine Neubewertung der Performanz vorgenommen und die verbliebene Arbeit so aufgeteilt, daß voraussichtlich alle Server zur gleichen Zeit fertig sein werden. Dabei werden gewisse untere Schranken beachtet, so daß nicht kleinste Datenpakete verschickt werden. Weiterhin wird gegen Ende der Berechnung die Arbeit am Master belassen, um den Kommunikationsoverhead zu vermeiden.

Ergebnisse

Die implementierten Algorithmen wurden im Ethernet-LAN des „Haus der graphischen Datenverarbeitung“ getestet. Die Messungen fanden dabei nicht zu Zeiten der täglichen Spitzenbelastung statt, so daß nur wenige andere Benutzer die einzelnen Server zusätzlich belasteten.

Szenario 1: Der Benutzer arbeitet auf einer relativ leistungsschwachen (Ein-Prozessor) Graphikworkstation. Zunächst wird nur lokal berechnet, danach werden sukzessive andere (Ein-Prozessor) Server parallel genutzt:

1. Alle Berechnungen werden lokal auf der Master-Workstation (SGI Personal Iris 4D/20G) ausgeführt.
2. Alle Berechnungen werden „remote“ auf einer leistungsfähigeren Workstation (SGI 4D/310 Reality Engine 1) ausgeführt.[1]
3. Wie Konfiguration 2, jedoch mit einem zusätzlichen Server (SGI Personal Iris 4D/30TG).

[1] Es macht in diesem Fall keinen Sinn, einen Teil der Berechnungen lokal auszuführen, da ein zusätzlicher Worker Prozeß auf der Ein-Prozessor Maschine die gesamte Visualisierung stark verlangsamen würde.

4. Wie Konfiguration 3, jedoch mit einem zusätzlichen Server (SGI Indigo R4000 Elan).
5. Wie Konfiguration 4, jedoch mit einem zusätzlichen Server (SGI 4D/ 380 VGX) mit einem Worker Prozeß.

Es wurden jeweils mehrere Rechenläufe gemessen, die Ergebnisse gemittelt und auf die Berechnungsdauer bei Konfiguration 1 bezogen. Der Arbeitsaufwand steigt dabei in der Tabelle von oben nach unten (s. Kapitel 7.3):

Arbeitsaufwand	Konf. 1	Konf. 2	Konf. 3	Konf. 4	Konf. 5
Zerlegungsgrad 2	100 %	135 %	119 %	119 %	117 %
Zerlegungsgrad 3	100 %	72 %	71 %	70 %	67 %
Tessalierungsgrad 3	100 %	63 %	41 %	25 %	20 %

Abb. 10.10. Rechengeschwindigkeiten bei verschiedener Komplexität des Visualisierungsalgorithmus und verschiedenen Rechnerkonfigurationen

Die verschiedenen Server sind, wie erwähnt, nicht gleich leistungsfähig, so daß keine individuelle, quantitative Bewertung vorgenommen werden kann. Qualitative Aussagen sind jedoch anhand der erzielten Ergebnisse möglich: Es zeigt sich, daß die Verteilung im Netz auf mehrere Server mittlerer Leistungsfähigkeit zu einer Reduzierung der Gesamt-Performanz führt, wenn die Berechnungsaufgabe nur von mittlerem Umfang ist (s. erste Zeile der Tabelle). Bei großem Berechnungsumfang (s. letzte Zeile) steigt die Effizienz durch die Verteilung und es wird ein bemerkenswerter Speed-Up erreicht.

Szenario 2: In diesem Fall arbeitet der Benutzer wiederum an einer relativ leistungsschwachen Graphikworkstation. Es erfolgt eine Auslagerung der Niveauflächenberechnung auf einen sehr leistungsstarken Server (SGI Indigo R4400 Extreme, 150 Mhz).:

Arbeitsaufwand	lokal	„remote“
Zerlegungsgrad 2	100 %	87 %
Zerlegungsgrad 3	100 %	61 %
Tessalierungsgrad 3	100 %	20 %

Abb. 10.11. Szenario 2: Die Berechnung wird auf einen leistungsfähigen Server ausgelagert.

Es zeigt sich, daß der „Kommunikations-Overhead“ hier wesentlich geringer ausfällt und mit schon einem leistungsstarken Server ähnliche Beschleunigungen der Niveauflächenberechnung zu erzielen sind, wie im Szenario 1, wo mehrere weniger schnelle Server zusammen genutzt wurden.

10.4 Zusammenfassung und Diskussion der Ergebnisse

In diesem Kapitel wurden zwei wichtige Aspekte der gaphisch-interaktiven Strömungsvisualisierung behandelt, die Interaktion und die Interaktivität.

Zur Interaktion des Benutzers mit den Anwendungsdaten, z.B. zur Steuerung einer Probe, müssen 3D-Interaktions- und Navigationsmechanismen implementiert werden. Die an jedem Arbeitsplatzrechner verfügbaren Interaktions- und Anzeigegeräte Maus und Rastergraphikschirm müssen so unterstützt werden, daß eine intuitive und doch exakte Interaktion möglich ist. Die hier vorgestellten Navigations- und Interaktionsumgebung STAGE ermöglicht ein intuitives und doch exaktes Arbeiten in 3D mit einem Desktop-System. Alle notwendigen Interaktionen zur Steuerung des Blickpunktes und zur semantischen Interaktion bei der graphisch-interaktiven Datenvisualisierung sind damit leicht möglich.

Eine erfolgreiche Navigation und Steuerung erfordert eine hohe Bildwiederholrate. Zumeist wird bei der wissenschaftlich-technischen Datenvisualisierung eine Frequenz von mehreren Bildern pro Sekunde als notwendig angesehen. Müssen lediglich polygonale Objekte abgebildet werden, so ist die Interaktivität nur eine Frage der Hardwarekosten. Anders als im Bereich der „Virtual Reality“ ist bei der wissenschaftlich-technischen Datenvisualisierung nicht Naturalismus oder Detailreichtum gewünscht, sondern die Unterstützung des Anwenders durch Abstraktion und Reduktion auf das Wesentliche eines Datensatzes. Daher befriedigen die derzeit verfügbaren (wenn auch nicht billigen) Graphikworkstations in dieser Hinsicht die Anforderungen der Strömungsvisualisierung.

Doch Strömungsvisualisierung erschöpft sich nicht in Hardware-unterstützem Rendering. Es kommen rechenaufwendige Algorithmen zum Einsatz, die hohe Anforderungen an die Numerikprozessoren der Workstations stellen. Die Algorithmen sollen die interaktive Erforschung der Daten durch den Anwender möglichst wenig aufhalten, doch steht diesem Ziel oft eine sehr große Datenmenge, die Komplexität der Geometrie durch nicht-reguläre Gitter sowie die Komplexität des Algorithmus selbst gegenüber. Ein wichtiges Werkzeug bei der interaktiven Strömungsvisualisierung ist deshalb die Beschleunigung der rechenaufwendigen Algorithmen durch Parallelisierung.

Im Rahmen dieser Arbeit wurden zwei Ansätze realisiert und ihre Effizienz durch Messungen nachgewiesen: Die Parallelisierung auf „shared memory“ Mehr-Prozessor Systemen sowie die Parallelisierung in einem heterogenen Netzwerk von

Graphikworkstations und Compute Servern. Es wurden bedeutende Beschleunigungen ermöglicht, so daß einerseits viele rechenaufwendige Visualisierungstechniken, wie die Niveauflächenextraktion, mit sehr geringen Antwortzeiten durchgeführt werden können; andererseits machte die Parallelisierung den Einsatz des hochqualitativen Raycasting für die graphisch-interaktive Strömungsvisualisierung überhaupt erst möglich.

Es ist jedoch illusorisch, anzunehmen, daß Visualisierungsalgorithmen, die in Software implementiert sind, durch Parallelisierung immer in Echtzeit, d.h. ohne für den Benutzer merkliche Antwortzeiten, realisierbar sind. Daher muß u.U. auch die Animation (parallel) berechneter Einzelbilder (s. Kap. 9.3.5) in ein System zur graphisch-interaktiven Visualisierung integriert werden.

11 Implementierungen und Anwendungen

11.1 Simulation der Atemströmung in der menschlichen Nase

In einem gemeinsamen Forschungsprojekt des Fachgebiets Graphisch-Interaktive Systeme der Technischen Hochschule Darmstadt mit den HNO Universitäts-Kliniken Greifswald und Göttingen wurde die Atemströmung in der menschlichen Nase untersucht[1]. Ziel war eine verbesserte Funktionsdiagnostik der physiologischen und pathologischen Atemströmung und, darauf aufbauend, eine verbesserte Therapie- und Operationsplanung. Die medizinischen Arbeitsgruppen führten Messungen an Patienten sowie Strömungsexperimente mit Modellen des Nasenkanals durch; die Darmstädter Arbeitsgruppe entwickelte Werkzeuge zur Gittergenerierung, zur numerischen Simulation und zur Visualisierung der Atemströmung auf der Grundlage computer-tomographischer (CT) Aufnahmen individueller Patientengeometrien.

Es wurden Visualisierungstechniken entwickelt, die eine gemeinsame Darstellung der simulierten Strömung zusammen mit der Kontextgeometrie des Nasenkanals ermöglichen. Realisiert wurden diese für Mediziner gut interpretierbaren Darstellungen mit Hilfe des hybriden Renderingsystems Vis-A-Vis [AEFF$^+$-92]. Vis-A-Vis, das am Fraunhofer-IGD entwickelt wurde, erlaubt die gemeinsame Darstellung von Text-, Rasterbild-, Polygon- und Volumen-Primitiven in einem Bild. Es wurden Algorithmen zur Visualisierung von Bahnlinien und -bändern implementiert, die eine polygonale Beschreibung dieser Visualisierungsobjekte produzieren. Die polygonalen Objekte können nun zusammen mit den regulären Voxeldaten, die aus den CT-Aufnahmen rekonstruiert wurden, dargestellt werden, so daß eine visuelle Analyse der die Strömung bestimmenden Formelemente möglich ist. Die Arbeiten im Rahmen dieses Projektes führten schließlich zu weitergehenden Implementierungen von Strömungsvisualisierungstechniken im ISVAS-

[1] Das Projekt wurde teilweise von der Deutschen Forschungsgemeinschaft DFG gefördert.

Visualisierungssystem (s. Kap. 11.3), das als graphisch-interaktive Anwendung auf dem Vis-A-Vis Renderingssystem aufsetzt.

11.1.1 Ziele der Arbeit

Die Simulation und Visualisierung der Atemströmung auf der Grundlage individueller Patienten-Geometrien stellte eine große Herausforderung dar. In den meisten Fällen dienen numerische Strömungssimulationen zur Auslegung technischer Bauteile, so daß die Form des Strömungskanals – wenn nicht analytisch, so doch diskret – geometrisch beschreibbar ist. Dementsprechend sind die Pre-Prozessoren aller kommerziellen oder im unversitären Bereich verfügbaren Simulationspakete auf die Vernetzung solcher Geometrien ausgerichtet. Es mußte daher im Rahmen dieses Projektes ein neuer Gittergenerator entwickelt werden, welcher in der Lage ist, den natürlich geformten und sehr individuell verschiedenen Strömungskanal „Nase“ zu vernetzen.

Auf der Visualisierungsseite stellte sich das Problem, daß die Charakteristik der Atemströmung nur zusammen mit der sie bestimmenden Kontextgeometrie des Patientenschädels durch den Mediziner analysierbar ist. Das o.g. hybride Renderingsystem Vis-A-Vis integriert mehrere Software-Renderingmodule zur Darstellung von regulären Voxeldaten sowie verschiedene Hardware-Polygon-Renderer (GL, PEX). Um Vis-A-Vis für diese Anwendung nutzen zu können, mußten nun Visualisierungsalgorithmen für Strömungsdaten auf unstrukturierten Finit-Element Gittern implementiert werden, die polygonale Visualisierungsobjekte produzieren. Diese Objekte werden schließlich in Vis-A-Vis mit den Ergebnissen des Volumen-Renderings in einem Bild gemischt.

11.1.2 Realisierung

Gittergenerierung

Als erste Teilaufgabe mußten Methoden zur Gittergenerierung auf der Grundlage planparalleler Schichtbilder des Nasenkanals entwickelt und implementiert werden. Die Gittergenerierung steht zwar nicht im Zentrum dieser Arbeit, sie ist jedoch nicht nur in dieser Anwendung eng mit der Visualisierungsthematik verbunden (Stichwort: Adaptive Gitter, s. Kap. 2), so daß an dieser Stelle eine kurze Zusammenfassung der diesbezüglich innerhalb des Projekts geleisteten Arbeit erfolgt. Eine detaillierte Beschreibung ist [EFMl-95] nachzulesen.

Die gängige Methode der Vernetzung dreidimensionaler Geometrien ist die sog. „isoparametrische Superelement Methode“ [MaMa-93]. Diese erfordert die Unterteilung einer 3D-Struktur in Blöcke (Superelemente), die jeweils auf eine reguläre Hexaederstruktur abgebildet werden. Die inverse Transformation erlaubt die vollständige Diskretisierung des Inneren eines solchen Superelementes mit einer definierbaren lokalen Gitterdichte. Dieses Verfahren ist für die Vernetzung des Nasenkanals aus zwei Gründen nicht praktikabel: Zum einen ist eine Unterteilung des Nasenkanals in Superelemente wegen der natürlich geformten, weichen Übergänge – der Nasenkanal weist im Gegensatz zu den meisten technischen Bauteilen keine geometrisch scharfen Kanten auf – nicht leicht möglich; das Entstehen degenerierter Elemente ist deshalb wahrscheinlich. Zum anderen würde ein solches Vorgehen ein komplex zu bedienendes, graphisch-interaktives 3D-Modellierungssystem erfordern; die erforderliche Funktionalität, die 3D-Interaktion zur Positionierung der Stützstellen der Superelemente und das Mappen der Superelemente auf die gescannte Kanalform wäre nur schwer zu realisieren. Selbst wenn ein solches System erstellt werden könnte, würde das Bearbeiten eines Nasenkanals sehr viel Übung und einen großen zeitlichen Aufwand erfordern.

Die hier beschriebenen Schwierigkeiten treten nicht nur bei der Vernetzung natürlich geformter Objekte auf, sondern auch dann, wenn in technischen Anwendungen nicht mehr nur einzelne Bauteile, sondern gesamte Strömungssysteme, wie z.B. die Umströmung eines ganzen Flugzeugs berechnet werden sollen. Aus diesem Grund wurden in den letzten Jahren Strategien zur automatisierten Gittergenerierung entwickelt, die nicht auf der o.g. Methode der Superelemente basieren. Aus der Literatur sind drei mögliche Strategien bekannt, die im Rahmen dieses Projektes untersucht wurden: Die „modifizierte Octree Methode" [YeSh-84], die „Delaunay Triangulierung" [CaFF-85] und die „Advancing Front Methode" [PPFM-89] sowie z.T. Kombinationen der genannten Verfahren. Die möglichen Verfahren wurden evaluiert und teilweise implementiert [Jasp-94], [Batr-94].

Die auf der „Delaunay-Triangulierung" basierende Software wurde unter dem Betriebssystem Unix in der Programmiersprache C realisiert. Die Software besteht aus einer Reihe seperater C-Programme, die parametergesteuert ablaufen. Jedes dieser Programme liest und schreibt Daten in Form von ASCII-Dateien. Ausgangspunkt sind die in den Schichtbildern segmentierten Hüllkonturen des Strömungskanals; Endergebnis ist eine Beschreibung des Finit Elementgitters mit den Knotenkoordinaten des Berechnungsgitters sowie der Elementtopologie, d.h. welche Knoten zu einem jedem Element gehören. Daneben können die Nummern der Knoten der äußeren Hülle des FE-Gitters ausgegeben werden, was zur Spezifizierung der Randbedingungen der numerischen Simulation notwendig ist.

Innerhalb der Schichtbilder werden die Pixelkonturen des Strömungskanals algorithmisch extrahiert. Danach stellen sich die einzelnen Verarbeitungsschritte bei der Gittergenerierung folgendermaßen dar:

1. Reduktion der Pixelkonturen aus den Schichtbildern. Dabei werden Stützstellen entlang der Konturen berechnet, deren Lage den Abstand der Stützstellen sowie die lokale Krümmung der Konturen berücksichtigt.

2. Generierung von innerhalb der Konturen liegender Knoten auf einem regulären Gitter mit einstellbarem Knotenabstand.

3. Ggf. Entfernung innerhalb der Konturen liegender Knoten in parametrisierbarer Abhängigkeit von der kürzesten Entfernung zur Kontur. Dadurch wird das Entstehen degenerierter Elemente weitestgehend verhindert.
4. 2D-Delaunay-Triangulierung der äußeren und inneren Stützpunkte der einzelnen Schichten. Ergebnis ist ein Dreiecksgitter der konvexen Hülle der Kontur in jeder Schicht.
5. 3D-Delaunay-Triangulierung zwischen den Schichten. Ergebnis ist eine Tetraedisierung der konvexen Hülle des Strömungskanals.
6. Eliminierung der außerhalb des Strömungskanals liegenden Elemente der konvexen Hülle. Ergebnis ist eine Tetraedisierung des Strömungskanals.
7. Relaxation des Gitters durch automatische Translation einzelner Gitterknoten. Dadurch werden degenerierte Tetraeder „repariert".
8. Zerlegung der Tetraeder in jeweils vier Hexaeder (Hexaeder besitzen für die numerische Simulation von Strömungen besser geeignete Formfunktionen als Tetraeder).
9. Bestimmung der Knoten der äußeren Hülle zur Definition der Randbedingungen bei der numerischen Simulation (Haftbedingung!).
10. Konvertierung der Gitterbeschreibung in das spezifische Format des Simulationsprogramms.

Simulation

i) Numerische Simulation verschiedener Strömungszustände und Geometriedatensätze

Parallel zur Entwicklung der Werkzeuge zur Simulation von Atemströmungen lebender Patienten sollten numerische Simulationen von Modellströmungen durchgeführt werden. Ziel dieser Arbeit war die Untersuchung der Übertragbarkeit der Ergebnisse solcher Simulationen, die Näherungen und vereinfachende Annahmen enthalten, auf die Realität. Es wurden dazu solche Modellströmungen simuliert, die auch von der Greifswalder Arbeitsgruppe experimentell untersucht wurden. Simulationen und Experimente dienten jedoch nicht nur zur gegenseitigen Verifizierung: Durch die graphisch-interaktive Visualisierung von Strömungssimulationen können quantitative Aussagen über die Strömung gemacht werden, während bei der Visualisierung experimenteller Strömungen, z.B. durch Videoaufnahmen, meist lediglich qualitative Aussagen möglich sind. Es wurde das Finite Elemente Simulationsprogramm Fidap der Fa. Fluid Dynamics Inc. lizensiert, welches einen Gittergenerator auf der Basis der o.g. Methode der Superelemente beinhaltet. Für die geometrisch, relativ leicht beschreibbaren Formen der simulierten physikalischen Modelle genügte diese Art der Gittergenerierung. Mit dieser Software wurden

Strömungssimulationen von sog. Mink'sche Kästchen durchgeführt, wobei Konfigurationen zu den folgenden Fragestellungen untersucht wurden: Der Einfluß von Ein- und Ausströmgeometrien, der Einfluß des Diffusors auf die Strömung im vorderen Cavum nasi, der Einfluß des Spaltraums auf die Strömung im Cavum nasi, der Einfluß einer Septumdeviation auf die Strömung. Die Ergebnisse der Simulationen wurden visualisiert und mit den experimentellen Studien der Greifswalder Arbeitsgruppe verglichen. Es konnte eine gute Übereinstimmung zwischen Experimenten und Simulationen festgestellt und dokumentiert werden [FrMl-93].

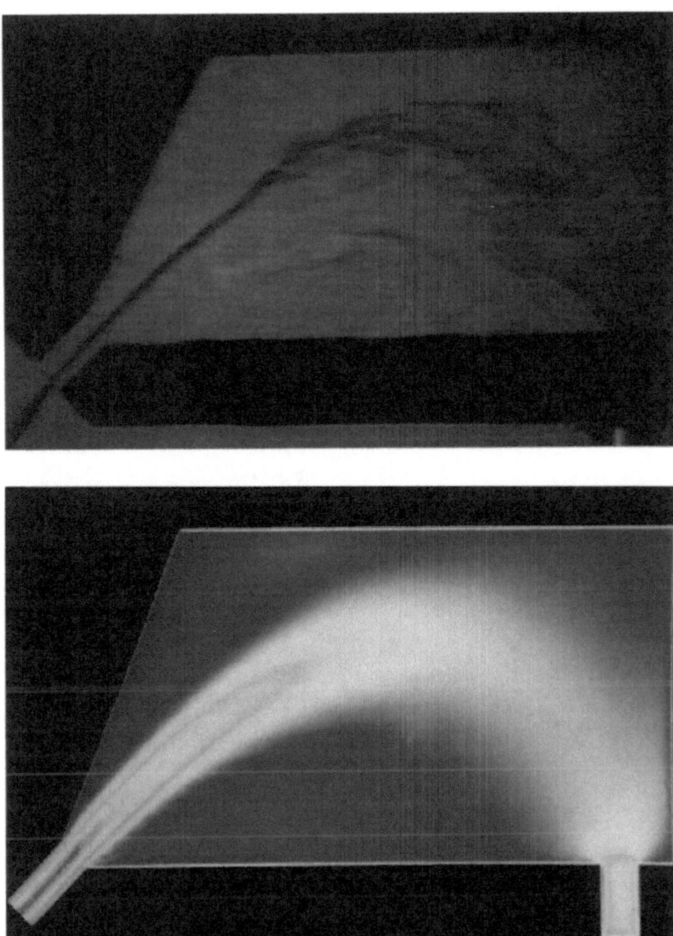

Abb. 11.1. Eine Modellströmung zur Untersuchung von Formelementen des Nasenkanals. Oben: Wasserkanal, Visualisierung durch Fluidfärbung. Unten: Numerische Simulation, Falschfarbendarstellung der Strömungsgeschwindigkeit.

ii) Simulation der Atemströmung auf der Grundlage individueller CT-Schichtbilder

Mit Hilfe des implementierten Gittergenerators ist jetzt die Simulation der Atemströmung auf der Grundlage individueller Patientengeometrien möglich. Das unstrukturierte Gitter wird in den Pre-Prozessor des o.g. Simulationsprogrammes eingelesen. Anschließend werden die Randbedingungen der Simulation sowie Konfigurationsparameter des numerischen Verfahrens eingestellt und die Berechnung ausgeführt. Bei den bisher durchgeführten Rechenläufen wurde ein laminares Strömungsmodell verwendet, die Verwendung eines turbulenten Strömungsmodells ist geplant. In einer Fortsetzung des Forschungsprojektes sollen verschiedene, aus CTs rekonstruierte Strömungskanäle simuliert werden, um neue Erkenntnisse über die Physiologie der Atemströmung zu gewinnen.

Abbildung 11.2 zeigt das hybride Rendering von Strombändern im Strömungsfeld zusammen mit der Schädelgeometrie, die in Form regulärer Volumendaten vorliegt.

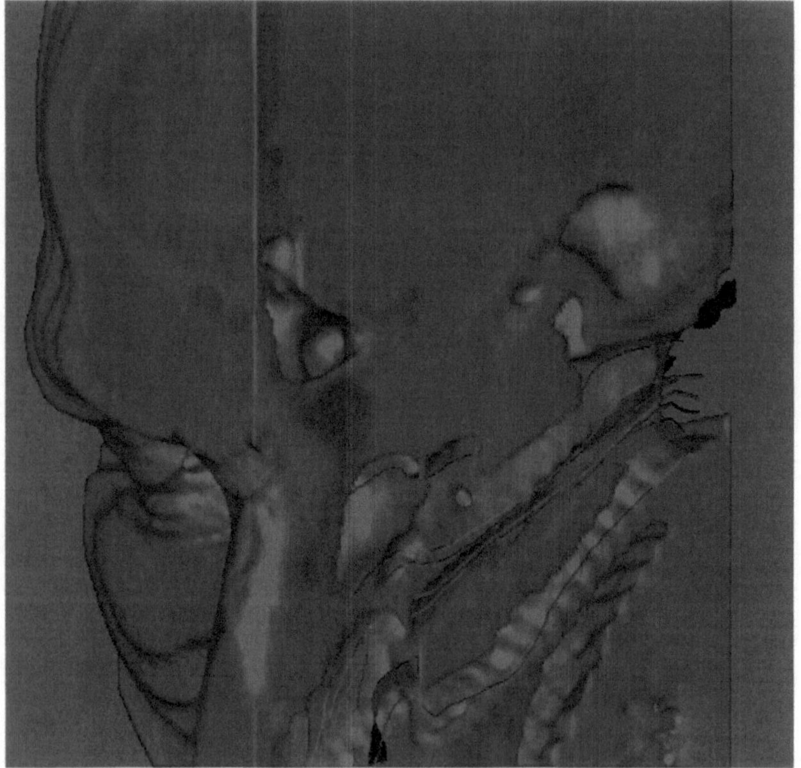

Abb. 11.2. Visualisierung der Atemströmung durch Bahnlinien und -bänder.

Visualisierung

Kennzeichnend für die ersten Implementierungen von Techniken zur Strömungsvisualisierung im Rahmen dieses Projektes war einerseits die hochqualitative, hybride Darstellung, andererseits aber auch der niedrige „Interaktionsgrad" der Werkzeuge. Zunächst wurden nur zwei Visualisierungtechniken, *Bahnlinien* und *Bahnbänder*, implementiert. Die Algorithmen waren als eigenständige C-Programme realisiert, die eine ASCII-Datei mit einer polygonalen Beschreibung der betreffenden Visualisierungsobjekte im Vis-A-Vis Format schrieben. Da diese Programme keine eigene Funktionalität zur graphisch-interktiven Positionierung der Partikelquellen besaßen, mußten die Startpunkte zur Bahnlinienintegration vom Benutzer in numerischer Form eingegeben werden. Die berechneten und abgelegten Objekte konnten dann von VolUI [AEFF+-92], der Benutzerschnittstelle zur Volumenvisualisierung, die ebenfalls im Rahmen des Vis-A-Vis Projektes entstand, gelesen werden. Die einzig mögliche Interaktion bei der Strömungsvisulisierung mit dieser Konfiguration bestand darin, daß verschiedene, vorberechnete Visualisierungsobjekte mit der vom Volumenrenderer erzeugten Darstellung der Kontextgeometrie gemischt werden konnten.

Als Konsequenz aus der beschriebenen, geringen Flexibilität wurden die entwickelten Algorithmen für die Bahnlinien- und Bahnbänderberechnung in das Visualisierungssystem ISVAS integriert, das einen hohen Interaktionsgrad besitzt. In der Folgezeit wurden weitere Techniken zur Strömungsvisualisierung ebenfalls innerhalb von ISVAS realisiert (s. Kap. 11.3). ISVAS setzt als graphisch-interaktive Anwendung auf dem Vis-A-Vis Renderingssystem auf, so daß auch hier die Möglichkeit besteht, generierte polygonale Visualisierungsobjekte im Vis-A-Vis Format zu exportieren. Somit können weiterhin hybride Visualisierungen als Hochqualitäts-Darstellungen erzeugt werden; zusätzlich steht aber ein flexibles Visualisierungssytem für die interaktive Strömungsvisualisierung zur Verfügung.

11.1.3 Diskussion der erzielten Ergebnisse

Die Strömungsvisualisierung im Rahmen des Projektes „Simulation und Visualisierung der Atemströmung in der menschlichen Nase" war der Auftakt zu der, in dieser Arbeit beschriebenen, eingehenden Beschäftigung mit dem Thema Strömungsvisualisierung. Folgende Bewertungen und Schlußfolgerungen ergeben sich aus den Arbeiten im Rahmen des Projektes:

- Mit dem entwickelten Gittergenerator steht ein leistungsfähiges Werkzeug zur Vernetzung natürlich geformter Strömungskanäle zur Verfügung. Zwangsläufig entsteht dabei ein unstrukturiertes Finite Elemente Gitter. Dementsprechend wurden auch in diesem Projekt Visualisierungstechniken für diese Art von Volumendaten benötigt.

- Die hybride Visualisierung polygonaler Objekte zusammen mit Voxelobjekten realisiert eine, den Bedürfnissen der Anwender – in diesem Fall Mediziner – angepaßte Darstellung. Die Bedeutung der Visualisierung von Kontextgeometrie zusammen mit den Simulationsergebnissen wurde hierbei bestätigt.
- Zur flexiblen Strömungsvisualisierung werden geeignete Interaktionsmechanismen, z.B. zur Positionierung von Partikelquellen benötigt. Die Analyse eines simulierten Strömungsfeldes bedarf schneller Visualisierungsalgorithmen sowie leistungsfähiger Graphik-Hardware. Aus diesem Grunde wurden weitere Visualisierungstechniken nicht mehr in Form einzelner Programme, sondern als Module verschiedener Visualisierungssysteme realisiert.
- Numerische Strömungssimulationen wurden hier parallel zu Strömungsexperimenten und Messungen durchgeführt. Es müssen verstärkt Methoden zum Vergleich experimenteller Strömungen mit simulierten Strömungen geschaffen werden. Ein Weg dazu besteht im hybriden Rendering von polygonalen Visualisierungsobjekten zusammen mit Pixelbildern, d.h. fotographischer Aufnahmen der Strömungsexperimente. Dies ist mit dem Vis-A-Vis Renderingsystem möglich. Bisher wurden aber keine weitergehenden Arbeiten in diese Richtung unternommen.

11.2 Das datenflußorientierte Visualisierungssystem apE

Das Visualisierungssystem apE [Dyer-90] war (nach dem auf 2D Bildverarbeitung spezialisierten Khoros System) das erste datenflußorientierte Visualisierungssystem für wissenschaftlich-technische Daten. In einer Kooperation zwischen dem Fraunhofer-IGD und dem Instituto Superior Technico (IST) der Universität Lissabon wurde auf der Basis von apE ein auf strömungsmechanische Simulationsdaten spezialisiertes Visualisierungssystem entwickelt, das zur Analyse von Sediment- und Schadstofftransporten in küstennahen Meeresströmungen eingesetzt wurde [Jung-91]. Die Implemetierung von Werkzeugen zur Strömungsvisualisierung wurde durch den modularen Aufbau von apE gut unterstützt; ohne die Implementierung z.B. eines eigenen Renderers, konnte so in relativ kurzer Zeit ein leistungsfähiges, auf Strömungsdaten ausgerichtetes System realisiert werden.

Diese Arbeit dokumentierte die Stärken datenflußorientierter Visualisierungssysteme, die Erweiterbarkeit und Flexibilität. Sie zeigte jedoch auch die Schwächen solcher Systeme auf: Die Leistungsfähigkeit fällt mit steigender Datensatzgröße durch die Interprozeßkommunikation überproportional stark ab. Die Interaktion des Benutzers mit den Daten wird aufgrund dieser Systemarchitektur schlecht unterstützt; schließlich wird vom Anwender ein nicht unerhebliches Maß an Kenntnissen der Computer Graphik verlangt. Später durchgeführte Evaluierungen der

Visualisierungssysteme AVS und IRIS Explorer im Rahmen dieser Arbeit bestätigten diese Erfahrungen [BeBr-94].

11.2.1 Ziele der Arbeit

apE wurde an der Ohio State University entwickelt und zunächst nahezu kostenlos im Quellcode weitergegeben, so daß das System schnell Verbreitung fand, insbesondere an Universitäten und anderen Forschungseinrichtungen. Durch eine Kooperation des Fraunhofer-IGD mit der Entwicklergruppe von apE war ein besonders guter Zugriff auf die jeweils aktuellsten Entwicklungsversionen der Software möglich. Im Rahmen dieser Arbeit sollten nun die notwendigen Erweiterungen auf der Basis von apE 2.0 realisiert werden, um eine effiziente Strömungsvisualisierung mit der Ausrichtung auf Umwelt-Simulationsdaten zu ermöglichen.

Am IST in Lissabon werden Meeresströmungen sowie die Verteilung von Abwässern und die daraus resultierende Wasserqualität im küstennahen Bereich untersucht. Eine Reihe zwei- und dreidimensionaler Simulationsmodelle wurden dazu in Lissabon entwickelt. Die Komplexität dieser Modelle machte die Datenanalyse mit traditionellen Visualisierungswerkzeugen, wie Stiftplottern, zunehmend schwierig und zeitaufwendig. Aus diesem Grunde sollte ein interaktives Graphiksystem zur Strömungsvisualisierung entwickelt, am IST installiert und die dortige Forschergruppe in die Arbeit mit dem System eingewiesen werden.

11.2.2 Realisierung

apE Module für die Strömungsvisualisierung

Im Rahmen der Arbeit mit apE wurden Visulisierungstechniken für reguläre 2D und 3D Daten realisiert, da die Simulationsmodelle am IST auf ebensolchen Gittern arbeiteten[1]. Das Datenfluß Konzept von apE ist an die allgemeine Visualisierungspipeline (s. Kap. 3.2.1) angelehnt, wobei insbesondere für das Mapping verschiedene Module zur Verfügung stehen. In apE stellt sich ein einfaches Netz von Visualisierungsmodulen z.B. folgendermaßen dar:

[1] Bei der späteren Evaluierung der Systeme AVS und IRIS Explorer wurden auch curvilineare und unstrukturierte Daten visualisiert.

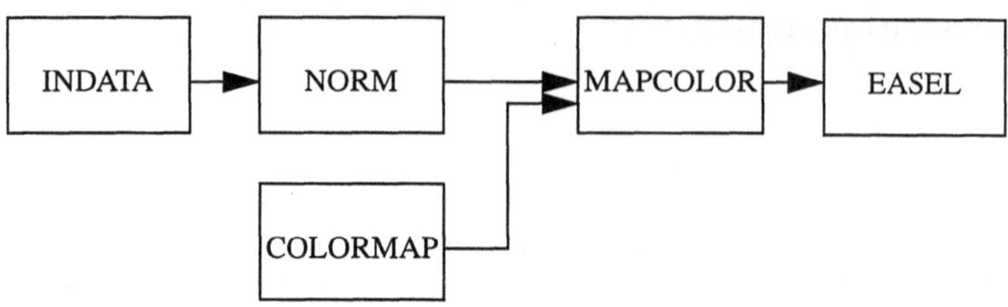

Abb. 11.3. Eine apE Pipeline zur Falschfarbenabbildung

- INDATA ließt Eingabedaten aus Dateien.
- NORM bildet Variablenwerte auf den Bereich 0 bis 1 ab.
- COLORMAP ist ein Werkzeug zur interaktiven Spezifikation einer Farbtabelle.
- MAPCOLOR bildet die normalisierten Datenwerte entsprechend der Farbtabelle auf RGB Farben ab.
- EASEL ist das Rendering und Display Werkzeug des apE Systems, das schließlich ein Bild erzeugt.

Wie andere datenflußorientierte Visualisierungssysteme auch, bietet apE die Möglichkeit komplexe Netzwerke von Modulen graphisch-interaktiv zu erstellen oder zu modifizieren. Bei apE heißt das entsprechende Werkzeug „Wrench". Verschiedene Visualisierungstechniken können allein mit Standard Modulen von apE realisiert werden. So z.B. die oben dargestellte Falschfarbenabbildung. Folgende in apE vorhandene Mapping Module können zur 2D und 3D Strömungsvisualisierung verwendet werden:

- TERRAIN konstruiert aus einer 2D Variablen eine polygonale Fläche, wobei der Variablenwert auf die örtliche Höhe abgebildet wird (sog. Fischnetz-Plot).
- CONTOUR erzeugt eine Konturliniendarstellung in einem 2D Datensatz.
- ONION erzeugt eine polygonale Niveaufläche in einem regulären 3D Datensatz.
- POSITRON ermöglicht die Positionierung und Orientierung von Objekten (z.B. Ikonen) an 3D Positionen. Das Modul kann zur Generierung von Vektorpfeildarstellungen oder zur Partikelanimation eingesetzt werden.

Die folgenden Module wurden implementiert, um weitere Visualisierungstechniken für Strömungsdaten in apE zu realisieren:

- TRACE, ein Modul zur Vektorfeldintegration (Runge-Kutta 4. Ordnung) in stationären und transienten Feldern. Es wurde zur Partikelanimation, zur Bahnliniendarstellung sowie zur Animation von Zeitflächen, dem 3D Analogon zu Zeitlinien (s. Kap. 3.3.2.2) eingesetzt.

- PATH, ein Modul zur Konstruktion von Bahnlinien als polygonale Objekte.
- CUT, ein Modul zum „Cutting“ und „Slicing“ von Volumendaten in beliebig orientierten Ebenen.
- Eine graphische Benutzerschnittstelle zur Positionierung von Proben.

Anwendung in der Umwelt-Simulation

Die Untersuchung ökologischer Prozesse in küstennahen Meeresströmungen ist ein Arbeitsschwerpunkt am Instituto Superior Technico (IST) der Universität Lissabon, Portugal. Erforscht werden Gezeitenströmungen, Verteilungsmodelle zur Untersuchung von Sediment- und Schadstofftransporten sowie Modelle zur Veränderung der Wasserqualität. Die Modelle sind, wie erwähnt, zwei- bzw. dreidimensional und zeitabhängig. Die Strömungsdaten werden auf regulären, relativ fein diskretisierten Gittern berechnet. Mit den realisierten apE Erweiterungen wurden manigfaltige Visualisierungen durchgeführt, wobei wiederum die Notwendigkeit zur Integration von Kontextgeometrie bei der Analyse von Strömungen in natürlich geformten Geometrien deutlich wurde. Die dazu notwendigen Werkzeuge stehen in apE standardmäßig zur Verfügung.

Abbildung 11.4 zeigt einen zeitlich-diskreten Zustand der Strömung im Tangus-Ästuar mit dem Stadtgebiet von Lissabon und der Einmündung in den Atlantik. Die Kontextgeometrie ist eine dreidimensionale Fläche zur Abbildung der lokalen Wassertiefe. Dargestellt werden summierte Flußgeschwindigkeiten, wobei die Wassertiefe als Parameter in das 2D Berechnungsmodell eingeflossen ist.

Abbildung 11.5 zeigt Partikelbahnen als polygonale Objekte (3D Röhren), mit einer Einfärbung entsprechend der lokalen Strömungsgeschwindigkeit, so daß auch in dieser statischen Darstellung der dynamische Charakter der Strömung deutlich wird. Das durchströmte Hindernis ist als semi-transparentes Objekt ebenfalls abgebildet.

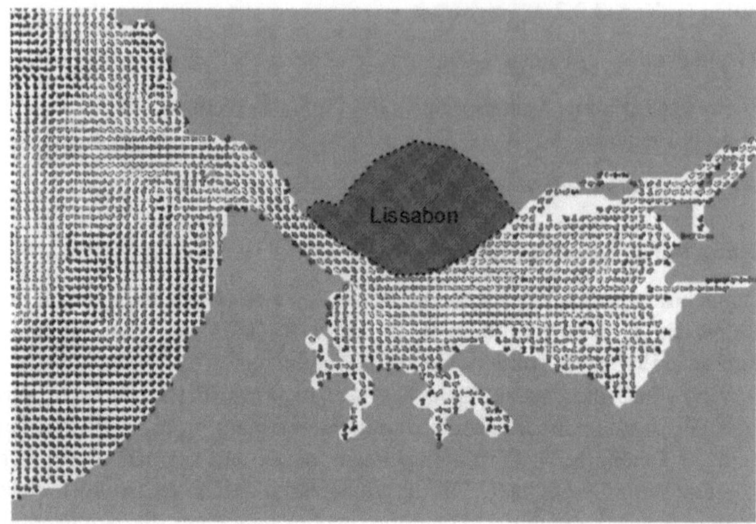

Abb. 11.4. Das Strömungsfeld im Tangus-Ästuar mit der Ausströmung in den Atlantik. Vektorpfeildarstellung mit Kontextgeometrie.

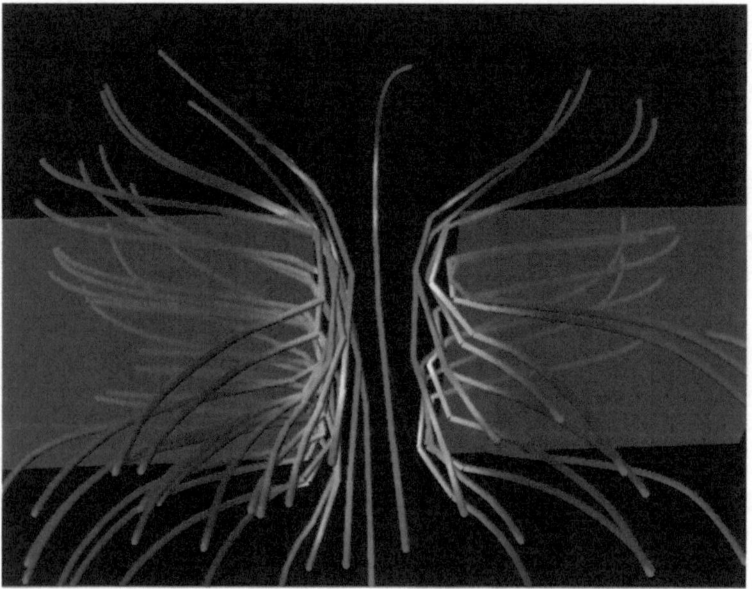

Abb. 11.5. Simulation einer Strömung durch ein künstliches Hindernis. Partikelbahnen mit Falschfarbendarstellung der lokalen Geschwindigkeit.

11.2.3 Diskussion der erzielten Ergebnisse

Im Rahmen des hier beschriebenen Projekts wurden Werkzeuge zur Visualisierung von Strömungsdaten aus Umweltsimulationen auf der Basis des apE Visualisierungssystems entwickelt. Die Ergebnisse erfüllten die Anforderungen dieser speziellen Applikation (2D und 3D Datensätze, z.T. transient, auf regulären Gittern) gut. Im folgenden werden die wichtigsten Erfahrungen, die im Rahmen dieser Arbeit mit apE gewonnen wurden, dargestellt. Insbesondere wird das System in bezug auf seine Verwendbarkeit für die interaktive Strömungsvisualisierung allgemein beurteilt[1].

- Grundsätzlich erwies sich apE als relativ leicht erweiterbare Plattform zur Strömungsvisualisierung. Das System erfordert vom Anwender jedoch nicht unerhebliche Kenntnisse in bezug auf die Computer Graphik.
- Die Möglichkeit zur „visuellen Programmierung" und das Vorhandensein vieler Module, insbesondere zur Dateneingabe und zum Rendering und Display erlaubt die schnelle Realisierung von Strömungsvisualisierungen mit einem datenflußorientierten System.
- apE benötigt durch die Art des Datentransports und der Datenhaltung sehr viel Speicherplatz, so daß für die Nutzung der Software zur Visualisierung großer Datenmengen eine leistungsfähige Graphikworkstation benötigt wird.
- Die eingesetzte Version apE 2.0 unterstützt keine nicht-regulären Gitter, was zwar bzgl. der speziellen Applikation nicht von Nachteil war, jedoch eine allgemeine Nutzung der Software für die Strömungsvisualisierung behindert.
- apE ermöglicht, wiederum aufgrund der systemeigenen Art der Prozeßkommunikation, keine interaktive Steuerung des Betrachterblickpunktes in Echtzeit. Ein dreidimensionaler Datensatz kann somit nicht interaktiv erforscht werden.
- Um dennoch eine bessere Nutzbarkeit des Systems zu erreichen wird ein Werkzeug zur flexiblen Animation von Parameterwerten, wie der Kameraposition, benötigt. Damit ließen sich zumindest Animationssequenzen besser erzeugen.
- apE 2.0 bietet auch keine Unterstützung zur Interaktion des Benutzers mit den Daten. Die Positionierung von Proben wurde im Rahmen dieser Arbeit durch eine numerische Werteingabe über eine graphische Benutzungsoberfläche realisiert[2].

---

[1] Zu beachten ist dabei, daß die beschriebene Arbeit im Jahr 1991 durchgeführt wurde. Danach wurden einerseits Verbesserungen der apE Systems realisiert; es wurden aber auch andere datenflußorientierte Visualisierungssysteme (s.Kap. 11.2.4) entwickelt, die zusammen mit der immer leistungsfähigeren Graphikhardware eine bessere Visualisierungsperformanz ermöglichen.

11.2.4 Evaluierung anderer datenflußorientierter Visualisierungssysteme

In einer Evaluierung der Visualisierungssysteme AVS 4.0 und IRIS Explorer 1.0 wurde im Jahr 1994 deren Nutzbarkeit für die graphisch-interaktive Strömungsvisualisierung untersucht [BeBr-94]. Die oben beschriebenen prinzipiellen Schwächen datenflußorientierter Visualisierungssysteme bestehen auch hier, obwohl AVS und IRIS Explorer zeitlich nach apE konzipiert wurden, so daß manche Schwächen von apE vermieden wurden. Die folgenden Punkte fassen subjektive Erfahrungen mit den o.g. Versionen der beiden Systeme zusammen. Die Beurteilung erhebt keinen Anspruch auf Vollständigkeit, auf Gültigkeit für spätere Versionen oder aber auf die Übertragbarkeit der Aussagen auf die Verwendung der Systeme für andere Anwendungsdaten:

- Beide Systeme sind kommerzielle Softwareprodukte[1] mit einem entsprechendem Umfang an Handbüchern, Tutorials, On-Line Hilfen und Fehlermeldungen. Alle diese Komponenten, wie auch die Software selbst, sind jedoch z.T. weit davon entfernt fehlerfrei und vollständig zu sein. AVS 4.0 muß ein höherer Reifegrad bescheinigt werden als IRIS Explorer 1.0.
- Beide Systeme bieten eine umfangreiche Modulbibliothek für alle Stufen der Visualisierungspipeline und einen graphisch-interaktives Werkzeug zum Erstellen von Modul-Netzwerken für verschiedene Visualisierungstechniken. Bei IRIS Explorer 1.0 überzeugte die leichte Einarbeitung und Bedienbarkeit; die Benutzungsoberfläche von AVS 4.0 erfordert eine längere Gewöhnung, wirkt jedoch insgesamt ausgereifter und professioneller.
- Beide Systeme bieten einige Module zum Einlesen unterschiedlicher Datenformate. Während bei AVS 4.0 neue Einlesemodule konventionell programmiert werden müssen, besitzt IRIS Explorer 1.0 ein graphisch-interaktives Werkzeug (data scribe) mit dem neue Einlesemodule „visuell" programmiert werden können.
- Beide Systeme unterstützen reguläre und curvilineare Gitter gut. IRIS Explorer 1.0 benötigt mehr Speicherplatz und startet mehr Prozesse. Große Datensätze konnten auch deshalb mit AVS 4.0 besser bearbeitet werden, da rechenaufwendige Module hier schneller arbeiten.

---

[2] In einer späteren Arbeit des Fraunhofer-IGD wurden Werkzeuge zur semantischen Interaktion in der Version 2.1 der apE Software entwickelt [FeSc-92]

[1] IRIS Explorer wurde in der untersuchten Version 1.0 noch kostenlos mit jeder Silicon Graphics Workstation abgegeben, während AVS 4.0 plattformabhängige, z.T. erhebliche Lizensgebühren kostete. Ab der Version 2.0 wurde auch IRIS Explorer nicht mehr kostenlos vertrieben .

- AVS 4.0 unterstützt auch unstrukturierte Berechnungsgitter gut, mit IRIS Explorer 1.0 konnten keine unstrukturierten Gitter gelesen werden. Eine genaue Schnittstellenbeschreibung fehlt in den Handbüchern.
- Beide Systeme ermöglichen auf Silicon Graphics Workstations durch schnelles Rendering eine graphisch-interaktive Steuerung des Blickpunktes in Echtzeit, so daß 3D Datensätze gut analysiert werden können.
- AVS 4.0 bietet Module zur Partikelanimation und zur Partikelbahnberechnung. In IRIS Explorer 1.0 sind solche Module noch nicht verfügbar.
- AVS 4.0 bietet in beschränktem Umfang semantische Interaktion in der Form von 0D-Proben zur Darstellung der Datenwerte am nächstgelegenen Gitterknoten. Die Navigation der Probe an eine gewünschte Stelle war jedoch für den Benutzer schwierig zu steuern.

Durch ihre Eignung zur Visualisierung von wissenschaftlich-technischen Daten aus vielen verschiedenen Anwendungsgebieten haben die Systeme AVS und IRIS Explorer in den letzten Jahren eine weite Verbreitung gefunden. Die große Zahl von Anwendern trägt nicht unmaßgeblich zur weiteren Verbesserung der Einsetzbarkeit bei, indem viele neue Module, die von Anwendern geschrieben werden, über Server allen Nutzern zur Verfügung gestellt werden. Zum apE System ist festzustellen, daß die Software seit ihrer Kommerzialisierung in der Funktionalität gegenüber AVS und IRIS Explorer zurückgefallen ist, und so stark an Bedeutung verloren hat.

Ein eingehender Vergleich der Systemarchitekturen der datenflußorientierten Visualisierungssysteme Khoros (University of New Mexico), apE (Tara Visual Inc.), AVS (AVS Inc.), IRIS Explorer (Silicon Graphics) und Data Explorer (IBM) ist in [Suig-93] zu finden. Performanz Vergleiche von AVS, IRIS Explorer und Data Explorer sowie Tests verschiedener Visualisierungs Hardware beschreibt [WaWi-93].

Zusammenfassend ist festzustellen, daß sich datenflußorientierte Visualisierungssysteme heute durchaus gut zur Strömungsvisualisierung eignen. Insbesondere die leichte Erweiterbarkeit ermöglicht relativ schnell das Prototyping neuer Visualisierungstechniken. Durch die vorgegebene Systemarchitektur und die, auf möglichst viele verschiedene Anwendungen ausgelegten Datenstrukturen können datenflußorientierte Systeme aber nie so optimiert arbeiten, wie monolitische Systeme. Die Schwächen datenflußorientierter Systeme zeigen sich insbesondere bei großen Anforderungen an die zu verarbeitende Datensatzgröße, die Visualisierungsgeschwindigkeit und den gewünschten Interaktionsgrad. Gerade bzgl. dieser Aspekte stellt jedoch die Strömungsvisualisierung sehr hohe Ansprüche, so daß sich bei einem längeren Arbeiten mit Strömungssimulationen der Einsatz oder die Entwicklung eines monolitischen Visualisierungssystems lohnt.

11.3 Das monolitische Visualisierungssystem ISVAS

ISVAS (*Interactive System for Visual AnalysiS*) ist ein monolitisches Visualisierungssystem, das am Fraunhofer-IGD entwickelt wurde [FrKa-94, FGHK-94, Karl-94]. Ursprünglich als ein generisches System für die Visualisierung von Bruchmechanik-Simulationsdaten konzipiert, wurde ISVAS zu einem sog. „general purpose" System, einem System zur Visualisierung von Daten aus unterschiedlichen Anwendungen, weiterentwickelt. Im Rahmen dieser Arbeit wurden verschiedene Visualisierungswerkzeuge in das Programm implementiert, so daß ISVAS jetzt ein effizientes System zur graphisch-interaktiven Strömungsvisualisierung ist. Iniziiert wurden diese Arbeiten von Anwendungsdaten aus den Bereichen Medizin, Umwelt-Simulation und Maschinenbau an denen die entwickelten Werkzeuge getestet wurden.

ISVAS unterstützt unstrukturierte Finite Elemente Daten und reguläre Voxelgitter. Dabei ist es ein komplettes Visualisierungssystem mit verschiedenen Modulen auf den Ebenen der Visualisierungspipeline. Ähnlich der im vorigen Abschnitt beschriebenen Integration von Modulen zur Strömungsvisualisierung in datenflußorientierte Systeme, stehen so schon Filter-, Mapping-, Rendering, Display- und Interaktionswerkzeuge zur Verfügung. Im einzelnen wurde im Rahmen dieser Arbeit die folgenden ISVAS Module entwickelt:

- Ein Algorithmus zur Bestimmung der Nachbarschaftsbeziehung in unstrukturierten Finit Element Gittern.
- Algorithmen zur Interpolation im Berechnungsraum Finiter Elemente.
- Ein interaktives Modul zur Visualisierung von Vektordaten durch Partikelanimation und verwandte Techniken.
- Ein Modul zur Extraktion polygonaler Niveauflächen in unstrukturierten Gittern.

11.3.1 Ziele der Arbeit

Ziel der Arbeit war, ISVAS so weiterzuentwickeln, daß mit dem System eine effiziente Strömungsvisualisierung betrieben werden kann [Früh-93]. Die Tatsache, daß ISVAS für die Visualisierung unstrukturierter Finite-Elemente-Daten aus der (numerischen) Bruchmechanik entworfen war, begünstigte dieses Vorhaben. Es werden zwar nicht alle Strömungssimulationen auf unstrukturierten Gittern ausgeführt, es lassen sich aber alle anderen Gittertypen als unstrukturierte Gitter behandeln. Zu Beginn der hier beschriebenen Arbeiten waren mit ISVAS keine Interpolationen innerhalb der Finiten Elemente möglich. Als einzige Mappingtechniken verfügte das System über ein Modul zur Generierung von Ikonen an den Gitterknoten, zur Darstellung von Knotenverschiebungen (Displacements) durch Rendern des verformten Gitters sowie zur Falschfarbendarstellung der Gittergeometrie. Zur Falschfarbendarstellung wurde das an den Gitterknoten definierte Datum entsprechend einer vom Benutzer einstellbaren Transferfunktion in eine Knotenfarbe umgewandelt; alle Flächen aller Gitterzellen wurden daraufhin farbig gerendert[1], wobei die Graphikhardware eine Farbinterpolation innerhalb der einzelnen Elementflächen vornahm. Für die Realisierung komplexerer Mappingtechniken waren also zunächst grundlegende Algorithmen zu implementieren. Die zwei ersten Erweiterungen von ISVAS waren daher konsequenterweise:

- *Ein Algorithmus zur parametrischen Interpolation von Daten innerhalb der Finiten Elemente.* Die parametrische Interpolation ist für viele Techniken zur Strömungsvisualisierung eine wichtige Grundvoraussetzung.
- *Ein Algorithmus zur Bestimmung der Nachbarschaftsbeziehungen innerhalb eines unstrukturierten Gitters.* Ohne die Kenntnis über die Nachbarschaftsbeziehung der Zellen untereinander, sind nahezu alle Visualisierungstechniken für Strömungsdaten im Falle unstrukturierter Gitter nur sehr ineffizient realisierbar. Ein interaktives Arbeiten mit großen Datensätzen ist dann praktisch unmöglich.

Aufbauend auf diesen grundlegenden Algorithmen konnten dann die eigentlichen Werkzeuge zur Strömungsvisualisierung realisiert werden:

- *Ein Modul für die Vektorfeldintegration und die darauf basierenden Visualisierungstechniken Partikelanimation, Bahn-, Strom-, Streich- und Zeitlinien.* Dies sind die wichtigsten Techniken für die interaktive Visualisierung von Vektorfeldern (s. Kap. 3.3.2.2.).
- *Ein Modul zur Extraktion polygonaler Niveauflächen in unstrukturierten Gittern und, darauf aufbauend, ein neues Modul zur Schnittebenenberechnung.* Die Niveauflächenextraktion und das Slicing sind bei Strömungsdaten unabdingbar, da die interessanten Bereiche hier immer im Inneren des Datenvolumens liegen.

Die Motivation für diese Arbeiten lag darin, daß im Rahmen verschiedener Projekte und Kooperationen des Fraunhofer-IGD komplexe Strömungsdaten aus den Bereichen Medizin, Umwelt-Simulation und Maschinenbau visualisiert werden sollten. Es wurden dabei bzgl. der Größe und Struktur der Anwendungsdaten sowie bzgl. des gewünschten Interaktionsgrades Anforderungen gestellt, die mit den verfügbaren datenflußorientierten Visualisierungssystemen nicht zu befriedigen waren. Die Tatsache, daß das System ISVAS in der eigenen Arbeitsgruppe entwickelt wurde und bereits über wichtige Funktionalitäten eines interaktiven Visualisierungssystems verfügte, führten zur Implementierung in ISVAS.

---

[1] Dies ist für größere Elementzahlen ein sehr ineffizienter Ansatz. Hier wird die Vergangenheitsform gewählt, da das Verfahren später durch die Bestimmung der Nachbarschaftsbeziehungen im Gitter optimiert werden konnte.

11.3.2 Realisierung

Systembeschreibung

ISVAS ist, wie erwähnt, ein monolitisches Visualisierungssystem, d.h. es arbeitet in einer „endlosen Interaktions- und Darstellungsschleife“ als ein Prozess. Der konzeptionelle Aufbau des Systems ist dabei an die allgemeine Visualisierungspipeline angelehnt. Die einzelnen Module der Filter-, Mapping-, Rendering- und Display-Ebene werden von einem zentralen Menü der graphischen Benutzungsoberfläche aus angesprochen. Für jedes der Module stehen wiederum ein oder mehrere Menüs zur Parametrisierung durch den Benutzer zur Verfügung. Die folgende Aufzählung faßt die Funktionalitäten des Systems zum Beginn der hier beschriebenen Erweiterungen zusammen; ISVAS verfügte bereits über:

- *Datenimport:* Datenstrukturen sowie ein Lesemodul für unstrukturierte, auch zeitabhängige Finite Elemente Daten (Geometrie, Skalar- und Vektorfelder) sowie für reguläre Voxeldaten. In einer „Spezialversion“ der Software ist der Datenimport „on-line“ aus einem Simulationssystem möglich [BrKa-92].
- *Filtering:* Einen „Calculator“ für flexible Filteroperationen auf den Datenfeldern. Daneben Funktionalitäten zum Spiegeln der Daten, falls diese Ausschnitte symmetrischer Simulationsgeometrien darstellen, sowie zur Voxelisierung von Finite Elemente Daten mittels 3D Scanconvertierung.
- *Mapping:* Farbmapping, Displacement-Darstellung, Ikonen (auch Vektorpfeile) an Knoten sowie Niveauflächen in Voxeldaten. Eine 0D Probe (Datensonde) zur „textuellen“ Darstellung der Werte am nächstgelegenen Gitterknoten.
- *Rendering:* ISVAS setzt auf das am Fraunhofer-IGD entwickelte Vis-A-Vis Rendering System auf (s. Kap. 11.1.3.3). Die polygonalen Visualisierungsobjekte können als Punktwolke, als Drahtgitter oder als flach- bzw. gouraud-schattierte Polygone semi-transparent oder opak gerendert werden. Interaktive Werzeuge erlauben die Parametrisierung von Lichtquellen, Default-Objektfarben und anderer Renderingparameter.
- *Display*: Verwaltung mehrerer 3D Graphikdisplays, Annotation der Farbtabelle bei Falschfarbendarstellung sowie ein Modul zur flexiblen Animation zeitvarianter Daten.
- *Interaktion zur Steuerung des Blickpunktes:* Verschiedene Projektionsarten sowie Translation, Rotation (virtueller Trackball) und Skalierung durch Benutzerinteraktion mit der Maus im 3D Graphikfenster.
- *Semantische Interaktion:* Mausgesteuerte Navigation einer Probe (0D oder 2D). „Cutting und Slicing“ durch Bestimmen der Schnittpunkte der Gitterzellen mit der betreffenden Ebene und anschließender Konstruktion der konvexen Hülle der Schnittpunkte (s. Kap. 8.2).

Die neuen Werkzeuge zur Strömungsvisualisierung

i) Ein Algorithmus zur parametrischen Interpolation von Daten innerhalb der Finiten Elemente

Die Interpolation von Datenwerten innerhalb der Finiten Elemente wird für fast alle Visualisierungstechniken in der Strömungsvisualisierung benötigt, so z.B. beim *Probing*, bei der *Vektorfeldintegration*, der *Niveauflächenextraktion* oder dem *Direkten Volumenrendern*. Die parametrische Interpolation mittels der Invertierung der Formfunktion Finiter Elemente erlaubt dabei dieselbe Interpolationsgüte bei der Visualisierung wie bei der Datengenerierung. Diesem Qualitätsanspruch steht bei nicht-linearen Formfunktionen ein hoher Rechenaufwand gegenüber. Dieser wiederum führt dazu, daß manche Visualisierungstechniken schneller direkt im Berechnungsraum arbeiten als im physikalischen Raum. Im einzelnen wurden hier implementiert:

- Die Formfunktionen verschiedener linearer und nicht-linearer 2D und 3D Elementtypen (s. Kap. 5.2.2).
- Funktionen zur direkten Invertierung linearer Formfunktionen, um die lokalen Koordinaten des Interpolationspunktes zu bestimmen (s. Kap. 5.2.3).
- Das Newton-Raphson Iteration zur Invertierung nicht-linearer Formfunktionen, um die lokalen Koordinaten des Interpolationspunktes zu bestimmen (s. Kap. 5.2.3).
- Funktionen zur Interpolation im regulären Berechnungsraum der Finiten Elemente (s. Kap. 5.1).

ii) Ein Algorithmus zur Bestimmung der Nachbarschaftsbeziehungen innerhalb eines unstrukturierten Gitters

Hier wurde der in Kapitel 2.3.1 vorgestellte Algorithmus implementiert. Er liefert als Ergebnis für jede Fläche jedes Finiten Elementes die Elementnummer der Nachbarzelle. Falls die betreffende Fläche eine Außenfläche des Gitters ist, wird dies registriert. Der Algorithmus ist linear zur Anzahl der Gitterelemente und besteht aus zwei Teilen: Dem Erstellen einer Liste der Elemente, zu denen ein Knoten beiträgt und dem Testen der Elementflächen e_1 gegen die Flächen aller Elemente e_2, zu denen die Knoten von e_1 beitragen (s. Abb. 2.3).

Mit der in einem Vorverarbeitungsschritt erzeugten Liste der Nachbarschaftsbeziehungen[1] eines unstrukturierten Gitters werden alle Visualsierungstechniken beschleunigt, bei denen Algorithmen von Zelle zu Zelle durch das Gitter arbeiten; dies sind u.a. die *Vektorfeldintegration*, das *Probing* und das *Raycasting*. Daneben kommt der Extraktion der äußeren Gitterflächen bei der Strömungsvisualisierung

[1] In ISVAS werden die Nachbarschaftsbeziehungen nach dem Erstellen als zusätzliche Datei abgespeichert, so daß sie beim erneuten Laden des Datensatzes direkt zur Verfügungs stehen.

eine besondere Bedeutung zu: Während eine Falschfarbendarstellung dieser Gitterhülle i.allg. wegen der ohnehin bekannten Randbedingungen der Simulation keinen großen Informationsgehalt hat, dient eine semi-transparente Darstellung dieser Hülle sehr gut als *räumlicher Kontext* für Probing oder die Partikelanimation

iii) Ein Modul für die Vektorfeldintegration und die darauf basierenden Visualisierungstechniken Partikelanimation, Bahn-, Strom-, Streich- und Zeitlinien.

Dies sind die wichtigsten Techniken für die interaktive Visualisierung von Vektorfeldern (s. Kap. 3.3.2.2.). Ihre Implementierung und Effizienz wurde erst durch die oben beschriebenen Algorithmen zur Interpolation und zur Bestimmung der Nachbarschaftsbeziehungen der Zellen möglich. Die Realisierung der Vektorfeldintegration als effizientes Werkzeug zur praktischen Strömungsvisualisierung gliederte sich in drei Teilaufgaben:

- Die Implementierung von Algorithmen zur Partikelverfolgung in unstrukturierten Gittern. Hierbei wurde sowohl die Integration im physikalischen Raum, als auch die Integration im Berechnungsraum realisiert (Kap. 6.6)
- Die Untersuchung der Effizienz, d.h. der Güte und des Berechnungsaufwandes, verschiedener numerischer Integrationsverfahren bei der konkreten Visualisierung realer Anwendungsdaten (Kap. 6.4).
- Die endgültige Realisierung der Visualisierungstechniken als Module des ISVAS Systems zusammen mit einer komfortablen graphischen Benutzungsoberfläche.

Abbildung 11.6 zeigt die graphische Benutzungsschnittstelle zur Parametrisierung der Visualisierungstechniken zur Vektorfeldintegration in ISVAS 3.2. Links: Parametrisierung des Integrationsverfahrens, Mitte: Auswahl der Visualisierungstechniken, Rechts: Konfiguration der Partikelquelle.

Abbildung 11.7 zeigt die Partikelanimation in einem Dieselzylinder mit ISVAS. Die äußere Hülle des Simulationsgitters dient als räumlicher Kontext für die Partikelbahnen.

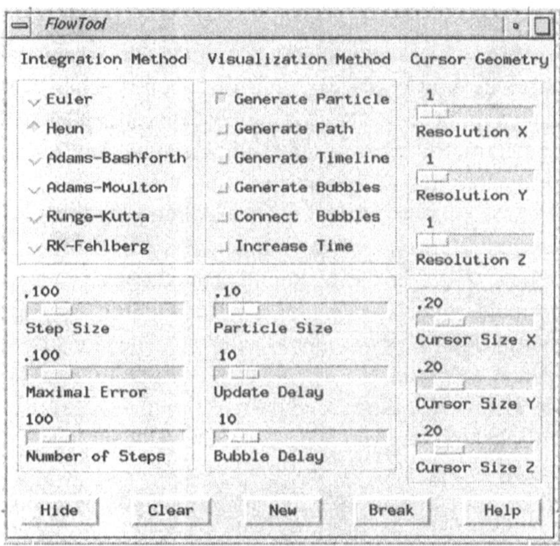

Abb. 11.6. Die Motif-Benutzungsoberfläche von ISVAS für die Visualisierungstechniken zur Vektorfeldintegration.

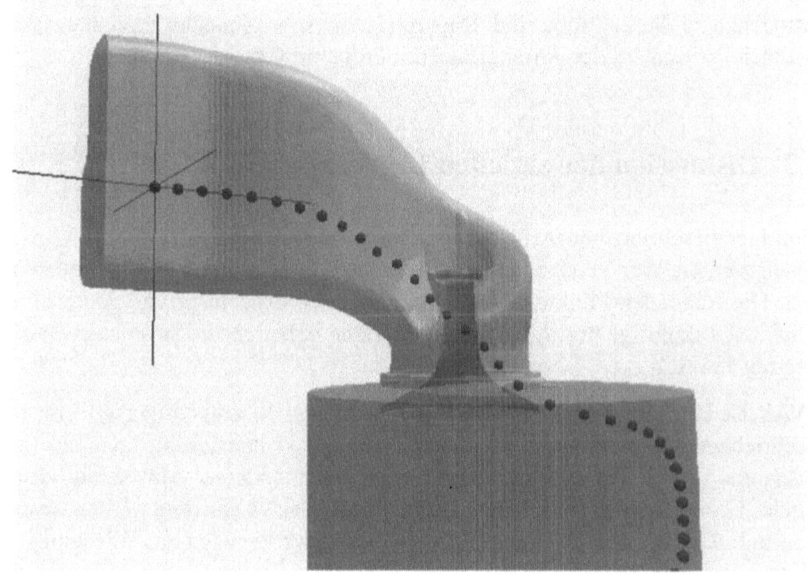

Abb. 11.7. Partikelanimation in einem Dieselzylinder

iv) Ein Modul zur Extraktion polygonaler Niveauflächen in unstrukturierten Gittern und ein neues Modul zur Schnittebenenberechnung.

Niveauflächenextraktion und Slicing kommen primär der Visualisierung skalarer Strömungsgrößen zugute und ergänzen somit die oben beschriebenen Techniken zur Vektorfeldvisualisierung. Mit der in Kapitel 7.2 beschriebenen Implementierung in Form einer parametrisierbaren „Niveauflächenpipeline" kann der Benutzer flexibel zwischen Berechnungsgeschwindigkeit und Visualisierungsqualität bei der Niveauflächenextraktion wählen. Diese Parametrisierung wird wiederum über eine graphische Benutzungsoberfläche vorgenommen. Besonders rechenaufwendig ist bei der Niveauflächenextraktion die Gradientenberechnung zur Bestimmung der lokalen Flächennormale, die zur Schattierungsberechnung benötigt wird (Kap. 7.2.1) und die Konstruktion höherwertiger Flächen anstelle planarer Segmente zwischen den berechneten Stützpunkten der Niveaufläche (Kap. 7.2.4). Daher wurde ein Werkzeug zur *Parallelisierung* solcher *rechenaufwendiger Teilaufgaben* in einem heterogenen lokalen Netz von Workstations und Compute Servern entworfen und implementiert (Kap. 10.2.2). Die gemessenen Beschleunigungen bei der Niveauflächenextraktion demonstrierten die Effizienz dieser Implementierung eindrucksvoll.

Aufbauend auf dem Algorithmus zur Niveauflächenextraktion konnte später ein neues *Modul zur Berechnung von Schnittflächen* in unstrukturierten Gittern in ISVAS implementiert werden (Kap. 8.2). Zunächst wird der Normalenabstand jedes Gitterpunktes zu einer im Gitter positionierten 2D Probe berechnet. In diesem Abstandsfeld können nun Niveauflächen berechnet werden, die planparallele Schnittflächen zu dieser Probe sind. Dadurch ist ein sehr schnelles Verschieben der Schnittfläche normal zu der Anfangslage der Probe im Gitter möglich.

11.3.3 Diskussion der erzielten Ergebnisse

Mit den hier beschriebenen Arbeiten wurde das Visualisierungssystem ISVAS zu einem effizienten Werkzeug zur interaktiven Strömungsvisualisierung weiterentwickelt. Die folgenden Punkte bewerten die erzielten Ergebnisse und geben einen Ausblick auf zukünftige und z.T. schon begonnene Arbeiten zur Strömungsvisualisierung mit ISVAS.

- ISVAS ist kein auf Strömungsdaten spezialisiertes Visualisierungssystem; die beschriebenen Implementierungen zur Strömungsvisualisierung kommen (mit Ausnahme der Vektorfeldintegration) auch allen anderen Anwendungsdaten zugute. Große Datensätze können deutlich schneller visualisiert werden. Insgesamt steht eine breitere Palette an Visualisierungswerkzeugen zur Verfügung.
- Bei den Implementierungen zur Vektorfeldintegration und zur Niveauflächenextraktion wurde die Qualität der realisierten Verfahren intensiv untersucht. Dem Anwender werden jeweils verschiedene Qualitätsstufen angeboten, so daß eine

individuelle Abwägung zwischen hochqualitativen und schnellen Verfahren getroffen werden kann. Gleichzeitig sind Visualisierungsfehler transparenter, als beim Angebot nur eines Verfahren.

- Mit den jetzt implementierten Funktionalitäten können in Zukunft neue Techniken zur Strömungsvisualisierung, wie „Vektorfeld-Topologie“ und „Stromflächen“ (s. Kap. 3.3.2) in ISVAS realisiert werden. Alle dafür notwendigen Methoden stehen bereits zur Verfügung.
- Die Systemarchitektur zur Parallelisierung rechenaufwendiger Visualisierungsaufgaben wurde eindrucksvoll bei der Niveauflächenextraktion demonstriert. Eine Generalisierung der Implementierung für beliebige rechenintensive Algorithmen wurde begonnen.

Mit den beschriebenen Implementierungen wurde ISVAS im Vergleich zu anderen Systemen aus dem Forschungsbereich und zu kommerziellen Systemen zu einem der effizientesten Werkzeuge zur interaktiven Strömungsvisualisierung. Allerdings müssen auch zwei systemimmanente Schwachpunkte festgestellt werden:

- ISVAS bietet als erstes System ein durchdachtes Konzept zur semantischen Interaktion im Objektraum. Die Steuerung der Proben im dreidimensionalen Objektraum hat sich jedoch in der praktischen Anwendung als nicht optimal erwiesen. Zur exakten Positionierung einer Probe muß in ISVAS mit mehreren orthographischen Projektionen gearbeitet werden.
- Viele Strömungsdaten liegen nicht auf unstrukturierten Finite Elemente Gittern sondern auf curvilinearen Gittern vor, die von ISVAS nicht unterstützt werden. Für curvilineare Gitter lassen sich aber – wie in den vorangegangenen Kapiteln gezeigt – fast immer effizientere Implementierungen der Visualisierungsalgorithmen erreichen als für unstrukturierte. Curvilineare Strömungsdaten können zwar mit ISVAS visualisiert werden, indem sie einfach als unstrukturiert interpretiert werden, die daraus resultierende geringere Effizienz wird jedoch bei der Visualisierung sehr großer curvilinearer Daten deutlich sichtbar.

Diese zwei Kritikpunkte betreffen zentrale Aspekte eines Visualisierungssystems: Die Datenstrukturen und die Interaktionsmechanismen. Die Realisierung effizienter Visualisierungsalgorithmen für curvilineare Daten und die Entwicklung besserer Interaktionsmechanismen in 3D wurden daher nicht innerhalb des ISVAS Systems vorgenommen. Vielmehr wurde ein neues System entworfen, damit sich die zwangsläufigen Änderungen der Systemstruktur während der Entwicklungsarbeit nicht negativ auf ein bereits voll entwickeltes und in verschiedenen Anwendungen im Einsatz befindliches System auswirkten. Dabei wurde in Kauf genommen, daß in einem neuen System nicht die umfangreiche Funktionalität von ISVAS zur Verfügung steht. Ein Testbett für neue Interaktions- und Visualisierungstechniken bot jedoch die Chance, neue Konzepte – auch im Rendering – zu realisieren.

11.4 Testbett für neue Interaktions- und Visualisierungstechniken: ICV

ICV (Interactive CFD Visualizer) wurde als Testbett für neue Interaktions- und Visualisierungstechniken für die Strömungsvisualisierung konzipiert. Die Motivation zur Arbeit an einem auf Strömungsdaten spezialisierten Visualisierungssystem entstand aus den oben erwähnten Schwachpunkten des ISVAS Systems: Zum einen unterstützt ISVAS keine curvilinearen Gitter, zum anderen konnte die Realisierung der semantischen Interaktion in ISVAS in der Praxis nicht zufriedenstellen.

Nachdem eine neue Interaktionsumgebung realisiert und die wichtigsten Visualisierungstechniken für Strömungsdaten – optimiert für curvilineare Gitter – implementiert waren, wurde mit der Entwicklung neuer Algorithmen zum Direkten Volumenrendern durch Raycasting nicht-regulärer Gitter begonnen. Mit dieser Arbeit wurde eine Visualisierungstechnik für Strömungsdaten praktikabel, die bisher fast ausschließlich für die Visualisierung regulärer Voxelgitter, i.allg. medizinische 3D-Bilddaten, genutzt wurde. Dem Entwurf der Algorithmen folgte die Implementierung als ICV-Modul und intensive Untersuchungen der Qualität und des Rechenaufwandes dieses Software-Rendering Verfahrens. Durch die Parallelisierung des Raycasting auf Multiprozessor Architekturen konnten die erwartet hohen Geschwindigkeitsverbesserungen erzielt werden.

11.4.1 Ziele der Arbeit

Ziel dieser Arbeit war primär die Realisierung eines Testbetts für neue Interaktionstechniken bei der Strömungsvisualisierung sowie für sehr schnelle Visualisierungsalgorithmen auf curvilinearen Gittern. Dabei wurde ICV als monolitisches System konzipert, da, wie die zuvor geleisteten Arbeiten an apE und ISVAS gezeigt hatten, diese Systemarchitektur für die Strömungsvisualisierung grundsätzlich besser geeignet ist als die Datenfluß-Architektur.

Das Ziel bei der Realisierung einer neuen 3D Interaktionsstrategie war, mit konventionellen Eingabe- und Displaygeräten – der Maus und dem Rasterbildschirm – eine intuitive Navigation im 3D Objektraum zu ermöglichen. Gleichzeitig sollte diese Navigation jedoch exakt sein, um eine sehr genaue Positionierung von Proben an eine bestimmte Stelle des Simulationsgitters zu erlauben.

Bei der Implementierung der grundlegenden Methoden und Techniken zur interaktiven Strömungsvisualisierung wurden, wie erwähnt, sehr schnelle Algorithmen angestrebt, die auch bei großen Datensätzen keine merklichen Antwortzeiten bei der Visualisierung entstehen ließen. Zur Zeit des Entwurfs von ICV hatten Bryson und Levit mit dem „Virtual Windtunnel" [BrLe-92] gezeigt, daß dies zumindest bei der Partikelanimation möglich ist.

Mit den beiden, beschriebenen Zielrichtungen kann ICV als „Desktop VR System“ zur Strömungsvisualisierung bezeichnet werden. Eine wichtige Aufgabe von ICV bleibt bei dieser Charakterisierung aber außen vor, nämlich die als Entwicklungsumgebung sowohl für neue Visualisierungstechniken, wie das Direkte Volumenrendern, als auch für neue Renderingstrategien beim hardware-unterstützten Polygon Rendering und für effiziente interne Datenstrukturen zur Strömungsvisualisierung.

11.4.2 Realisierung

Semantische Interaktion

Zur semantischen Interaktion mit 3D Simulationsdaten wurde die Interaktionsumgebung STAGE entwickelt und als Teil der Benutzungsschnittstelle von ICV implementiert [Früh-95a]. Mit den realisierten Interaktionsmechanismen ist eine exakte, und dennoch intuitive, räumlichen Positionierung von Proben im 3D Objektraum möglich. Im System ISVAS ist die räumliche Lage einer Probe relativ zum Simulationsgitter nur erkennbar, wenn gleichzeitig drei orthographische Projektionen verfolgt werden. Die Steuerung einer Probe erfolgt dabei immer planparallel zur Bildschirmebene oder normal dazu. Diese Navigationsmetapher hat sich aber in der Praxis als nicht sehr effizient erwiesen. Es war nun eine bessere Strategie zu entwickeln, wobei die Probensteuerung sowohl intuitiv als auch positionsexakt sein sollte.

Zur exakten räumlichen Orientierung wird in ICV das Simulationsgitter von einer sechsseitigen Bühne umgeben. Der Blick auf das Gitter wird aus jeder Richtung durch sog. „backface-culling“ freigehalten. Dazu werden die Normalenvektoren der Bühnenflächen, die in *x/y*, *x/z* oder *y/z-Ebenen* liegen, als zum Gitter hin definiert. Bei einer Rotation der Szene entscheidet das System für jedes zu rendernde Bild, welche der Bühnenseiten dargestellt werden müssen. Auf die sichtbaren Bühnenseiten wird jeweils eine orthographische Projektion des Simulationsgitters (d.h. ein Schatten) gezeichnet. Innerhalb der Bühne befindet sich neben dem Simulationsgitter und allen generierten Visualisierungsobjekten ein 3D Cursor. Zur Positionierung einer 0D Probe hat der Cursor die Form eines dreidimensionalen Fadenkreuzes. Die drei Achsen des Cursors zeigen in die kartesischen Richtungen und reichen in positive und negative Achsenrichtung jeweils bis zur Bühnenfläche. Eine 1D Probe wird durch eine gerade Linie repräsentiert, die in ihrer Länge dem geladenen Simulationsgitter angepaßt ist. Im Falle einer 2D Probe repräsentiert ein Drahtgitter-Quadrat, das in seinen räumlichen Abmessungen ebenfalls den Abmessungen des Simulationsgitters angepaßt ist, den Cursor.

Die Abbildung der Mauseingaben im Graphikfenster auf die Bewegungen der Proben wird in ICV in Abhängigkeit von der momentanen Rotationslage des Gitters zum Betrachter realisiert. Durch Auswertung der Komponenten der Objekttransformationsmatrix wird die aktuelle Lage des Gitters in eine von 24 Klassen eingeteilt (s. Abb.10.2 und 10.3). Dadurch entspricht die Bewegung der Probe, Rotation oder Translation, relativ zum Simulationsgitter immer dem intuitiv zu Erwartenden. Durch ein automatisches Sperren einzelner Freiheitsgrade wird dabei eine exakte Steuerung dieser Bewegung ermöglicht.

Schnelle Visualisierungsalgorithmen für curvilineare Gitter

Die internen Datenstrukturen von ICV wurden für unstrukturierte und curvilineare Gitter sowie für den Import polygonaler Kontextgeometrie ausgelegt. Der Schwerpunkt der Implementierungsarbeiten lag bisher auf neuen, schnellen Algorithmen für curvilineare Gitter. ICV bietet (Stand Mitte 1995) die folgenden Visualisierungstechniken:

i) Niveauflächen

Konstruktion polygonaler Niveauflächen mit einer Adaption des Marching Cubes Algorithmus für curvilineare Gitter. Die Niveauflächen können gouraud-schattiert dargestellt werden, wobei der lokale Normalenvektor durch den lokalen Funktionsgradienten bestimmt wird (s. Kap. 7.2.1). Je nach Prozessorleistung kann in mittleren bis großen Datensätzen der Schwellwert flüssig vom Benutzer animiert werden, so daß die Datenverteilung im Volumen gut erfaßt werden kann.

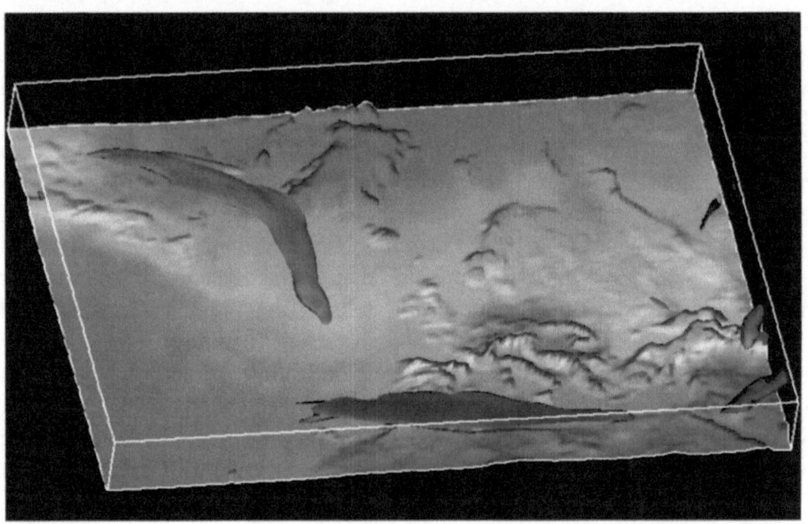

Abb. 11.8. Visualisierung eines meteorologischen Datensatzes. Niveauflächen repräsentieren Gebiete hoher Strömungsgeschwindigkeit über dem Atlantik und Nordafrika. Die lokalen Temperatur wird durch Falschfarben visualisiert.

ii) Vektorpfeildarstellung

Vektorpfeil-Ikonen werden aus den bekannten Gründen (s. Kap. 3.3.2) nicht an allen Gitterknoten, sondern nur auf Schnittflächen im Gitter dargestellt. Durch eine

Projektion der 3D Pfeile auf die Schnittfläche in einem curvilinearen Gitter können Sekundärströmungen gut sichtbar gemacht werden.

iii) Partikelanimation, Bahnlinien und -bänder

Durch die Integration im Berechnungsraum curvilinearer Gitter (s. Kap. 6.5.2) können selbst auf kleineren Workstations sehr viele Partikel (> 100) in Echtzeit durch ein Vektorfeld integriert werden. Als Partikelgeometrien stehen Punkte, Linien und Flächen (Surface Particles) zur Auswahl. Die Rotation der Partikel und Bänder um die lokale Strömungsrichtung wird entsprechend *rot(v)*, der Rotationskomponente des Vektorfeldes (s. Kap. 3.3.1), berechnet.

iv) Falschfarbendarstellung

Das Simulationsgitter kann entsprechend einem skalaren oder vektoriellen Datenfeld eingefärbt werden. Die Transferfunktion von Daten nach Farbe ist dabei vom Benutzer konfigurierbar. Curvilineare Gitter können in den Ebenen des Berechnungsraumes geschnitten werden. Dabei ist konvexes und konkaves Cutting sowie Slicing möglich.

Alle berechneten Visualisierungsobjekte – Ikonen, Partikel, Bahnlinien und Niveauflächen – können ebenfalls durch Falschfarben ein weiteres Datenfeld repräsentieren.

vi) Direktes Volumenrendern

Hier steht die hardware-unterstützte, ungewichtete Gauroud-Projektion der Zellflächen zur Verfügung. Dabei wird ein lokaler Skalarwert auf die Polygonfarbe abgebildet. Die Opazität der Flächen ist über das gesammte Gitter konstant, der Wert ist jedoch einstellbar. Auf das direkte Volumenrendern durch Raycasting wird im folgenden noch näher eingegangen.

vii) Data Probing

Punkt-, Linien- und Flächen-Proben können durch die im vorigen Abschnitt beschriebenen Mechanismen interaktiv durch das Datenvolumen gesteuert werden (s. Kap. 8). Bei Punkt-Proben wird der lokale Datenwert textuell im 3D Graphikfenster an der Probenposition dargestellt; bei Linien-Proben wird der Datenverlauf entlang der Geraden als Liniengraph in einem 2D Fenster dargestellt; Flächen-Proben sind willkürlich im Raum orientierte Schnittflächen, auf denen eine Falschfarbendarstellung erfolgt.

Für das hardware-unterstützte, polygonale Rendering wurde im Gegensatz zum ISVAS System nicht auf das Vis-A-Vis Renderingsystem aufgesetzt, sondern ein eigenes, direkt auf GL (Graphics Library, Silicon Graphics) basierendes Renderingmodul geschrieben; im Jahr 1995 wurde dieses Modul auf Open-GL portiert. Der Grund für die Abkehr vom Vis-A-Vis Rendering System liegt in der dort realisierten Objekt-Datenstruktur [AEFF$^+$-92]: Vis-A-Vis Objekte sind statische Objekte, d.h. eine schnelle Änderung der Objektgeometrie (Eckpunktkoordinaten und Polygonanzahl), der Objektfarbe oder anderer Parameter ist nicht vorgesehen.

Diese Konzeption spiegelt die Architektur der Visualisierungssysteme z.Zt. der Konzeption von Vis-A-Vis (1988-1990) wieder, als die zur Verfügung stehende Visualisierungshardware keine dynamischen Darstellungen zuließ, wie sie heute schon mit preiswerten 3D Graphikworkstations möglich sind. Eine Änderung eines Vis-A-Vis Objektes bewirkt, da die Objekt-Datenstruktur auf verketteten Listen aufbaut, einen zu großen Performance-Verlust für den in ICV angestrebten Interaktionsgrad. In ICV existieren manche dargestellten Objekte gar nicht als polygonale Objekte im eigentlichen Sinn: Bei der Darstellung einzelner Ebenen eines curvilinearen Gitters wird z.B. nur ein durch eine Koordinate des Berechnungsraumes spezifizierter Ausschnitt des Gesamtgitters dargestellt. Das Renderingmodul interpretiert das in einer abstrakteren Beschreibungsform definierte Gitter, und rendert dynamisch den aktuell gewünschten Ausschnitt. Andere Visualisierungsobjekte sind z.T. weniger dynamisch – sie werden auch als polygonale Objekte gehalten und von einer weniger spezialisierten Funktion des Rendering Moduls bearbeitet [Ak-95].

Raycasting nicht-regulärer Volumendaten

Die Entwicklung des Raycasting für nicht-reguläre Volumendaten [Früh-94b, Früh-95b] erfolgte innerhalb des ICV Systems. Im folgenden wird die graphische Benutzungsoberfläche dieses Moduls beschrieben.

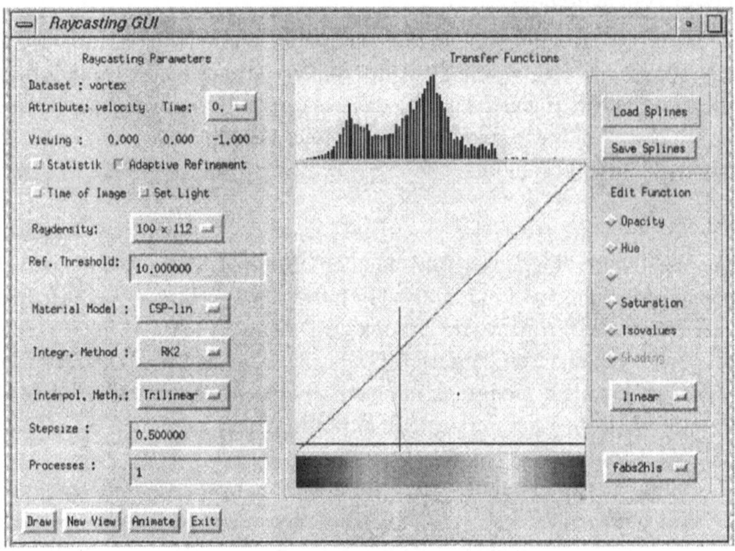

Abb. 11.9. Benutzungsoberfläche des Raycasting Modul in ICV

- Das Feld *Raycasting Parameters* zeigt zunächst den Namen des aktuellen Datensatzes und des zu visualisierenden Attributfeldes sowie den aktuell eingestellten Blickrichtungsvektor auf das Simulationsgitter. Im weiteren wird die

Anzahl der Abtaststrahlen eingestellt; zunächst wird das Rasterbild in der hier eingestellten Auflösung erzeugt. Es ist jedoch (bei konstantem Seitenverhältnis) beliebig skalierbar (s. Kap. 9.3.4). Mehrere Auswahlknöpfe ermöglichen die Ausgabe statistischer Daten, die zur Beurteilung der Qualität und der Kosten des Verfahrens benötigt wurden (s. Kap. 9.3.5). Die Auswahlknöpfe im unteren Teil des Feldes ermöglichen die Wahl unter verschiedenen Approximationen des Homogenen Materialmodells (s. Kap. 9.3.3). Weiterhin stehen verschiedene Integrationsverfahren (s. Kap. 6.4 und 9.1.3) bei der Strahlverfolgung zur Auswahl. Die Schrittweite der numerischen Integration wird ebenfalls hier eingestellt. Daneben ist die Anzahl der parallelen Prozesse zu wählen, mit denen das Renderingverfahren im Falle einer Mehr-Prozessor Hardware arbeitet (s. Kap. 10.2.1).

- Im mittleren Bereich der Benutzeroberfläche wird ein *Datenhistogramm* des zu visualisierenden Attributfeldes angezeigt. Darunter werden die Transferfunktionen für die Farbkomponenten und die Opazität mittels Splinekurven, deren Stützstellen interaktiv manipulierbar sind, eingestellt (s. Kap. 9.3.3). Niveauflächen, die nach dem Phongschen Modell schattiert werden, werden durch senkrechte Linien spezifiziert, wobei für jeden einzelnen Niveauflächenwert ein eigener Opacitätswert gewählt werden kann..
- Im rechten Feld der Benutzungsoberfläche können Transferfunktionen in Form der Splinekurven gespeichert bzw. aus einer Datei geladen werden, damit der interaktive Prozess, eine besonders gute Mapping-Transferfunktion zu finden, nicht immer wiederholt werden muß, wenn ein Datensatz erneut visualisiert wird.
- Durch den Funktionsknopf *Animate* wird das implementierte Animationswerkzeug angesprochen, das eine eigene graphische Benutzungsoberfläche besitzt (s. Kap. 9.3.4). Es ermöglicht die Animation mehrerer, unter verschiedenen Blickwinkeln vorberechneter Bilder. Parametrisiert werden kann eine Rotationsachse, der Winkel, um den der Blickpunkt um die Rotationsachse geschwenkt wird sowie die Anzahl der Bilder, mit denen dieser Schwenk aufgelöst werden soll. Als weitere Funktionalität wurde die Animation der Opazitäts-Mapping-Transferfunktion realisiert.

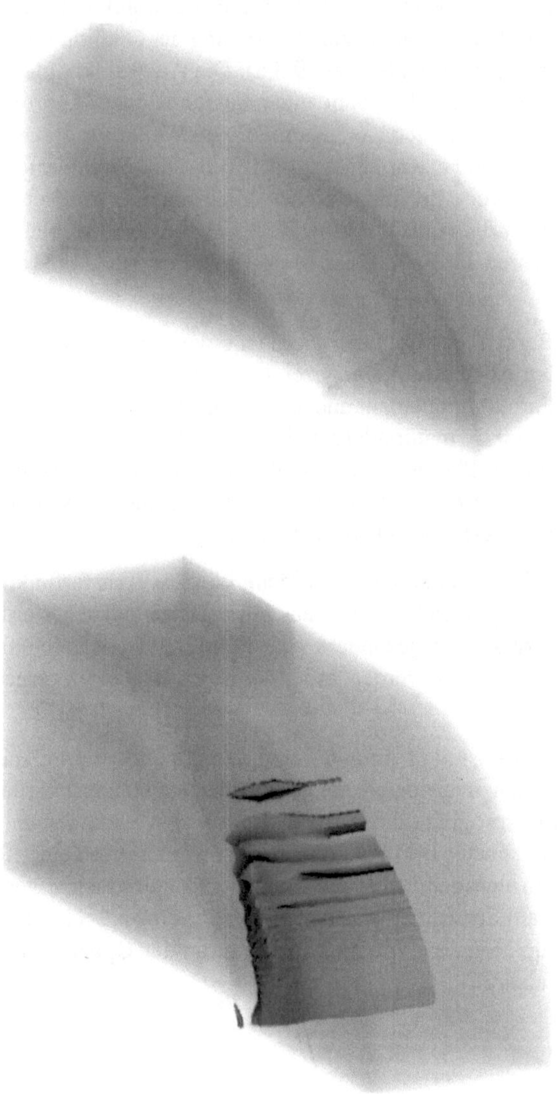

Abb. 11.10. Direktes Volumenrendern durch Raycasting. Dargestellt ist die Strömung über eine „stumpfe Finne“ (Blunt Fin). Oben: Semi-transparentes Raycasting der Dichteverteilung. Unten: Kombiniert semi-transparent/opakes Raycasting der Dichteverteilung.

11.4.3 Diskussion der erzielten Ergebnisse

Mit dem System ICV wurde eine Entwicklungsumgebung für neue Interaktions- und Visualisierungstechniken geschaffen. Das System selbst sowie die damit geleisteten Forschungs- und Entwicklungsarbeiten werden folgendermaßen bewertet:

- ICV ist kein komplettes Visualisierungssystem, das für den kommerziellen Einsatz gedacht ist. Das Ziel, eine Entwicklungsumgebung für neue, sehr schnelle Visualisierungsalgorithmen sowie für eine bessere Interaktion mit den Daten zu schaffen, wurde verwirklicht. Mit der bisher realisierten Funktionalität ermöglicht ICV einen Grad an Interaktivität bei der Visualisierung großer Strömungsdatensätze, der heute von kommerziellen Systemen noch nicht erreicht wird.
- Die Interaktionsumgebung STAGE ermöglicht eine intuitive und gleichzeitig exakte Steuerung von Proben im 3D Objektraum. Das STAGE-Modul wurde so entwickelt, daß es als Interaktions- und Displaykomponente für andere generische Visualisierungssysteme eingesetzt werden kann.
- Die Visualisierungsalgorithmen für curvilineare Gitter arbeiten sehr schnell. Dazu unterstützt das Rendering-Modul auf der Basis von Open-GL dynamisch veränderliche Visualisierungsobjekte effizient. Durch diese Kombination ist ein interaktives Erforschen auch großer Datensätze auf Workstations der mittleren Preisklasse möglich.
- Nach den Erfahrungen dieser Arbeit kommt für Systeme mit höchsten Ansprüchen an die Interaktivität bei der Visualisierung nur eine monolitische Prozessarchitektur in Frage.
- Mit dem Raycasting-Modul für nicht-reguläre Volumendaten bietet ICV ein Software-Rendering Werkzeug zur qualitativ hochwertigen Visualisierung, das die anderen Visualisierungstechniken für Volumendaten gut ergänzt.
- Durch Messungen wurden die Qualität und die Kosten des Verfahrens untersucht. Dabei konnte die hohe Exaktheit des Algorithmus' nachgewiesen werden. Die quantitativen Analysen ermöglichen auch die Beurteilung des Visualisierungsfehlers durch den Anwender. Wenige Visualisierungssysteme bieten diese Transparenz, die entscheidend zur Akzeptanz der graphischen Datenvisualisierung bei Anwendern beiträgt.
- Der Raycasting-Algorithmus wurde parallelisiert, und es wurden Pre-Viewing- und Animationswerkzeuge implementiert. Dadurch wurde die Leistungsfähigkeit des Verfahrens deutlich erhöht und die Einsatzmöglichkeit in der Praxis verbessert.

11.5 Das „Virtual Reality“ System Virtual Design II

Im Jahr 1995 wurde mit der Integration von Werkzeugen zur interaktiven Strömungsvisualisierung in das „Virtual Reality“ System Virtual Design II, das am Fraunhofer-IGD entwickelt wurde, begonnen. Das System wird u.a. von zwei deutschen Automobilherstellern zum sog. „Virtual Prototyping“ genutzt. Neben dem Design-Prototyping, der Kinematik-Analyse und der Montage-Simulation steht mit der Strömungsvisualisierung ein weiteres Werkzeug beim Virtuellen Prototyping zur Verfügung. Die ersten Applikationen der Strömungsvisualisierung mit Virtual Design II waren die Umströmung einer PKW-Karosserie, die Innenraumbelüftung und die Strömung in einem Diesel-Zylinder mit Direkteinspritzung.

Mit den Interaktions- und Renderingkomponenten von Virtual Design II sowie diversen Werkzeugen, u.a. zur Szenen-Modellierung, zum Datenimport und zur „level of detail“ Generierung, steht ein mächtiges VR-System zur Verfügung, das bereits in vielen verschiedenen Applikationen erfolgreich eingesetzt wurde [AsGö-95]. Die Strömungsvisualisierung mit Virtual Design II konnte in relativ kurzer Zeit realisiert werden, da einerseits die spezifischen Visualisierungsalgorithmen entwickelt und erprobt waren (s. Kap. 11.1 bis 11.4) und andererseits alle benötigten Datenstrukturen, Interaktionsmechanismen und Darstellungskomponenten in Virtual Design II bereits zur Verfügung standen.

11.5.1 Ziele der Arbeit

Das Ziel dieser Arbeit lag in der Implementierung von Werkzeugen zur Strömungsvisualisierung in einem immersiven VR-System. Der von Bryson und Lewit bei NASA-Ames entwickelte „Virtual Windtunnel“ [BrLe-92] hatte gezeigt, daß Partikelanimation in großen, komplexen Datensätzen in Echtzeit realisierbar ist. Zur interaktiven Strömungsvisualisierung in der Virtuellen Realität wurde hier ein eigenes, auf die Partikelanimation spezialisiertes Visualisierungssytem mit VR-Eingabe- und Displaygeräten entwickelt.

Zur Realisierung von Strömungsvisualisierungs-Funktionalitäten in der „Virtuellen Realität“ bestehen grundsätzlich drei Alternativen:

1. Das Turnkey-Konzept: Die Implementierung eines auf Strömungsdaten spezialisierten Visualisierungssystems mit VR-Interaktions- und Darstellungskomponenten.
2. Das Datenfluß-Konzept: Die Koppelung eines bestehenden Visualisierungssystems mit einem bestehenden VR-Sytem, die beide als eigene Prozesse bestehen und z.B. über Unix-Sockets kommunizieren.

3. Das monolitische Konzept: Die Implementierung eines Moduls für die interaktive Strömungsvisualisierung innerhalb eines bestehenden VR-Systems.

Der „Virtual Windtunnel" realisierte die Alternative 1. Für die eigene Arbeit war ein solches Vorgehen nicht notwendig, da mit Virtual Design II bereits ein leistungsfähiges, vielfach erprobtes VR-System zur Verfügung stand. Virtual Design II umfaßte bereits die Komponenten Datenfilter, Szeneneditor, Beleuchtungssimulation, Objekt-Animation, Level-of-Detail Generierung, Kollisionserkennung, Interaktions-Toolkit, Rendering-System und Akustik-Server, so daß die Integration von Strömungsvisualisierungs-Funktionalität ein System erwarten ließ, das eben nicht auf die Strömugsvisualisierung beschränkt ist, sondern ein flexibles und mächtiges Werkzeug für das Virtuelle Prototyping darstellt.

Die Koppelung von Virtual Design II mit einem Visualisierungssystem (Alternative 2) stellt prinzipiell die volle Leistungsfähigkeit des Visualisierungssystems zur Verfügung. Die Praxis – es wurde das System ISVAS (s. Kap. 11.3) mit Virtual Design II gekoppelt – zeigte jedoch, daß dadurch die speziellen Anforderungen der „Virtuellen Realität", insbesondere die Generierung von zehn bis zwanzig Stereobildern pro Sekunde, nicht erfüllt werden konnten [EADF^{+}-94]. Dies war einerseits auf die beschränkte Geschwindigkeit der Visualisierungsalgorithmen in ISVAS zurückzuführen (ISVAS arbeitet, wie erwähnt, auf unstrukturierten Gittern), andererseits senkte die Interprozeßkommunikation (die Visualisierungs-objekte müssen nach jeder Berechnung, z.B. nach jedem Integrationsschritt bei der Partikelanimation, als polygonale Objekte zum VR-System übertragen werden) die Performance des Gesamtsystems deutlich. Diese Erfahrung steht im Einklang mit der Untersuchung datenflußorientierter Visualisierungssysteme auf ihre Eignung zur interaktiven Strömungsvisualisierung (s. Kap. 11.2.4). Es wurde also beschlossen, die Alternative 3 zu realisieren, d.h., ein eigenes Modul zur Strömungsvisualisierung in Virtual Design II zu implementieren.

11.5.2 Realisierung

Virtual Design II

Virtual Design II ist eine VR Entwicklungsumgebung, die ein visuelles und ein akustisches Echtzeit-Renderingssystem, ein Interaktions-Toolkit sowie eine Reihe von Pre- und Postprozessoren integriert [AsGö-95]. Das System basiert auf den Erfahrungen mit dem Vorgänger Virtual Design [AsFM-93], der über mehrere Jahre erfolgreich eingesetzt wurde und kommerziellen VR-Systemen, wie SGI Performer.

Virtual Design II integriert das Echtzeit-Rendering System Y [Rein-95]. Y verwendet einen hierarchischen Szenen-Graph, der aus verschiedenen Arten von Knoten aufgebaut ist. Die Knotentypen sind *polyhedra*, *assemblies*, *level-of-detail*, *viewer*, *lights*, *environment* und *callback-nodes*. Das Rendering Modul stellt eine

Zwischenschicht über der zugrundeliegenden Graphik-Bibliothek (SGI's GL) dar, die die Funktionalität dieser Bibliothek sehr direkt ansteuert. Zur Erweiterung der Bandbreite der Informationsvermittlung bietet das System einen Sound-Server, der eine Multimedia-Workstation und ein MIDI System ansteuert [Asth-94]. Dadurch können beliebige Sound-Samples manipuliert und gerendert werden. Insgesamt erhöht sich der Realitäts-Eindruck durch die Integration der akustischen Darstellungsfähigkeiten erheblich.

InTo [Felg-94] ist das hardware-unabhängige Interaktions-Toolkit, das von Virtual Design II genutzt wird. InTo bietet logische Eingabeklassen, die die Kommunikation einer Applikation mit physikalischen Eingabegeräten ermöglichen. Verschiedene Echos auf Benutzer-Interaktionen sind verfügbar, neben visuellen Echos, haptische und akustische. Ergänzt wird die Interaktionskomponente durch Module zur Echtzeit-Kollisionserkennung [Zach-95].

Als externe Datenschnittstelle verwendet Virtual Design II das FHS (Fraunhofer-Standard) Format [MüUG-93]. FHS ist ein ASCII Format, wodurch der Datentransfer über alle Hardware- und Software-Systeme hinweg gewährleistet ist. Das Scanning und Parsing wird über lex/Yacc realisiert. Die Grundstruktur von FHS besteht aus einem Header und dem Objekt-Baum der Szene bzw. des Modells.

Die folgenden Systeme werden von Virtual Design II als Pre-Prozessoren genutzt:

Genesis [MüUG-93] bietet Konvertierungsroutinen für verschiedene Datenformate von CAD- und Animationssystemen in das FHS Format. Danach können die Modelle mit Genesis VR-gerecht aufbereitet werden. Dazu gehört das Erstellen einer hierarchischen Datenstruktur, die Definition von Oberflächennormalen und Materialeigenschaften sowie das Aufbringen von Texturen. Daneben kann in Genesis eine Beleuchtungssimulation mit dem Radiosity Verfahren durchgeführt werden, wodurch der Realitäts-Eindruck bei Innenraum-Szenen stark verbessert werden kann.

RKS (Robotic Kernel System) [Dai-93] ist eine Simulationssystem zur interaktiven Planung von Robotik Anwendungen. Die kinematischen Eigenschaften einzelner Objekte oder das kinematische Gesamtverhalten einer kompletten Szene kann mit RKS modelliert werden. Dazu werden die funktionale Beziehungen der Objekte untereinander sowie ihre räumliche Grundbewegung definiert, worauf das kinematische Gesamtverhalten berechnet wird. Die Bewegungsdaten oder die kinematischen Modelle selber können dann zusammen mit den Objekten in Virtual Design geladen werden.

ISVAS (Interactive System for Visual AnalysiS) (s. Kap. 11.3) dient hier zur Generierung polygonaler Visualisierungsobjekte, wie Schnittebenen durch Finite Elemente Daten, die ebenfalls im FHS Format von Virtual Design importiert werden. Es können auch Geometriedaten aus Simulationsdaten rekonstruiert werden, indem die äußeren Flächen eines FE Gitters exportiert werden.

Datenvorverarbeitung

Für die Strömungsvisualisierung als Virtuelle Realität wurde von den Anwendern von Virtual Design II – wie beim „Virtual Windtunnel" – die Partikelanimation als besonders wichtig angesehen. Die Erfahrungen bei der Entwicklung, Implementierung und Anwendung der Vektorfeldintegration im Rahmen dieser Arbeit zeigten, daß eine Echtzeitberechnung vieler Partikelbahnen nur auf regulären Gittern oder im Berechnungsraum curvilinearer Gitter möglich ist (s. Kap. 6.7). Die Simulationsdaten, die im VR-System präsentiert werden sollten, waren jedoch z.T. unstrukturiert und zeitabhängig. Aus diesem Grunde wurde beschlossen, die Simulationsdaten für die Vektorfeldintegration in einem Vorverarbeitungsschritt auf ein reguläres Gitter zu interpolieren. Zum „Re-Sampling" wurde der in Abbildung 4.2 dargestellte Algorithmus für zeitabhängige Datensätze implementiert. Die Auflösung des regulären Gitters ist vom Anwender frei wählbar, so daß dieser auch die Güte und Größe des interpolierten Datensatzes und damit auch die Güte der Visualisierung bestimmen kann. Daneben kann auch der Ausschnitt des Originalgitters, der voxelisiert werden soll, vom Anwender frei gewählt werden. Dies führt z.B. bei Umströmungen zu einer starken Reduktion der Datenmenge, da hier das Simulationsgitter meist sehr groß gegenüber dem umströmten Körper gewählt wird, damit die Randbedingungen der Simulationsrechnung die Strömung am Körper nicht stören.

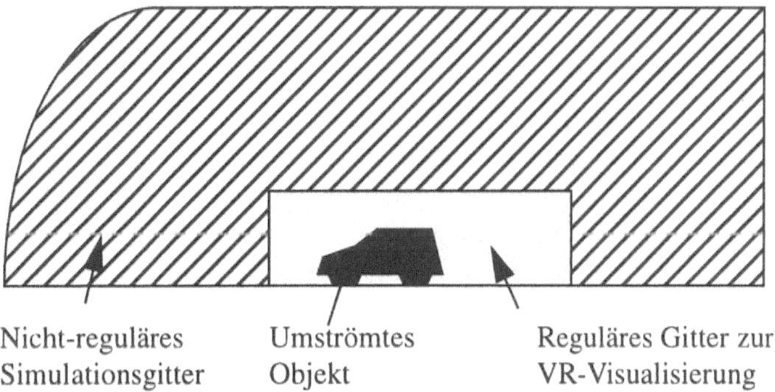

Abb. 11.11. Interpolation auf ein reguläres Gitter. Durch die freie Wahl des Ausschnittes und der Auflösung kann die Datensatzgröße des Voxelgitters der zur Verfügung stehenden Hauptspeichergröße angepaßt werden.

Die Voxelisierung – mit den in Kapitel 4 beschriebenen Implikationen – wurde einerseits akzeptiert, um Strömungsdaten aus beliebigen Simulationsprogrammen und auf beliebigen Gittertypen im VR-System in Echtzeit visualisieren zu können. Zum anderen war das Ziel bei dieser Art der Präsentation (noch) nicht die numerisch-exakte Datenanalyse durch Ingenieure, sondern die visuell eindrucksvolle Präsentation von simulierten Strömungsvorgängen vor Laien, so daß eine Reduktion der Visualisierungsgüte in Kauf genommen wurde.

Das Modul zur Strömungsvisualisierung in Virtual Design II

Das Modul zur Strömungsvisualisierung in Virtual Design bietet (Stand Herbst 1996) die folgenden Funktionalitäten:

- *Datentypen:* Durch die externe Datenvorverarbeitung (s.o.) können stationäre und instationärer Strömungsdaten auf beliebigen Gittertypen verarbeitet werden. Zur VR-Präsentation werden alle Daten auf ein räumlich-reguläres Gitter mit frei wählbarer Auflösung interpoliert. Die zeitliche Auflösung des Visualisierungsgitters muß nicht äquidistant sein.
- *Partikelquellen:* Beliebige und beliebig viele Objekte können als Partikelquellen für die Partikelanimation oder die Strombandberechnung definiert werden. Die Partikelquellen können frei positioniert und aktiviert bzw. deaktiviert werden. Insbesondere können Partikelquellen auch an den Fingerspitzen der virtuellen Hand des „Cybernauten" definiert sein.
- *Echtzeit-Partikelanimation:* Beliebig viele Partikel können gleichzeitig im Strömungsfeld aktiv sein. Die geometrische Form der Partikel ist dabei frei wählbar. Die Partikelfarbe kann zur Visualisierung eines zusätzlichen Skalars, z.B. der örtlichen Temperatur, genutzt werden. Die Partikelrotation um ihre momentane Flugachse steht für die Abbildung einer weiteren Größe, z.B. rot(v), zur Verfügung. An Integrationsverfahren stehen Heun und Runge Kutta 4. Ordnung (s. Kap. 6.4) zur Auswahl, an Interpolationsverfahren „Nearest Neighbour", trilinear und – im Falle instationärer Strömungsfelder – quartlinear (s. Kap. 5).
- *Strombänder:* Stromlinien bieten insbesondere in instationären Datensätzen zusätzliche Informationen über das Vektorfeld. Sie können bei laufender oder bei angehaltener Simulationszeit in Echtzeit berechnet und dargestellt werden. In Virtual Design II werden Strombänder berechnet, deren Rotation (Verdrillung) für die Visualisierung von rot(v), der Rotationskomponente des Geschwindigkeitsfeldes, genutzt wird.
- *Niveauflächen:* Niveauflächen werden z.Zt. noch als FHS Objekte von einem externen Programm (ISVAS) berechnet und in Virtual Design II importiert. Hier können sie zu einem beliebigen Zeitpunkt angezeigt werden. Die Implementierung des Marching Cubes Algorithmus in das Modul zur Strömungsvisualisierung ist vorgesehen.
- *Massebehaftete Partikel:* Massebehaftete Partikel, die von einem Simulationsprogramm in Lagrangescher Form berechnet wurden, können als FHS Objekte importiert und während der Strömungsvisualisierung animiert werden. Dabei ist die Abbildung der aktuellen Masse auf die Partikelfarbe und die Abbildung des aktuellen, echten Partikeldurchmessers auf den Durchmesser des FHS-Objektes möglich.

Abb. 11.12. Umströmung einer Fahrzeugkarosserie

Abb. 11.13. Die Strömung im Inneren eines Dieselzylinders

- *Kontextgeometrie:* Da Virtual Design II nicht auf die Strömungsvisualisierung beschränkt ist, ist die Darstellung beliebiger polygonaler Kontextgeometrie jederzeit möglich. Dadurch wird einerseits den Realitätseindruck verstärkt und andererseits das Verstehen der Strömungsvorgänge erleichter.

11.5.3 Diskussion der erzielten Ergebnisse

Die Implementierung eines Moduls zur Strömungsvisualisierung in das VR-System Virtual Design II erweiterte dessen Einsatzbereich beim Virtuellen Prototyping. Die implementierten Werkzeuge zur Strömungsvisualisierung wurden in mehreren industriellen Anwendungen eindrucksvoll demonstriert. Die hier beschriebenen Arbeiten werden folgendermaßen bewertet:

- Die Prämisse der Virtuellen Realität, die Generierung von zehn bis zwanzig Stereobildern der Szene pro Sekunde, stellt entsprechend hohe Anforderungen an die Geschwindigkeit und die Anbindung der Visualisierungalgorithmen an das VR-System. Nach den in dieser Arbeit gemachten Erfahrungen kommt nur der monolitische Ansatz, d.h. die Implementierung der Visualisierungsmodule innerhalb des VR-Systems zur Befriedigung dieser Anforderungen in Frage.
- Mit heute verfügbaren Rechnern ist eine Echtzeit-Vektorfeldintegration zur Partikelanimation bzw. Stromlinienberechnung nur auf regulären Gittern oder im Berechnungsraum curvilinearer Gitter möglich. Sollen Strömungsdaten, die auf unstrukturierten Gittern berechnet wurden, als Virtuelle Realität präsentiert werden, so müssen diese auf ein reguläres Gitter interpoliert werden.
- Mit der Strömungsvisualisierung als Virtuelle Realität ist eine gänzlich neue Art der Datenvisualisierung möglich. Der Zuwachs an Interaktivität ist vergleichbar mit dem Übergang von der skript-gesteuerten Einzelbild-Generierung zur interaktiven 3D Visualisierung.
- Komplexe Strömungsvorgänge können mit dem Medium „Virtuelle Realität" auch Laien eindrucksvoll präsentiert und verständlich gemacht werden. Inwieweit die wissenschaftlich-technische Datenanalyse von den neuen Darstellungsmöglichkeiten profitiert, muß und wird weiter intensiv erforscht werden.

12 Ausblick

Im Rahmen dieser Arbeit wurden Werkzeuge zur Strömungsvisualisierung in verschiedener Form und innerhalb verschiedener Systeme realisiert. Die in Kapitel 3.3.5 identifizierten, grundlegenden Methoden zur Strömungsvisualisierung wurden dazu für reguläre, für curvilineare und für unstrukturierte Gitter implementiert. Darauf aufbauend konnten diverse, z.T. neue Visualisierungstechniken entwickelt werden. Die Implementierungen verfolgten jeweils unterschiedliche Zielsetzungen, die primär von den Anwendungen geprägt waren. Als Konsequenz aus der Struktur der Anwendungsdaten unterscheiden sich die einzelnen Implementierungen insbesondere hinsichtlich des benötigten Rechenaufwandes. Durch die Option zur Interpolation auf ein reguläres Gitter, die sog. Voxelisierung, besteht jedoch für alle Anwendungsdaten die Möglichkeit zur Echtzeitvisualisierung mit sehr hohem Interaktionsgrad. Durch die zuletzt beschriebene Implementierungen ist eine Präsentation beliebiger Strömungsdaten als Virtuelle Realität möglich.

Die mit der Voxelisierung der Originaldaten einhergehende Reduktion der Datengüte ist nach der Auffassung des Autors dann zu verantworten, wenn Strömungssimulationen und Strömungsvorgänge qualitativ präsentiert werden sollen. Bei der quantitativen Analyse von Simulationsergebnissen, z.B. mit dem Ziel der Bauteilauslegung im Maschinenbau, sollten jedoch die Daten so genau visualisiert werden, wie sie berechnet wurden, d.h. auf dem Originalgitter. Läßt die Datenstruktur weniger aufwendige Algorithmen nicht zu, so muß zwischen der Dynamik und der Genauigkeit der Präsention abgewogen werden. Die durchgeführten Arbeiten zeigen, daß eine Echtzeitvisualisierung auch großer Datensätze heute im Falle regulärer und curvilinearer Gitter möglich ist. Die anhaltenden Leistungssteigerungen der Visualisierungshardware lassen dieses Ziel auch für unstrukturierte Gitter in Zukunft realisierbar erscheinen.

Die verschiedenen Gittertypen, auf denen Strömungssimulationen ausgeführt werden, erfordern unterschiedliche Visualisierungsalgorithmen, die Anzahl der verschiedenen Gittertypen ist jedoch begrenzt. Dies wirft die Frage auf, ob nicht ein Visualisierungssystem existiert oder entwickelt werden kann, das Strömungsdaten *optimal* visualisiert. Oder anders gefragt: Gibt es *das* generische System für die graphisch-interaktive Strömungsvisualisierung?

Die Tatsache, daß viele verschiedene Systeme, die zur Strömungsvisualisierung eingesetzt werden, existieren, läßt schon vermuten, daß es eben nicht *das eine* System geben kann. Betrachtet man Strömungssimulationen, z.B. die in den vorigen Abschnitten beschriebenen Anwendungen, näher, so stellt man fest, daß nicht nur die Struktur der Daten jeweils unterschiedlich ist, sondern immer wieder andere Visualisierungsziele existieren und andere Visualisierungstechniken sinnvoll und für diese Anwendung optimal sind. Es gibt eben nicht *eine Art* von Strömungsdaten; somit gibt es auch kein generisches System für Strömungsdaten (Duden: generisch = „auf die Art bezogen"). Realisiert man nun alle Visualisierungstechniken, die sich in unterschiedlichen Anwendungen bewährt haben, innerhalb eines Systems, so wird dieses zwangsläufig so überladen, daß es schwerlich optimiert arbeiten kann. Die Klasse der datenflußorientierten Visualisierungssysteme ist speziell auf die modulare Erweiterbarkeit ausgelegt. Verschiedene Module können hier flexibel mit einander kombiniert werden, so daß prinzipiell für jede Anwendung ein optimiertes Visualisierungssystem kombiniert werden kann. Die Praxis zeigt allerdings, daß, solange die Module als verschiedene Prozesse arbeiten, die notwendige Kommunikation und der Datentransfer von Modul zu Modul die Leistungsfähigkeit dieser Systeme stark einschränken.

Ziel dieser Arbeit war nicht die Realisierung eines Systems zur Strömungsvisualisierung, sondern die Erforschung und Entwicklung von Visualisierungstechniken. Die Arbeit beschränkte sich jedoch nicht auf die reine Forschung, die entwickelten Algorithmen wurden als Werkzeuge implementiert und in verschiedenen Systemen und Anwendungen erfolgreich eingesetzt. Dabei war es stets Ziel der Arbeit, die Güte der Algorithmen und Implementierungen *quantitativ* zu beurteilen. In der Abfolge der Implementierungen ist ein Trend zu einem immer größeren Interaktionsgrad zu erkennen. Dieser Trend resultiert einerseits aus der dramatischen Leistungssteigerung der zur Verfügung stehenden Hardware in den letzten Jahren; andererseits spiegelt sich hier die Erkenntnis wieder, daß die Effizienz der wissenschaftlich-technischen Datenvisualisierung mit dem realisierten Interaktionsgrad steigt.

Die Entwicklung von Techniken zur Strömungsvisualisierung ist noch lange nicht abgeschlossen. Die graphisch-interaktive Strömungsvisualisierung ist eine relativ junge Disziplin und immer wieder werden neue effiziente Visualisierungstechniken veröffentlicht. Viele Aspekte und Fragestellungen existieren dabei, die im Rahmen dieser Arbeit nur am Rande eine Rolle gespielt haben, die jedoch in Zukunft näher untersucht werden sollten:

- Die Integration von Expertenwissen in Visualisierungssysteme für Strömungsdaten. Es sollten Algorithmen implementiert werden, die eine Aussage über die Güte und Plausibilität von Simulationsdaten, z.B. die Verträglichkeit mit physikalischen Grundprinzipien, ermöglichen.
- Die Problematik der Datensatzgröße. Für numerische Strömungssimulationen werden immer die aktuell leistungsfähigsten Computer verwendet, wobei die Menge der Ergebnisdaten nicht durch die Hauptspeichergröße sondern durch die

Größe der installierten Plattenspeicher beschränkt wird. Es werden Verfahren benötigt, die die Datensatzgröße auf ein visualisierbares Maß reduzieren, ohne daß wichtige Charakteristika der simulierten Strömung verloren gehen.

- Die Synthese von experimenteller Strömungsvisualisierung mit der Visualisierung numerischer Simulationsergebnisse. In wieweit kann die gemeinsame Analyse experimenteller und simulierter Strömungen mit Methoden der Computergraphik zur gegenseitigen Verifikation beitragen bzw. strömungsmechanische Untersuchungen unter-stützen.

Literaturverzeichnis

[AbTr-95] Abram, G.; Trenish, L.: *An Extended Data-Flow Architecture for Data Analysis and Visualization.* Proc. Visualization '95, IEEE CS Press, Los Alamitos, Calif., 1995.

[Ak-95] Ak, S.: *Entwurf und Implementierung eines Renderingmoduls für ein graphisches Visualisierungssystem.* Diplomarbeit, Fachhochschule Darmstadt, Fachbereich Informatik und Fraunhofer-IGD, Darmstadt, 1995.

[AlHP-88] Allen, M.; Herrera, I; Pinder, G.: *Numerical Modeling in Science and Engineering.* John Wiley and Sons, Ltd., London, 1988.

[AEFF+-92] Astheimer, P.; Encarnacao, J.; Felger, W.; Frühauf, M.; Karlsson, K.: *Interactive Modelling in High-Performance Scientific Visualization - The VIS-A-VIS Project.* Computers in Industry, 19(2):213-225, 1992.

[AFFF+-91] Astheimer, P.; Felger, W.; Frühauf, M.; Frühauf, T.; Göbel, M.; Karlsson, K.: *Visualisierung wissenschaftlich-technischer Datenmengen.* ZGDV Seminar 91-75, ZGDV Darmstadt, 1991.

[AsFM-93] Astheimer, P.; Felger, W.; Müller, S.: *Virtual Design - A Generic VR System for Industrial Applications.* Computers & Graphics, 17(6):671-677, 1993.

[AFGH+-94] Astheimer, P.; Frühauf, T.; Göbel, M.; Haase, H.; Karlsson, K.; Schröder, F.; Ziegler, R.: *How Scientific Visualization Can Benefit From Interactive Environments.* CWI Quaterly 7(2):159-174, 1994.

[AsGö-95] Astheimer, P.; Göbel, M.: *Virtual Design II - An Advanced VR Development Environment.* In Göbel, M. (Hrsg.) Virtual Environments. Springer Verlag, Wien, 1995

[BaSi-94] Banks, D.; Singer, B.: *Vortex Tubes in Turbulent Flows: Identification, Representation, Reconstruction.* Proc. Visualization '94, IEEE CS Press, Los Alamitos, Calif., 1994.

[Bath-82] Bathe, K.-J.: *Finite Element Procedures in Engineering Analysis.* Prentice-Hall, Englewood Cliffs, 1982.

[Batr-94] Batroff, L.: *Verfahren zur 3D Oberflächenrekonstruktion aus planaren Objekt-Konturen medizinischer Bilddaten.* Diplomarbeit, Technische Hochschule Darmstadt, Fachbereich Informatik, 1994.

[BeML-95] Becker, B.; Max, N.; Lane, D.: *Unsteady Flow Volumes.* Proc. Visualization '95, IEEE CS Press, Los Alamitos, Calif., 1995.

[Bent-92] Benthin, K.: *Entwicklung und integration von Werkzeugen zur Visualisierung von Strömungsvorgängen.* Diplomarbeit, Technische Hochschule Darmstadt, Fachbereich Informatik, 1992.

[BePa-95] Bergeron, D.; Pak, C.: *Authenticity Analysis of Wavelet Approximations in Visualization.* Proc. Visualization '95, IEEE CS Press, Los Alamitos, Calif., 1995.

[BeBr-94] Bergold, M.; Breuer, M.: *Strömungsvisualisierung mit AVS und IRIS Explorer.* Praktikumsbericht 'Wissenschaftlich-Technische Visualisierung', Technische Hochschule Darmstadt, FB Informatik, 1994.

[BrKa-92] Brison Lopes, J.; Karlsson, K.: *A Development Prototype for On-Line Visualization of Scientific Computing with Steering and Control.* Bericht, Fraunhofer-IGD, Darmstadt, 1992.

[BCEG+-92] Brodlie, K; Carpenter, L.; Earnshaw, R.; Gallop, J.; Hubbold, R.; Mumford, A.; Osland, C.; Quarendon, P.: *Scientific Visualization: Techniques and Applications.* Springer Verlag, Berlin, 1992.

[BrLe-92] Bryson, S.; Levit, C.: *The Virtual Windtunnel.* IEEE Computer Graphics and Applications, 12(4):25-34, 1992.

[Buni-88] Buning, P.: *Sources of Error in the Graphical Analysis of CFD Results.* Journal of Scientific Computing, 3(2), 1988.

[Buni-89] Buning, P.: *Numerical Algorithms for CFD Post-Processing.* Von Karman Institute for Fluid Dynamics, Lecture Series 1989-07, 1989.

[Buy-75] Buy-Tong, P.: *Illumination for Computer Generated Pictures.* CACM, 18(6):311-317, 1975.

[CaLe-93] Cabral, B.; Leedom, L.: *Imaging Vector Fields Using Line Integral Convolution.* Proc. SIGGRAPH 93, pp. 263-270, 1993.

[Chall-92] Challinger, J.: *Parallel Volume Rendering for Curvilinear Volumes.* Proc. Scalable High Performance Computing Conference, Williamsburg VA, USA, pp. 14-21, 1992.

[Chen-85] Chen, L.: *Surface Shading in the Cuberille Environment.* IEEE Computer Graphics and Applications, Dec. 1985, pp. 33-43, 1985.

[CrMa-93] Crawfis, R.; Max, N.: *Texture Splats for 3D Vector and Scalar Field Visualization.* Proc. Visualization '93, IEEE CS Press, Los Alamitos, Calif., 1993.

[CMSS-96] Criscione, P.; Montani, C.; Scateni, R.; Scopinio, R.: *DISCMC: An Interactive System for Fast Fitting Isosurfaces in Volume Data.* Proc. 7th Eurographics Workshop on Visualization in Scientific Computing, Prag, 1996.

[Dai-93] Dai, F.: RKS - *The Robotic Kernel System.* In: Wloda, D. (Hrsg.) *Intern. Handbook on Robotics Simulation Systems.* John Wiley & Sons, Ltd., London, 1993.

[DFFG+-96] Dai, F.; Felger, W.; Frühauf, T.; Göbel, M.; Reiners, D.; Zachmann, G.: *Virtual Prototyping Examples for Automotive Industries.* Proc. Virtual Reality World '96, Stuttgart, 1996.

[Dick-90] Dickinson, R.: *Interactive Analysis of the Topology of 4D Vector Fields.* IBM Journal of Research & Development 35(1/2):59-66, 1990.

[dLWi-93] de Leeuw, W.; van Wijk, J.: *A Probe for Local Flow Field Visualization,* Proc. Visualization '93, IEEE CS Press, Los Alamitos, Calif., 1993.

[DoKo-90] Doi, A.; Koide, A.: *A High-Speed Image Display Algorithm for 3D Grid Data.* In: *Extracting Meaning from Complex Data: Processing, Display, Interaction.* Vol. 1259, pp. 26-38, SPIE, 1990.

[Dyer-90] Dyer, D.: *A Dataflow Toolkit for Visualization.* IEEE Computer Graphics & Applications, 10(4):60-69, 1990.

[EAFF+-93] Encarnação, J.; Astheimer, P.; Felger, W.; Frühauf, T.; Göbel, M.; Müller, S.: *Graphics and Visualization: The Essential Features for the Classification of Systems.* Keynote Address, Int. Conference on Computer Graphics, Bombay, 1993.

[EADF+-94] Encarnação, J.; Astheimer, P.; Dai, F.; Felger, W.; Göbel, Haase, H.; M.; Müller, S.; Ziegler, R.: *Virtual Reality Technology - Enabling New Dimensions in Computer Supported Applications.* 9. Japan-Germany Forum on Information Technology, Oita, Japan, Nov. 1994.

[EFMl-95] Encarnação, J.; Frühauf, T.; Mlynski, G.: *Rhinologische Funktionsdiagnostik durch Rhinoresistometrie und Computer Simulation der Atemströmung.* Abschlußbericht zum DFG Projekt. Technische Hochschule Darmstadt und Ernst Moritz Arndt Universität Greifswald, 1995.

[Ells-94] Ellsiepen, P.: *Untersuchung und Realisierung von Verfahren zur Berechnung und Visualisierung von Isoflächen in Finit Element Daten.* Diplomarbeit, Technische Hochschule Darmstadt, Fachbereich Informatik, 1994.

[FFGG+-94] Felger, W.; Frühauf, M.; Göbel, M.; Gnatz, R.; Hofmann, R.: *Towards a Reference Model for Scientific Visualization Systems.* In: Grave, M.; Le Lous, Y.; Hewitt, T. (Hrsg.) *Visualization in Scientific Computing.* Springer Verlag, Wien, 1994.

[FeSc-92] Felger, W.; Schröder, F.: *The Visualization Input Pipeline - Enabling Semantic Interaction in Scientific Visualization.* Proc. Eurographics '92, Cambridge, 1992.

[FvDFH-90] Foley, J.; van Dam, A.; Feiner, S.; Hughes, J.: *Computer Graphics: Principles and Practice* (2nd edition). Adison Wesley, Reading, Mass., 1990.

[FrGR-85] Frieder, G.; Gordon, D.; Reynolds, R.: *Back-To-Front Display of Voxel Based Objects.* IEEE Computer Graphics and Applications, Jan. 1985, pp. 52, 1985.

[Frit-93] Fritzen, P.: *Methoden zur interaktiven Visualisierung großer Finit Element Daten.* Diplomarbeit, Technische Hochschule Darmstadt, Fachbereich Informatik, 1993.

[Früh-89] Frühauf, T.: *Berechnung einer Kanalströmung mit Kühlluft-Ausblasung bei veränderlichen Schlitzwinkeln.* Diplomarbeit, Technische Hochschule Darmstadt, Fachbereich Maschinenbau, 1989.

[Früh-91a] Frühauf, M.: *Volume Visualization on Workstations: Image Quality and Efficiency of Different Techniques.* Computers & Graphics, 15(1):101-107, 1991.

[Früh-91b] Frühauf, M.: *Combining Volume Rendering with Line and Surface Rendering.* In: Post, F.; Barth, W. (Hrsg.): *Eurographics'91,* pp. 21-32; North Holland, Amsterdam, 1991.

[Früh-92a] Frühauf, T.: *Development of New Strategies in Rhinosurgery Using Computer Simulation and Visualization.* In [PoHi-92], 1992.

[Früh-92b] Frühauf, T.: *How Interactive Computer Graphics Enhances Finite Element Analysis.* Proc. FEM Congress, Baden-Baden, 1992.

[Früh-93] Frühauf, T.: *Today's and Tomorrow's Techniques for the Visualization of Numerically Generated Flow Data.* Proc. Mathematical Methods and Supercomputing in Nuclear Applications M&C+SNA '93, Karlsruhe, 1993.

[Früh-94a] Frühauf, T.: *Interactive Visualization of Vector Data in Unstructured Volumes.* Computers & Graphics, 18(1), 1994.

[Früh-94b] Frühauf, T.: *Raycasting of Nonregularly Structured Volume Data.* Computer Graphics Forum 13(3):295-303 (Eurographics'94), 1994.

[Früh-95a] Frühauf, T.: *Efficient 3D Interaction With Scientific Data Using 2D Input and Display Devices.* In: Göbel, M.; Müller, H.; Urban, B. (Hrsg.): *Visualization in Scientific Computing*, Springer Verlag, Wien, 1995.

[Früh-95b] Frühauf, T.: *Raycasting With Opaque Isosurfaces in Nonregularly Structured CFD Data.* In: Scateni, R.; van Wijk, J.; Zanarini, P. (Hrsg.): *Visualization in Scientific Computing '95*, Springer Verlag, Wien, 1995.

[Früh-96] Frühauf, T.: *Raycasting Vector Fields.* Proc. Visualization '96, IEEE CS Press, Los Alamitos, Calif.,1996.

[FrDa-96] Frühauf, T.; Dai, F.: *Scientific Visualization and Virtual Prototyping in the Product Development Process.* In Göbel, M.; Purgathofer, W. (Hrsg.): *Virtual Environments and Scientific Visualisation'96*, Springer-Verlag Wien, 1996.

[FrKa-94] Frühauf, T.; Karlsson, K.: *How Finite Element Analysis Benefits From Interactive Computer Graphics.* Int. J. of Computer Applications in Technology, 17(2/3/4):140-150, 1994.

[FGHK-94] Frühauf, T.; Göbel, M.; Haase, H.; Karlsson, K.: *Design of a Flexible Monotithic Visualization System.* In: [REEH+-94], 1994.

[FrKü-91] Frühauf, T.; Kühn, V.: *Graphische Simulation statischer und dynamischer Systeme.* ZGDV Seminar 91-78, ZGDV Darmstadt, 1991.

[FrMl-93] Frühauf, T.; Mlynski, G.: *Numerische Strömungssimulationen und strömungsexperimentelle Untersuchungen der Nasenatmung.* In: Mlynski, G. (Hrsg.): *Wissenschaftliche Beiträge zum 3. Greifswalder Otologentag*, Verlag Shaker, 1993.

[Garr-90] Garrity, M.: *Raytracing Irregular Volume Data.* Computer Graphics, 24(5):35-40, 1990.

[GaNa-89] Gallagher, R.; Nagtegaal, J.: *An Efficient 3D Visualization Technique for Finite Element Models and Other Coarse Volumes.* Computer Graphics 23(3):185-194, 1989.

[Gaur-71] Gauraud, H.: *Continous Shading of Curved Surfaces.* IEEE Transaction on Computers, C-20(6):623-629, 1971.

[GKPS-90] Gelberg, L.; Kamins, D.; Parker, D.; Sacks, J.: *Visualisation Techniques for Structured ans Unstructured Scientific Data*; SIGGRAPH '90, Course Notes #27 „State of the Art in Data Visualization“, 1990.

[Gier-92] Giertsen, C.: *Volume Rendering of Sparse Irregular Meshes.* IEEE Computer Graphics & Applications, 12(2):40-48, 1992.

[GlLL-91] Globus, A.; Levit, C.; Lasinski, T.: *A Tool for the Topology of Three-Dimensional Vector Fields.* Proc. Visualization '91, IEEE CS Press, Los Alamitos, Calif., 1991.

[Göbe-92] Göbel, M.: *Virtelle Realität - Technologie und Anwendungen.* In: Nastansky, L. (Hrsg.) *Multimedia und Imageprocessing*, AIT Verlag, 1992.

[Göbe-93] Göbel, M. (Hrsg.): *Virtual Reality.* Computers & Graphics, Special Issue, 17(6), 1993.

[Grav-93] Grave, M.: *Distributed Visualization in Flow Simulations.* Computers and Graphics, 17(1):9-14, 1993.

[GSKE-96] Grosso, R.; Schulz, M.; Kraheberger, J.; Ertl, T.: *Flow Visualization for Multiblock Multigrid Simulations.* Proc. 7th Eurographics Workshop on Visualization in Scientific Computing, Prag, 1996.

[Habe-88] Haber, R.: *Visualization in Engineering Mechanics: Techniques, Systems an Issues.* SIGGRAPH 1988, Visualization Techniques in Physical Science, 1988.

[Hamm-93] Hammann, H.: *Generierung von Dreiecksstreifen zur Visualisierung von Iso-Flächen in regulären Volumendaten.* Diplomarbeit Technische Hochschule Darmstadt, Fachgebiet Informatik, 1993.

[Hamm-62] Hamming, R.: *Numerical Methods for Scientists and Engineers.* Mc Graw-Hill, New York, 1962.

[HeHe-89] Helman, J.; Hesselink, L.: *Representation and Display of Vector Field Topology in Fluid Flow Data Sets.* IEEE Computer 22(8): 27-36, 1991.

[HeHe-91] Helman, J.; Hesselink, L.: *Visualization of Vector Field Topology in Fluid Flows.* IEEE Computers Graphics & Applications 11(3):36-45, 1991.

[HeDe-94] Hesselink, L.; Delmarcelle T.: *Visualization of Vector and Tensor Data Sets.* In: [REEH+-94], 1994.

[HePv-94] Hesselink, L.; Post, F.; van Wijk, J.: *Research Issues in Vector and Tensor Field Visualization.* In [REEH+-94], 1994.

[Hin-94] Hin, A.: *Visualization of Turbulent Flow.* Dissertation, Technische Universität Delft, Delft, 1994.

[HiPo-93] Hin, A.; Post, F.: *Visualization of Turbulent Flow with Particles.* Proc. Visualization '93, IEEE CS Press, Los Alamitos, Calif., 1993.

[HöBe-86] Höhne, K.; Bernstein, R.: *Shading 3D-images from CT Using Gray-level Gradients.* IEEE Transaction on Medical Imaging, MI-5(1):45-47, 1986.

[Höhn-94] Höhne, K.: *Volume Visualization in Medicine.* Eurographics '94, STAR Report, Oslo, 1994.

[HuBu-85] Hung, C.; Buning, P.: *Simulation of a Blunt-Fin-Induced Shock-Wave and Turbulent Boundary-Layer Interaction.* Journal of Fluid Mechanics, 154:163-185, 1985.

[Hult-92] Hultquist, J.: *Constructing Stream Surfaces in Steady 3D Vector Fields.* Proc. Visualization '92, IEEE CS Press, Los Alamitos, Calif., pp. 171-177, 1992.

[Jung-91] Jung, V.: *Entwicklung von Werkzeugen zur Darstellung und graphisch-interaktiven Analyse von Daten aus Strömungssimulationen und Strömungsmssungen.* Diplomarbeit, Technische Hochschule Darmstadt, Fachgebiet Informatik, 1991

[Jern-94] Jern, B.: *Interactive Real-Time Visualization Systems Using a Virtual Reality Paradigm.* Proc. 5th Eurographics Workshop on Visualization in Scientific Computing, Rostock, 1994.

[KavH84] Kajia, J.; von Herzen, B.: *Ray-tracing Volume Densities.* ACM Computer Graphics 18:165-174, 1984.

[Karls-94] Karlsson, K.: *Ein interaktives System zur visuellen Analyse von Simulationsergebnissen.* Dissertation, Technische Hochschule Darmstadt, Fachbereich Informatik, 1994.

[KHKR-94] Kaufman, A.; Höhne, K.; Krüger, W.; Rosenblum, L.; Schröder, P.: *Research Issues in Volume Visualization.* In [REEH+-94], 1994.

[KeMa-92] Kenwright, D.; Mallison, G.: *A 3-D Streamline Tracking Algorithm Using Dual Stream Functions*. Proc. Visualization '92, IEEE CS Press, Los Alamitos, Calif., 1992.

[KeLa-95] Kenwright, D.; Lane, D.: *Optimization of Time-Dependent Particle Tracing Using Tetrahedral Decomposition*. Proceedings of Visualization '95, IEEE CS Press, Los Alamitos, Calif., 1995.

[KiBa-96] Kiu, M.; Banks, D.: *Multi-Frequecy Noise for LIC*. Proc. Visualization '96, IEEE CS Press, Los Alamitos, Calif.,1996.

[Knöd-91] Knödler, H.: *Numerische Strömungsmechanik*. Bericht Fa. Cometha, Darmstadt, 1991

[KoNi-91] Koyamada, K.; Nishio, T.: *Volume Visualization of 3D Finite Element Method Results*. IBM Journal of Research and Development, 35(1/2):12-25, 1991.

[Koya-92] Koyamada, K.: *Visualization of Simulated Airflow in a Clean Room*. Proc. Visualization '92, IEEE CS Press, Los Alamitos, Calif., 1992.

[Krüg-90] Krüger, W.: *Volume Rendering and Data Feature Enhancement*. Computer Graphics, 24(5):21-26, 1990.

[Levo-88] Levoy, M.: *Display of Surfaces From Volume Data*. IEEE Computer Graphics & Applications, 8(3):29-37, 1988.

[LoCl-87] Lorenson, W.; Cline, H.: *Marching Cubes: A High Resulution 3D Surface Construction Algorithm*. Computer Graphics, 21(4):163-169, 1987.

[MaHK-95] Moa, X; Hong, L.; Kaufman A.: *Splatting of Curvilinear Volumes*. Proc. Visualization '95, IEEE CS Press, Los Alamitos, Calif., 1995.

[MaHC-90] Max, N.; Hanrahan, P.; Crawfis, R.: *Area and Volume Coherence for Efficient Visualization of 3D Scalar Functions*. Computer Graphics, 24(5):27-33, 1990.

[MaCG-94] Max, N.; Crawfis, R.; Grant, C.: *Visualizing 3D Velocity Fields Near Contour Surfaces*. Proc. Visualization '94, IEEE CS Press, Los Alamitos, Calif., pp. 248-255, 1994.

[McDB-87] McCormick, B.; DeFanti, T.; Brown, M: *Visualization in Scientific Computing*. ACM Computer Graphics 21(6), 1987.

[Merz-89] Merzkirch, W.: *Flow Visualization*. Encyclopedia of Physical Science and Technology, 1989 Yearbook, Academic Press, 1989.

[MüUG-93] Müller, S.; Unbescheiden, M.; Göbel, M.: *Genesis - Eine interaktive Forschungsumgebung zur Parallelisierung des Radiosity Verfahrens für die virtuelle Welt*. Proc. Virtual Reality World '93, Stuttgart, 1993.

[PaWa-94] Pagendarm, G; Walter, B.: *Feature Detection From Vector Quantities in a Numerical Simulated Hypersonic Flow Field in Combination With Experimental Flow Visualization*. Proc. Visualization '94, IEEE CS Press, Los Alamitos, Calif., pp. 117-123, 1994.

[PfKa-93] Pfister, H.; Kaufman, A.: *Real-Time Architecture for High-Resolution Volume Visualization*. Proc. 8th Eurographics Workshop on Graphics Hardware, Genf, pp. 72-80, 1993.

[PoDu-84] Porter, T.; Duff, T.: *Compositing Digital Images*. Computer Graphics, 18(3):253-259, 1984.

[PoHi-92] Post, F.; Hin, A. (Hrsg.): *Advances in Scientific Visualization*. Springer Verlag, Berlin, 1992.

[PovW-94] Post, F.; van Wijk, J.: *Visual Representation of Vector Fields: Recent Developments and Research Directions.* In: [REEH+-94], 1994.

[PovWP-95] Post, F.; van Walsum, T.; Post, F.: *Iconic Techniques for Feature Visualization.* Proc. Visualization '95, IEEE CS Press, Los Alamitos, Calif., 1995.

[RaWi-92] Ramamoorthy, S.; Wilhelms, J.: *An Analysis of Approaches to Ray-Tracing Curvilinear Grids.* University of California at Santa Cruz, Technical Report UCSC-CRL-92-07, 1992.

[Reev-83] Reeves, W.: *Particle Systems - A Technique for Modelling a Clas of Fuzzy Objects.* Computer Graphics 17(3), 1983.

[Rein-95] Reiners, D.: *Hochqualitatives Real-Time Rendering für Virtuelle Umgebungen*, Diplomarbeit, Technische Hochschule Darmstadt, Fachgebiet Informatik, 1995.

[Rett-94] Rettig, H.: *Ein Verfahren zur semi-transparenten Darstellung von Volumendaten auf nicht-regulären Gittern.* Studienarbeit, Technische Hochschule Darmstadt, Fachgebiet Informatik, 1994.

[REEH+-94] Rosenblum, L.; Earnshaw, R.; Encarnação, J.; Hagen, H.; Kaufman, A.; Klimenko, S.; Nielson, G.; Post, F.; Thalman, D. (Hrsg.): *Scientific Visualization: Advances and Challenges.* Academic Press Ltd., 1994.

[Roes-96] Roesner, K.: *Flow Field Visualization by Photochromic Coloring.* To be published in: *Molecular Crystals and Liquid Christals*, 1996.

[RoFe-90] Roesner, K.; Felger, W.: *Im Fluß - Graphische Datenverarbeitung in der Strömungsvisualisierung.* Computer Graphic Topics 2(4):18-19, 1990.

[RoHa-95] Roesner, K.; Hartmann, C.: *Three-dimensional Shock Focusing Effects with an Invariant Difference Scheme.* Lecture Notes in Physics, Springer Verlag, Heidelberg, 1995.

[Sabe-88] Sabella, P.: *A Rendering Algorithm for Visualizing 3D Scalar Fields.* Computer Craphics, 22(4):51-58, 1988.

[SvHP-94] Sadarjoen, A.; van Walsum, T.; Hin, A.; Post, F.: *Particle Tracing Algorithms for Curvilinear Grids.* Proc. 5th Eurographics Workshop on Visualization in Scientific Computing, Rostock, 1994.

[SaHa-92] Sakas, G.; Hartig, J.: *Interactive Visualization of Large Scalar Voxel Fields.* Proc. Visualization '92, IEEE CS Press, Los Alamitos, Calif., 1992.

[Saka-94] Sakas, G.: *Interactive Volume Rendering of Large Fields.* The Visual Computer, 9:425-438, 1994.

[ScVL-91] Schroeder, W.; Volpe, C.; Lorensen, W.: *The Stream Polygon: A Technique for 3D Vector Field Visualization.* Proc. Visualization '91, IEEE CS Press, Los Alamitos, Calif., 1991.

[ShJo-95] Shen, H.; Johnson, C.: *Sweeping Simplices: A Fast Iso-surface Extraction Algorithm for Unstructured Grids.* Proc. Visualization '95, IEEE CS Press, Los Alamitos, Calif., 1995

[ShJM-96] Shen, H.; Johnson, C.; Ma, K.: *Global and Local Vector Field Visualization Using Enhanced Line Integral Convolution.* Proc. Volume Visualization Symposium '96, IEEE CS Press, Los Alamitos, Calif., 1996.

[ShTu-90] Shirley, P.; Tuchmann, A.: *A Polygonal Approximation to Direct Scalar Volume Rendering*; Computer Graphics, 24(5):63-70, 1990.

[SmBovS-96] Smid, J.; Bosma, M.; van Scheltinga, J.: *Metric Volume Rendering.* Proc. 7th Eurographics Workshop on Visualization in Scientific Computing, Prag, 1996.

[SoAv-95] Sobierajski, L.; Avila, R.: *A Hardware Acceleration Method For Volumetric Ray Tracing*. Proc. Visualization '95, IEEE CS Press, Los Alamitos, Calif., 1995.

[SpKe-90] Speray, D.; Kennon, S.: *Volume Probes - Interactive Data Exploration on Arbitrary Grids*. Computer Graphics, 24(5):5-12, 1990.

[Spur-89] Spurk, J.: *Technische Strömungslehre*. Springer Verlag, Wien, 1989.

[Suig-93] Suignard, P.: *Application Builders: Architecture and Internal Operation*. Electricite de France, Report, 1993.

[TaSM-94] Tabatabai, B.; Sessarego, E.; Mayer, H.: *Volume Rendering on Non-regular Grids*. Computer Graphics Forum 13(3):247-258 (Eurographics '94), 1994.

[TaHu-81] Taylor, C; Hughes, T: *Finite Element Programming of the Navier Stokes Equations*. Pineridge Press, 1981.

[TuTu-84] Tuy, H.; Tuy, L.: *Direct 2D Display of 3D Objects*. IEEE Computer Graphics and Applications, 4(10):29-33, 1984.

[UpKe-88] Upson, G.; Keeler, M.: *The V-Buffer: Visible Volume Rendering*. Computer Graphics, 22(4):59-64, 1988.

[Usel-91] Uselton, S.: *Volume Rendering for Computational Fluid Dynamics: Initial results*. NAS-NASA Ames Research Center, Moffet Field Cal., USA, Technical Report RNR-91-026, 1991.

[vDyc-82] van Dyck, M.: *An Album of Fluid Motion*. Parabolic Press, 1982.

[vGWi-92] van Gelder, A.; Wilhelms, J.: *Interactive Visualization of Flow Fields*. Proc. Workshop on Volume Visualization, Boston, 1992, IEEE CS Press, Los Alamitos, Calif., 1992.

[vGWi-93] van Gelder, A.; Wilhelms, J.: *Rapid Exploration of Curvilinear Grids Using Direct Volume Rendering*. Proc. Visualization '93, IEEE CS Press, Los Alamitos, Calif., 1993.

[vLie-96] van Liere, R.: *A Modular Architecture for Computational Steering*. Proc. 7th Eurographics Workshop on Visualization in Scientific Computing, Prag, 1996.

[vWHVP-92] van Walsum, T.; Hin, A.; Versloot, J.; Post, F.: *Efficient Hybrid Rendering of Volume Data and Polygons*. In: [PoHi-92], 1992.

[vWal-93] van Walsum, T.: *Content-based Grid Node Selection for Vector Field Visualization*. Proc. 4th Eurographics Workshop on Visualization in Scientific Computing, Abingdon, 1993.

[vWij-91] van Wijk, J.: *Spot Noise: Texture Synthesis for Data Visualization*. Computer Graphics (SIGGRAPH 91), 25(4):209-318, 1991.

[vWij-92] van Wijk, J.: *Rendering Surface Particles*. Proc. Visualization '92, IEEE CS Press, Los Alamitos, Calif., pp. 54-61, 1992.

[vWij-93] van Wijk, J.: *Implicit Stream Surfaces*. Proc. Visualization '93, IEEE CS Press, Los Alamitos, Calif., pp. 245-252, 1993.

[WaWi-93] Watson, D.; Williams, D.: *Visualization Benchmarking: Theory and Practice*. IBM UK Scientific Centre, Report, 1993.

[WeHG-84] Weghorst, H.; Hooper, G.; Greenberg, D.: *Improoved Computational Models for Ray Tracing*. Transaction on Graphics; 3(1):52-69, 1984.

[West-90] Westhover, L.: *Footprint Evaluation for Volume Rendering*. Computer Graphics, 24(4):367-376, 1990.

[WCAR^{+}-90] Wilhelms, J.; Challinger, J.; Alper, N.; Ramamoorthy, S.; Vaziri, A.: *Direct Volume Rendering of Curvilinear Volumes.* Computer Graphics 24(5):41-47, 1990.

[WivG-91] Wilhelms, J.; Van Gelder, A.: *A Coherent Projection Approach for Direct Volume Rendering.* Computer Graphics (SIGGRAPH'91), 25(4):275-284, 1991.

[Wilh-91] Wilhelms, J.: *Decisions in Direct Volume Rendering.* University of California at Santa Cruz, Technical Report UCSC-CRL-91-12, 1991.

[Will-92a] Williams, P.: *Interactive Splatting of Non-Rectilinear Volumes.* Proc. Visualization '92, IEEE CS Press, Los Alamitos, Calif., 1992.

[Will-92b] Williams, P.: *Visibility Ordering Meshed Polyhedra.* ACM Transaction on Graphics 11(2):103-126, 1992.

[Zach-95] Zachmann, G.: *Precize and High-Speed Collision Detection in Interactive Real-Time Visualization Systems.* Diplomarbeit, Technische Hochschule Darmstadt, Fachgebiet Informatik, 1995.

[ZiTa-89] Zienkiewicz, O.; Taylor, R.: *Finite Element Method- Basic Formulation and Linear Problems*, Vol. 1, McGraw-Hill Co., New York, 1989.

[ZöSH-96] Zöckler, M.; Stalling, D.; Hege, H.: *Interactive Visualization of 3D-Vector Fields Using Illuminated Streamlines.* Proc. Visualization '96, IEEE CS Press, Los Alamitos, Calif., 1996.

Beiträge zur Graphischen Datenverarbeitung

J. L. Encarnação (Hrsg.): Aktuelle Themen der Graphischen Datenverarbeitung. IX, 361 Seiten, 84 Abbildungen, 1986

G. Mazzola, D. Krömker, G. R. Hofmann: Rasterbild - Bildraster. Anwendung der Graphischen Datenverarbeitung zur geometrischen Analyse eines Meisterwerks der Renaissance: Raffaels „Schule von Athen". XV, 80 Seiten, 60 Abbildungen, 1987

W. Hübner, G. Lux-Mülders, M. Muth: THESEUS. Die Benutzungsoberfläche der UNIBASE-Softwareentwicklungsumgebung. X, 391 Seiten, 28 Abbildungen, 1987

M. H. Ungerer (Hrsg.): CAD-Schnittstellen und Datentransferformate im Elektronik-Bereich. VII, 120 Seiten, 77 Abbildungen, 1987

H. R. Weber (Hrsg.): CAD-Datenaustausch und -Datenverwaltung. Schnittstellen in Architektur, Bauwesen und Maschinenbau. VII, 232 Seiten, 112 Abbildungen, 1988

J. Encarnação, H. Kuhlmann (Hrsg.): Graphik in Industrie und Technik. XVI, 361 Seiten, 195 Abbildungen, 1989

D. Krömker, H. Steusloff, H.-P. Subel (Hrsg.): PRODIA und PRODAT. Dialog- und Datenbankschnittstellen für Systementwurfswerkzeuge. XII, 426 Seiten, 45 Abbildungen, 1989

J. L. Encarnação, P. C. Lockemann, U. Rembold (Hrsg.): AUDIUS Außendienstunterstützungssystem. Anforderungen, Konzepte und Lösungsvorschläge. XII, 440 Seiten, 165 Abbildungen, 1990

J. L. Encarnação, J. Hoschek, J. Rix (Hrsg.): Geometrische Verfahren der Graphischen Datenverarbeitung. VIII, 362 Seiten, 195 Abbildungen, 1990

W. Hübner: Entwurf Graphischer Benutzerschnittstellen. Ein objektorientiertes Interaktionsmodell zur Spezifikation graphischer Dialoge.IX, 324 Seiten, 129 Abbildungen, 1990

B. Alheit, M. Göbel, M. Mehl, R. Ziegler: CGI und CGM. Graphische Standards für die Praxis. X, 192 Seiten, 44 Abbildungen, 1991

M. Frühauf, M. Göbel (Hrsg.): Visualisierung von Volumendaten. X, 178 Seiten, 107 Abbildungen, 1991

D. Krömker: Visualisierungssysteme. X, 221 Seiten, 54 Abbildungen, 1992

G. R. Hofmann: Naturalismus in der Computergraphik. VIII, 136 Seiten, 78 Abbildungen, 1992

J. L. Encarnação, H.-O. Peitgen, G. Sakas, G. Englert (Eds.): Fractal Geometry and Computer Graphics. XI, 254 Seiten, 172 Abbildungen, 1992

Beiträge zur Graphischen Datenverarbeitung

K. Klement: Präsentation mit STEP. Schnittstellen zwischen Computer-Graphik und CAD/CIM. IX, 168 Seiten, 50 Abbildungen, 1992

M. Göbel, J. C. Teixeira (Eds.): Graphics Modeling and Visualization in Science and Technology. XII, 263 Seiten, 137 Abbildungen, 1993

G. Sakas: Fraktale Wolken, virtuelle Flammen. XII, 242 Seiten, 138 Abbildungen, 1993

G. R. Hofmann (Hrsg.): Imaging: Bildverarbeitung und Bildkommunikation. XII, 356 Seiten, 141 Abbildungen, 1993

W. Felger: Innovative Interaktionstechniken in der Visualisierung. X, 175 Seiten, 89 Abbildungen, 1995.

U. Dietrich, B. Kehrer, G. Vatterrott (Hrsg.): CA-Integration in Theorie und Praxis. IX, 337 Seiten, 153 Abbildungen, 1995

J. C. Teixeira, J. Rix (Eds.): Modelling and Graphics in Science and Technology. XVI, 278 Seiten, 141 Abbildungen, 1996

F. Schröder: Visualisierung meteorologischer Daten. XI, 240 Seiten, 107 Abbildungen, 1997

A. Hildebrand: Von der Photographie zum 3D-Modell. IX, 239 Seiten, 110 Abbildungen, 1997

F. Dai: Lebendige virtuelle Welten. XVI, 156 Seiten, 112 Abbildungen, 1997

B. Tritsch: Verteiltes Lernen in Computernetzen. IX, 265 Seiten, 79 Abbildungen, 1997

T. Frühauf: Graphisch-Interaktive Strömungsvisualisierung. X. 243 Seiten, 96 Abbildungen, 1997